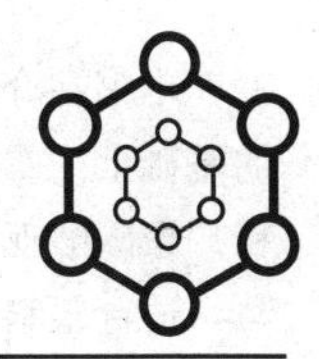

SHIMOXI GAIXING SULIAO

石墨烯改性塑料

张玉龙 李 萍 孙佳春 等编著

化学工业出版社
·北京·

内容简介

本书在介绍石墨烯、石墨烯基宏观体、石墨烯功能化改性以及石墨烯改性聚合物复合材料的基础上，重点论述了石墨烯改性通用塑料、改性工程塑料以及改性聚乙烯醇塑料、聚乳酸塑料、聚碳酸亚丙酯和结构性导电塑料等新型塑料，每个实例均按照制备方法与性能的格式编写，适合塑料及其他高分子材料行业从事材料研究、产品设计、制造加工和教学人员研读，也可作为培训教材使用。

图书在版编目（CIP）数据

石墨烯改性塑料/张玉龙等编著. —北京：化学工业出版社，2020.10

ISBN 978-7-122-37504-9

Ⅰ.①石… Ⅱ.①张… Ⅲ.①石墨-纳米材料-应用-改性-塑料-研究 Ⅳ.①TB383②TQ32

中国版本图书馆 CIP 数据核字(2020)第 145296 号

责任编辑：高　宁　赵卫娟　仇志刚　　　装帧设计：刘丽华

责任校对：边　涛

出版发行：化学工业出版社（北京市东城区青年湖南街 13 号　邮政编码 100011）

印　　装：北京京华铭诚工贸有限公司

710mm×1000mm　1/16　印张 16½　字数 302 千字　2021 年 2 月北京第 1 版第 1 次印刷

购书咨询：010-64518888　　售后服务：010-64518899

网　　址：http://www.cip.com.cn

凡购买本书，如有缺损质量问题，本社销售中心负责调换。

定　　价：98.00 元

前言

石墨烯是在2004年由曼彻斯特大学康斯坦丁·诺沃肖洛夫和安德烈·海姆发现的。由于石墨烯的特殊结构使其具有优异的导电、导热性能和力学性能，因此石墨烯成为各国研究的热点。石墨烯是一层在六方蜂窝晶格里相互键合、紧密堆积的碳原子层，是与键长0.142nm分子键的原子相键合的sp^2平面结构里的碳同素异构体，其厚度为1个碳原子的直径(世界上最薄的材料)，质量极轻、无比坚韧（氦无法将其穿透，且可做垫垒），强度极高（是钢强度的100～300倍，拉伸强度超100GPa，弯曲模量大得惊人），导电性与室温导热性尤为优越，且密度低，解决好石墨烯自身易团聚堆积问题，用石墨烯改性塑料不仅可获取优异的力学性能，而且还可获取优越的电性能、热性能、阻隔性能、透波吸波性能以及轻量化，使塑料一跃成为高性能多功能材料，极大地拓宽了塑料的应用范围。

为了普及石墨烯及其改性塑料的基础知识，推广并宣传近年来研究与应用成果，我们编写了《石墨烯改性塑料》一书，全书共四章。在介绍石墨烯结构、性能与制备方法的基础上，还介绍了石墨烯基宏观体、石墨烯功能化改性及其改性聚合物复合材料的技术，书中重点论述了石墨烯改性通用塑料、石墨烯改性工程塑料及石墨烯改性聚乙烯醇塑料、聚乳酸塑料、聚碳酸亚丙酯和结构性导电塑料等新型塑料。全书对每种塑料的每一改性实例均采用制备方法与性能的编写格式加以介绍，是相关行业材料研究、产品设计、制造加工、管理销售与教学人员必备必读之书，也可作为培训教材使用。

本书本着实用性、先进性和可操作性的原则，理论叙述从简，侧重于用实例和实用数据说明问题，由浅入深、图文并茂、语言简练、通俗易懂、信息量大、技术适用性强，若本书出版发行能对我国塑料改性和应用范围的拓宽起到指导与参考作用，编者将感到无比欣慰。

参与本书编写的还有：石磊、张文栋、张婷婷、杨兴娟、孔令美、任崇刚、李燕、孔淑兰、吴卫、于法鹏、王志强。

由于水平有限，文中不妥之处在所难免，敬请读者批评指正。

编著者
2020 年 9 月

目录

第一章
石墨烯及其改性技术

第一节　石墨烯

一、简介

2004 年，英国曼彻斯特大学的 Geim 研究小组首次制备出稳定的石墨烯，推翻了经典的“热力学涨落不允许二维晶体在有限温度下自由存在”的理论。震撼了整个物理界，引发了石墨烯的研究热潮。理想的石墨烯结构可以看作被剥离的单原子层石墨，基本结构为 sp^2 杂化碳原子形成的类六元环苯单元并无限扩展的二维晶体材料，这是目前世界上最薄的材料——单原子厚度的材料。这种特殊结构蕴含了丰富而新奇的物理现象，使石墨烯表现出许多优异性质。石墨烯不仅有优异的电学性能[室温下电子迁移率可达 $2\times10^5 cm^2/(V\cdot s)$]，突出的导热性能[热导率为 $5000W/(m\cdot K)$]，超常的比表面积（$2630m^2/g$），其杨氏模量（1100GPa）和断裂强度（125GPa），也可与碳纳米管媲美，而且还具有一些独特的性能，如完美的量子隧道效应、半整数量子霍尔效应、永不消失的电导率等一系列性质等。与碳纳米管相比，石墨烯的主要性能均与之相当，甚至更好，避免了碳纳米管研究和应用中难以逾越的手性控制、金属型和半导体型分离以及催化剂杂质等难题，而且制备石墨烯的原料价格便宜。正是由于石墨烯材料具有如此众多奇特的性质，引起了物理、化学、材料等不同领域科学家的极大研究兴趣，也使得石墨烯在电子、信息、能源、材料和生物医药等领域具有重大的应用前景。

二、石墨烯的结构

石墨烯是单层碳层子以 sp^2 杂化形式成键形成的具有蜂窝状六边形结构的二维原子晶体，其结构如图 1-1 所示。

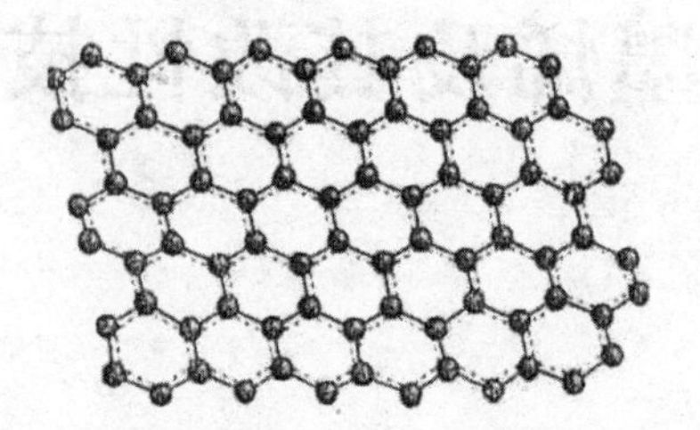

图 1-1　石墨烯分子结构示意

在石墨烯内，各碳原子间通过 σ 键相连，键角为 120°，键长约为 0.142nm，这些 σ 键赋予了石墨烯极其优异的力学性质和结构刚性；每个碳原子的一个未成键 P 电子形成了与晶体平面垂直、遍及晶体的大 π 键，赋予了石墨烯良好的导电性。

石墨烯是二维碳材料的统称。据六角形蜂巢结构的层数，石墨烯分为单层石墨烯、双层石墨烯、少层石墨烯（3～10 层）及多层或厚层石墨烯（厚度在 10 层以上、10nm 以下）。单层石墨烯的厚度为 0.35nm，是目前已知最轻薄的材料（图 1-2）。石墨烯这种结构还得从石墨结构说起。石墨是以范德华力结合起来的分子晶体，具有三维的层状结构。由于同一平面层上的碳-碳键结合很强，极难断裂，因此石墨的熔点很高、化学性质稳定。

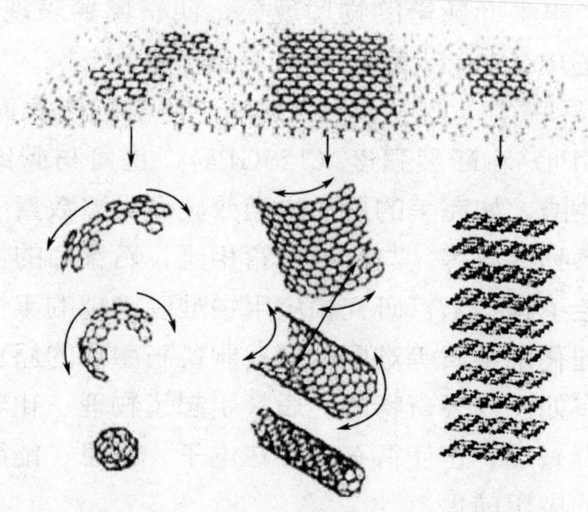

图 1-2　单层石墨烯及其衍生物示意

石墨烯只有一个碳原子的厚度，它可以堆垛成三维的石墨，也可以卷成一维的碳纳米管，当石墨烯的晶格中存在五元环的晶格时，石墨烯会翘曲成零维的富勒烯球

三、性能特性

石墨烯在力学、电学、光学、热学等方面具有优异特性。

① 力学特性　石墨烯中，碳原子之间的连接处于非常柔韧的状态，当被施加外部机械力时，碳原子面会弯曲变形，碳原子不必重新排列来适应外力，因此保持了结构稳定。石墨烯是人类已知强度最高的材料，比世界上强度最高的钢铁高 100 多倍。

② 电学特性　石墨烯具有超高的电子迁移率，它的导电性远高于目前任何高温超导材料。曼彻斯特大学的研究小组在室温下测量了单层石墨烯分子的电子迁移率，发现即使在含有杂质的石墨烯中，电荷的迁移率仍可达 $10000m^2/(V \cdot s)$。2008 年，海姆研究小组又证明，电子在石墨烯中的迁移率可以达到前所未有的 $200000m^2/(V \cdot s)$。不久之后，哥伦比亚大学的博洛京（K. Bolotin）将这个数值再次提高到 $250000m^2/(V \cdot s)$。而且前晶体管的主要材料——单晶硅的电子迁移率只有 $1400m^2/(V \cdot s)$，高纯度石墨烯的电子迁移率超过单晶硅 150 倍以上。此外，石墨烯的电子迁移率几乎不随温度变化而变化。

③ 光学特性　石墨烯几乎是完全透明的，只吸收大约 2.3%的可见光，透光率高达 97.7%。石墨烯层的光吸收与层数成比例，数层石墨烯（FLG）样品中的每一层都可以看做二维电子气，受监近层的扰动极小，其在光学上等效为几乎互不作用的单层石墨烯（SLG）的叠加。单层石墨烯在 300～2500nm 间的吸收谱平坦，在紫外区有吸收峰，这是由于石墨烯态密度中的激子移动呈现范霍夫奇异性。在数层石墨烯中，低能区有与带间跃迁相关的其他吸收特性。

④ 热学特性　石墨烯也是一种热稳定材料。石墨烯的热导率高达 $5300W/(m \cdot K)$，是铜的 13 倍，研究发现，单层石墨烯的热导率与片层宽带、缺陷密度和边缘粗糙度密切相关；石墨烯片层沿平面方向导热具有各向导性的特点；在室温以上，石墨烯的热导率随着温度的升高而逐渐减小。

⑤ 化学特性　石墨烯的电学性能受到了广泛关注，然而它的化学特性却一直少人问津。目前已知的化学特性有：石墨烯可以吸附和脱附各种原子和分子，如二氧化氮、氨、钾等吸附物作为给体或受体往往会导致载流子浓度发生变化；而氢离子、氢氧根离子等吸附物会产生导电性很差的衍生物，但这些都不是新的化合物。从表面化学的角度来看，石墨烯的性质类似石墨，因此可根据石墨来推测石墨烯的化学性质。石墨烯的化学性质研究将在今后数年内成为一个研究热点。

四、制备方法

石墨烯的制备主要有物理方法和化学方法。物理方法通常是以廉价的石墨或膨胀石墨为原料，通过微机械剥离法、液相或气相直接剥离法来制备单层或多层石墨烯，此法原料易得，操作相对简单，合成的石墨烯的纯度高、缺陷较少，但费时、产率低下，不适于大规模生产。目前实验室用石墨烯主要多用化学方法来制备，该法最早以苯环或其他芳香体系为核，通过多步偶联反应取代苯环或大芳香环上 6 个碳，循环往复，使芳香体系变大，得到一定尺寸的平面结构的石墨烯（化学合成法），2006 年 Stankovich 等首次用肼还原脱除石墨烯氧化物（graphene oxide，以下简称 GO）的含氧基团从而恢复单层石墨的有序结构（氧化-还原法），在此基础上人们不断加以改进，使得氧化-还原法（含氧化-修饰-还原法）成为最具有潜力和发展前途的合成石墨烯及其材料的方法。除此之外，晶体外延生长、化学气相沉积也可用于大规模制备高纯度的石墨烯。

1. 物理法制备石墨烯

（1）微机械剥离法

微机械剥离法是最早用于制备石墨烯的物理方法。Geim 等在 1mm 厚的高定向热解石墨表面进行干法氧等离子刻蚀，然后将其粘到玻璃衬底上，接着在上面贴上 1μm 厚湿的光刻胶，经烘焙、反复粘撕，撕下来粘在光刻胶上的石墨片放入丙酮溶液中洗去，最后将剩余在玻璃衬底上的石墨放入丙醇中进行超声处理，从而得到单层石墨烯。虽然微机械剥离是一种简单的制备高质量石墨烯的方法，但是它费时费力，难以精确控制，重复性较差，也难以大规模制备。

（2）液相或气相直接剥离法

通常直接把石墨或膨胀石墨（EG）（一般通过快速升温至 1000℃以上把表面含氧基团除去来获取）加在某种有机溶剂或水中，借助超声波、加热或气流的作用制备一定浓度的单层或多层石墨烯溶液。

因以廉价的石墨或膨胀石墨为原料，制备过程不涉及化学变化，液相或气相直接剥离法制备石墨烯具有成本低、操作简单、产品质量高等优点，但也存在单层石墨烯产率不高、片层团聚严重、需进一步脱去稳定剂等缺陷，为克服这种现象，最近 Knieke 等发展了一种大规模制备石墨烯的方法，即液相“机械剥离”。该法采取了一种特殊的设备，高速剪切含十二烷基磺酸钠的石墨水溶液，3h 后溶液中单层和多层石墨烯的浓度高达 25g/L，而 5h 后 50%以上的石墨烯厚度小于 3nm，该法具有成本低、产率高、周期短等优势，是一种极有诱惑力的大规模制备石墨烯的途径。

2. 化学法制备石墨烯

（1）化学气相沉积法

化学气相沉积（chemical vapor deposition，CVD）是反应物质在相当高的温度、气态条件下发生化学反应，生成的固态物质沉积在加热的固态基体表面，进而制得固体材料的工艺技术。CVD 是工业上应用最广泛的一种大规模制备半导体薄膜材料的方法，也是目前制备石墨烯的一条有效途径。Srivastava 等采用微波增强 CVD 在 Ni 包裹的 Si 衬底上生长出了约 20nm 厚的花瓣状石墨片，研究了微波功率对石墨片形貌的影响。研究结果表明：微波功率越大，石墨片越小，但密度更大。此种方法制备的石墨片含有较多的 Ni 元素。有人用电感耦合射频等离子体 CVD 在多种衬底上生长出纳米石墨微片。这种纳米薄膜垂直生长在衬底上，形貌类似于 Srivastava 等制备的“花瓣状”纳米片，进一步研究发现这种方法生长出来的纳米石墨片平均厚度仅为 1nm，并且在透射电镜下观察到了垂直于衬底的单层石墨烯薄膜。Berger 等将 SiC 置于高真空（1.33×10^{-10} Pa）、1300℃下，使 SiC 薄膜中的 Si 原子蒸发出来，制备了厚度仅为 1～2 个碳原子层的二维石墨烯薄膜。最近韩国成均馆大学在硅衬底上添加一层非常薄的镍（厚度＜300nm），然后在甲烷、氢气与氩气混合气流中加热至 1000℃，再将其快速冷却至室温，即能在镍层上沉积出 6～10 层石墨烯，通过此法制备的石墨烯电导率高、透明性好、电子迁移率高［约 $3700cm^2/(V\cdot s)$］，并且具有室温半整数量子 Hall 效应，而且经图案化后的石墨烯薄膜可转移到不同的柔性衬底，可用于制备大面积的电子器件（如电极、显示器等），为石墨烯的商业化应用提供了一条有效的途径。CVD 法可满足规模化制备高质量、大面积石墨烯的要求，但现阶段较高的成本、复杂的工艺以及精确的控制加工条件制约了 CVD 法石墨烯的发展，因此该法仍有待进一步研究。

（2）晶体外延生长法（SiC 高温退火）

通过加热单晶 6H-SiC 脱除 Si，从而得到在 SiC 表面外延的石墨烯，将表面经过氧化或 H_2 刻蚀后的 SiC 在高真空下通过电子轰击加热到 1000℃以除掉表面的氧化物，升温至 1250～1450℃，恒温 1～20min，可得到厚度由温度控制的石墨烯薄片。这种方法得到的石墨烯有两种，均受 SiC 衬底的影响很大：一种是生长在 Si 层上的石墨烯，由于和 Si 层接触，这种石墨烯的导电性受到较大影响；另一种生长在 C 层上的石墨烯则有着极为优良的导电能力，这种方法条件苛刻（高温、高真空）、且制造的石墨烯不易以从衬底上分离出来，难以成为大量制造石墨烯的方法。

(3) 氧化-还原法(含氧化-修饰-还原法)

这是目前最常用的制备石墨烯的方法,国内外科学家已经对这方面做了大量的研究。石墨本身是一种憎水性物质,与其相比,GO 表面和边缘拥有大量的羟基、羧基、环氧等基团,是一种亲水性物质,正是由于这些官能团使 GO 容易与其他试剂发生反应,得到改性的氧化石墨烯;同时 GO 层间距(0.7~1.2nm)也较原始石墨的层间距(0.335nm)大,有利于其他物质分子的插层。制备 GO 的办法一般有 3 种:Staudenmaier 法、Brodie 法、Hummers 法。制备的基本原理均为先用强质子酸处理石墨,形成石墨层间化合物,然后加入强氧化剂对其进行氧化,因这些方法中均使用了对化工设备有强腐蚀性、强氧化性的物质,故现今有不少 GO 的改进合成方法。GO 的结构比较复杂,目前还没有公认的结构式,比较常用的一种如图 1-3 所示。

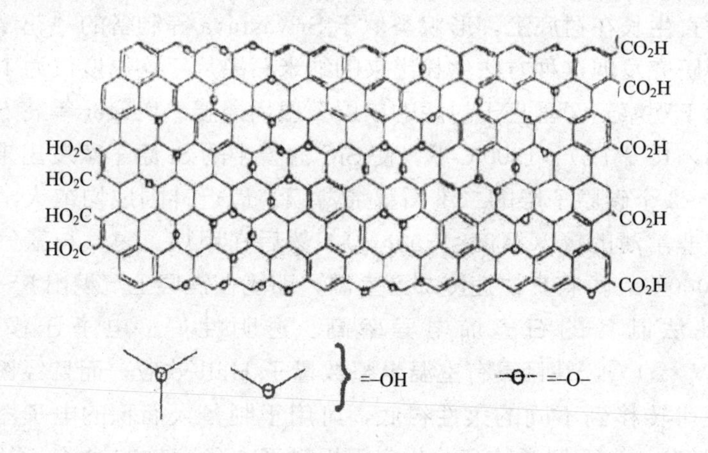

图 1-3 石墨烯氧化物的结构式

GO 还原的方法包括化学液相还原、热还原、等离子体法还原、氢电弧放电剥离、超临界水还原、光照还原、溶剂热还原、微波还原等,其中又以化学液相还原研究的最多,常见的还原剂有水合肼、H_2、二甲肼、对苯二酚、$NaBH_4$、强碱、$MeReO_3/PPh_3$、纯肼、Al 粉、维生素 C、乙二胺、Na/CH_3OH,Ruoff 与 Loh 等对此作了很好的综述。结构完整的二维石墨烯晶体表面惰性状态、化学稳定性高,与其他介质的相互作用较弱,并且石墨烯片之间有较强的范德华力,容易产生聚集,使其难溶于水及常用的有机溶剂,这给石墨烯的进一步研究和应用造成了很多困难。为了充分发挥其优良性质、改善其可成型加工性(如提高溶解性,在基体中的分散性等),必须对石墨烯表面进行有效的修饰,通过引入特定的官能团,还可以赋予石墨烯新的性质,进一步拓展其应用领域。修饰是实现石墨烯分散、溶解和成型加工的最重要手段，目前人们常先对GO进行修饰然后再进行还原（即氧化-修饰-还原）。其中，石墨烯的修饰主要有共价键修饰和非共价键修饰。

① 共价键修饰　由于GO表面及边缘上有大量的羧基、羟基和环氧等活性基团，可以充分利用这些官能团的活性进行多种化学反应在石墨烯片上引入各种分子即可达到石墨烯的共价键修饰。

酰胺化反应是石墨烯共价修饰较常用的一个途径。为增强COOH的反应活性，通常先将其活化，常用的活化试剂有二氯亚砜、1-乙基-3-(3-二甲基胺丙基)-碳化二亚胺(EDC)、*N*,*N*′-二环己基碳化二亚胺(DCC)等。Niyogi等先将GO上的羧基转变为酰氯(用$SOCl_2$活化)然后与十八胺的氨基反应，还原后制得长链烷基修饰的石墨烯在四氢呋喃（THF)的溶解度达0.5mg/mL，且在四氯化碳、二氯甲烷等常用有机溶剂中也均有较好的溶解性。Bourlinos等也考察了各种伯胺、氨基酸与胺基硅氧烷共价修饰的石墨烯，发现经修饰的石墨烯在水或有机溶液有极好的稳定性。除酰胺化反应外，COOH的酯化反应或其他反应也可用于修饰石墨烯。

研究人员将羧酸转变成其钠盐后然后利用亲核取代反应将正丁基引入石墨烯片上，还原后发现经共价修改的石墨烯在一些有机溶剂如氯仿、甲苯中均有较好的稳定性，且溶液的紫外-可见吸收光谱非常吻合朗伯-比尔定律。Salavagione等采用核磁共振、红外光谱法等多种手段证实了聚乙烯醇(PVA)可成功通过酯化反应键合到石墨烯表面。而Veca等则利用PVA侧链的羟基在GO表面的接枝制备PVA与石墨烯的复合物，用作高分子合金的相容剂。Stankovich等利用异氰酸酯与GO上的羧基和羟基反应，制备了一系列异氰酸酯基修饰的石墨烯，该功能化石墨烯可以在DMF、NMP、DMSO、HMPA、THF等非质子溶剂中形成稳定的胶束体系，并能够长时间保持稳定，该方法过程简单、条件温和、功能化程度高。

除羧基可作为共价修饰的位点外，GO表面的环氧基团与羟基也可作为反应的活性点。有人利用环氧基团与氨基的亲核取代反应制备表面硅功能化的石墨烯片(图1-4)，在硅树脂中加入少量该物质能大大改善树脂的力学性能，Satti和Ruoff等利用聚丙烯胺侧链的氨基与GO表面的环氧基团的反应制备交联的石墨烯，使得石墨烯薄膜的韧性与强度均有大幅度的提高，利用高分子化合物主链或侧链的基团与GO表面或边缘基团的化学反应不仅能改善石墨烯的各种性能，而且也能制备种类繁多的高性能聚合物-石墨烯纳米复合材料。石墨烯边缘一些活性双键或缺陷也能发生化学反应如自由基反应、重氮化反应、1,3-偶极加成反应，因此这些部位也能作为石墨烯共价修饰的活性位点。

经共价修饰的石墨烯衍生物具有较好的溶解性和可加工性，但由于杂原子

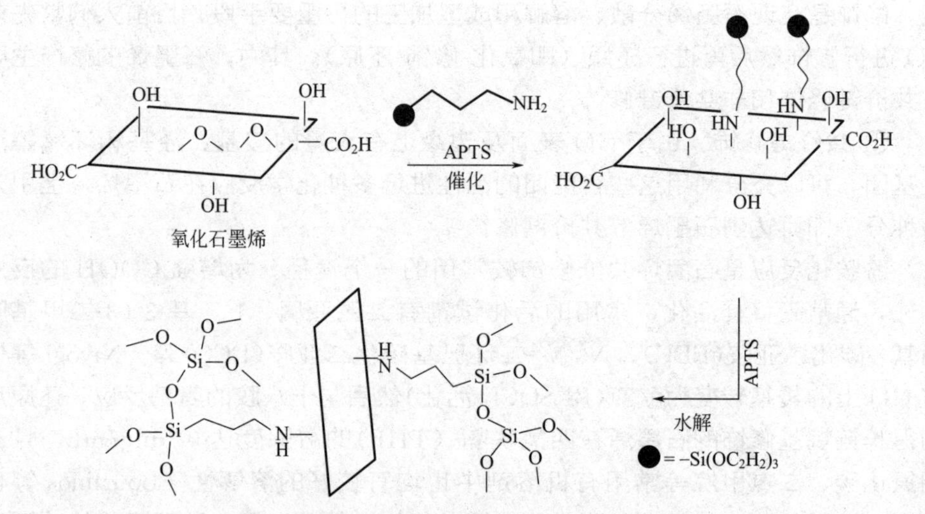

图 1-4　通过环氧位点表面硅功能化的石墨烯片

官能团的引入，破坏了石墨烯的大 π 共轭结构，使其导电性与其他性能显著降低，因此共价修饰的同时如何尽量保持石墨烯的本征性质是一个不容忽视的问题。为更好地解决此问题，Samulski 与 Li 等各自发展了新的共价修饰途径。Samulski 等首先采用硼氢化钠预还原 GO，然后磺化，最后再用肼还原的方法，得到了磺酸基功能化的石墨烯，该方法通过预还原除去了 GO 中的多数含氧官能团，很大程度上恢复了石墨烯的共轭结构，其导电性显著提高，而且由于在石墨烯表面引入磺酸基，使其可溶于水，便于进一步的研究及应用。Li 等用氨水调节 GO 水溶液 pH 等于 10，然后用肼还原同样得到导电性高（约 7200S/m）、力学性能好（拉伸模量：35GPa）、透明性优异（透光率＞96%）的石墨烯材料，该法关键之处是控制溶液 pH，在碱性环境（pH＝10）中石墨烯表面羧基变成羧酸负离子，使得石墨烯片与片之间产生较强的静电排斥力（图 1-5），因此制备的石墨烯水溶液也具有非常好的稳定性。

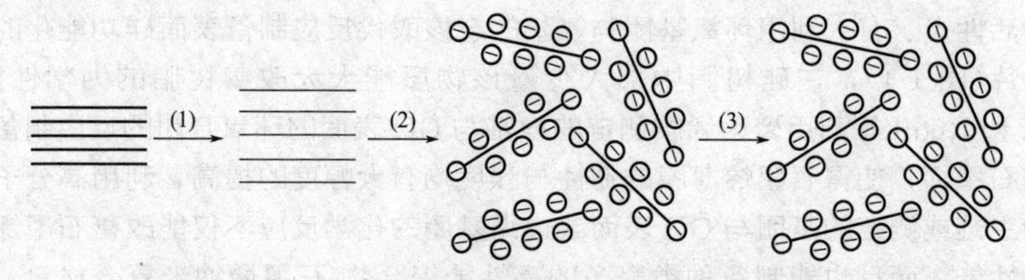

图 1-5　化学法制备高分散水溶性石墨烯溶液

② 非共价键修饰　除了通过在 GO 表面上键合一些特定的化学基团来避免还原 GO 时石墨烯片层间的重新堆集，也能利用一些分子与石墨烯之间较强

的相互作用力（如 π-π 堆积力、范德华力、氢键）来达到稳定单层石墨烯片的效果，通常这类分子含有较大的芳香环或较强的共轭体系，能够与大 π 共轭结构的石墨烯发生较强的相互吸引而被吸附到石墨烯片层上从而得到稳定的胶体分散系统。芘及其衍生物是一类常用于非共价修饰碳纳米管的共轭结构的分子，利用它与石墨烯之间的 π-π 相互作用，Xu 等研究了芘丁酸对石墨烯的非共价修饰，使其在水中形成稳定的分数，并通过抽滤得到高性能柔性石墨烯薄膜。Stankovich 等在还原过程中使用高分子量聚苯乙烯磺酸钠（PSS）对 GO 表面进行吸附包裹，避免了团聚，成功制备了 PSS 包裹的改性单层石墨烯水溶液，这是由于 PSS 与石墨烯之间有较强的非共价键作用（π-π 堆积力），阻止了石墨烯片的聚集，使该复合物在水中具有较好的溶解性（1mg/mL）。有人用四氰基苯醌作为石墨烯的稳定化剂，同样获得了能溶于水及有机溶剂（DMSO、DMF）的非共价修饰的石墨烯。除利用小分子作为石墨烯的稳定剂外，一些高分子也能通过非共价作用来修饰石墨烯。研究人员还利用具有大 π 共轭结构聚苯乙炔类高分子 PmPV 与石墨烯的相互吸引作用，制备了 PmPV 非共价键修饰石墨烯带。

③ 其他方法　除上述常用的几种制备石墨烯路线外，国内外仍不断探索石墨烯新的制备途径。Chakraborty 等在成熟的石墨-钾金属复合物基础上制备了聚乙二醇修饰的石墨纳米片，在有机溶剂及水中均溶解性较好。有人利用 Fe^{2+} 在聚丙烯酸阳离子交换树脂中的配位-掺碳作用，发展了一种新型的、大规模制备石墨烯的方法：原位自生模板法（in-situ self-generating template），该法具有产率高、产品晶型好的特点，制备的石墨烯能作为甲醇燃料电池 Pt 催化剂的优良载体。最近，复旦大学 Feng 制备石墨烯溶液后，通过高真空($P \approx 20$Pa)低温冷冻干燥制备了高度疏松的粉体石墨烯，该粉状物只需经简单的超声就能在 DMF 等有机溶剂中重新形成稳定的胶体分散体系，该法提供了快速简便地大规模制备固态单层石墨烯的途径，克服了传统方法只能制备分散、稳定石墨烯溶液的缺点，为石墨烯商业化应用打下了良好基础。

第二节　石墨烯基宏观体

一、石墨烯基宏观体材料简介

通过石墨烯片层有序组装构筑的宏观形态的碳质材料可分为一维线性材料、二维无支撑薄膜材料和三维体相材料三种。

① 一维线性材料　指由石墨烯构筑的具有较大长径比的宏观线性材料。由于制备难度较高，关于石墨烯基一维线性材料的报道还不多，具有代表性的工作包括：可采用液-液界面法制备的还原氧化石墨烯/富勒烯复合线材料，也可用湿纺技术制备的石墨烯纤维，还可制备的大比表面积、高电导率的石墨烯/碳纳米管纤维；或者利用自组装法制备的氧化石墨烯纤维等。

② 二维无支撑薄膜材料　指由石墨烯构筑的层数在 10 层以上的石墨烯薄膜。具有代表性的工作包括：一是采用 Langmuir-Blodgett（LB）法在透明基板上制备的石墨烯多层有序超薄膜；二是采用过滤法制备的具有良好机械强度的氧化石墨烯无支撑膜，Savoskin 等采用定向组装方法制备的卷曲石墨烯纳米薄片；三是利用 LB 技术制备了氧化石墨烯的单层透明导电薄膜；四是采用气液界面自组装法制备的氧化石墨无支撑膜；五是气液界面自组装制备的氧化石墨烯/碳纳米管复合薄膜材料等。

③ 三维体相材料　通过石墨烯片层的连接形成的一种具有三维网络结构的宏观形态。Nardecchia 等指出，扩大石墨烯基材料在能源、环境、生物等领域的应用，需要将二维石墨烯片层组装成三维宏观结构材料。目前，石墨烯基宏观体材料的研究还处于起步阶段，但已表现出很强的发展势头和良好的发展前景。代表性的工作包括：一是采用水热法制备的石墨烯水凝胶；二是用贵金属和氧化石墨烯水热组装得到了圆柱状三维宏观体；三是采用溶胶-凝胶法制备的高导电性的石墨烯气凝胶；四是利用 CVD 方法制备的具有三维连通网络结构的泡沫状石墨烯材料；五是采用两步法制备的超轻、高度可压缩性的石墨烯气凝胶材料，六是利用石墨烯与碳纳米管之间的协同作用制备的超轻多功能的炭气凝胶材料。其中大部分方法是基于氧化石墨烯的自组装制备，而在组装过程中同时实现了 GO 的还原和组装，制备了一种核壳结构的石墨烯基宏观体材料，为石墨烯基宏观体的构建提供了新的思路。

石墨烯在组装成宏观体后不仅保持了石墨烯本身良好的物理化学性质，而且密度低、强度高，导电性及吸附性良好，具有一定的柔性。特别应指出的是，其丰富的孔隙和开放的孔道结构不仅有利于活性材料的负载，形成“面-点”的接触模式，有利于活性材料性能的发挥，使其在超级电容器、锂离子电池、催化、生物医学等方面都具有巨大的应用潜力。

二、石墨烯基宏观体的制备方法

石墨烯基宏观体的重要性越来越受到人们的关注，为了更好地挖掘其应用潜力，必须实现可控制备。目前，主要的制备方法包括化学气相沉积法、过滤组装法、自组装法等，其中自组装法由于简单易行、可控制好等优点，逐渐成为石墨烯基宏观体最主要的制备方法。

1. 化学气相沉积法

化学气相沉积法（CVD）是一种采用含碳化合物作为碳源，通过其在基体表面高温分解、生长，制备石墨烯或其他碳纳米结构的方法。

采用兼具平面和曲面结构特点的泡沫金属（如泡沫镍）作为生长基体，利用 CVD 方法制备了具有三维连通网络结构的石墨烯泡沫材料。该材料具有优异的电荷传导能力、约 $850m^2/g$ 的比表面积、约 99.7%的孔隙率和 $5mg/cm^3$ 的极低密度。这种材料在超级电容器、锂离子电池、生物医药等方面有很大的应用潜力。更重要的是为石墨烯三维结构制备提供了一种新的思路。在此基础上，他们将聚二甲基硅氧烷(PDMS)涂覆在石墨烯泡沫表面，得到密度仅为 $0.06g/cm^3$ 的三维石墨烯/PDMS 复合材料，具有力学柔性和稳定性，其比电磁干扰屏蔽效率高达 $500dB \cdot cm^3/g$，明显高于金属和其他碳基复合材料。

在 CVD 法制备石墨烯/碳纳米管杂化的宏观体材料方面，很多小组取得较大进展。Fan 等制备了一种三维的具有三明治结构的碳纳米管/石墨烯复合材料（CGS）。与其他将碳管和石墨烯直接进行物理混合不同，Fan 等以 $Co(NO_3)_2 \cdot 6H_2O$ 作为催化剂，采用化学的方法在石墨烯片层上生长碳纳米管。这种材料拥有极好的电化学性能。CGS 用作超级电容器电极材料时，比电容可高达 385F/g（在 6mol/L 的 KOH 溶液中，扫速为 10mV/s），并且具有优异的稳定性。在石墨烯纸上垂直生长碳纳米管，制得的薄膜材料应用于锂离子电池时，展现出良好的倍率性能和循环性能；作为染料敏化太阳能电池对电极材料时，效率与贵金属铂电极相当。石墨烯/单壁碳纳米管材料在锂硫电池方面展现出巨大的应用潜力，在大电流倍率下（5C），100 个循环后，电量仍高达 $650mA \cdot h/g$。其作为电容器电极时，在 10mV/s 扫速下，电容为 98.5F/g，扫速增加到 500mV/s，仍保有 78.2%的电容。

2. 过滤组装法

过滤组装法是制备石墨烯薄膜最为常见的一种方法。在用氧化石墨烯或石墨烯分散液过滤之前，通常需将体系稀释至低浓度（0.1～0.5mg/L）。然后采用快速真空抽滤，将氧化石墨烯或石墨烯片沉积到滤膜（如微孔混纤膜、氧化铝膜等）上，再转移到不同基底上（如玻璃、PET 等）。混纤膜可以用丙酮溶解，氧化铝膜可以用 NaOH 溶解去除。Ruoff 课题组首次通过抽滤氧化石墨烯水溶液的方法获得了机械强度良好的氧化石墨烯无支撑膜。其基本原理是：在抽滤过程中，水的流动产生了一种定向作用力，带动二维的氧化石墨烯片层以近乎平行的方式互相堆积，从而形成有序层状薄膜。抽滤诱导自组装理论上可以应用于所有功能化石墨烯分散体系。

3. 自组装法

自组装是构建石墨烯基宏观体的重要方法。石墨烯的前驱体——氧化石墨烯(GO)表面带有负电，在水中(或碱溶液中)可以良好的分散，利用这一特性配合重力、蒸发或流体力学等作用力，可实现氧化石墨烯的有序排列，进一步还原便可形成石墨烯宏观体。自组装法可以在材料制备过程中对产物的尺寸、成分及形貌等进行更精确调控，因此受到研究者的高度重视。一般来说，自组装过程如果发生在二维界面，一般会形成二维的宏观薄膜，结构和形成机制与豆腐皮相似；而自组装过程发生在三维空间，一般会形成三维体相宏观体，结构和形成机制与果冻相似。

(1) 基于模板的自组装

模板法是一种制备石墨烯二维薄膜和三维体相材料比较常用的方法，它是以有机分子等为模板剂，通过氢键、离子键和范德华力等作用力，在溶剂中，使模板剂对游离状态下的无机或有机前驱体进行引导，从而生成纳米有序结构。

一是将具有两亲性的氧化石墨烯在油/水界面处自组装，形成氧化石墨烯空心球。研究表明，增加氧化石墨烯的氧化时间可以得到亲水性更好、尺寸更小的氧化石墨烯，从而有助于制备具有光滑平整表面的小直径氧化石墨烯空心球。

二是以玻璃管为模版制备了石墨烯纤维，其平均密度比碳纤维低七倍，比已报道的碳纳米管纤维低三倍，标准密度破坏应力达 782MPa/(g·cm^3)，高于无聚合物的碳纳米管纤维［575MPa/(g·cm^3)］。这种密度低、形状可控、具有高抗拉应力和可编织性的石墨烯纤维可应用于智能服装、电子纺织等方面。

三是利用单分散性聚甲基丙烯酸甲酯（PMMA)乳胶球作为硬模板，制备了一种三维结构的泡沫状石墨烯薄膜，这种材料微观结构可控，作为无黏结剂超级电容器电极时，展现出超高的电化学电容和倍率性能。

(2) 气液界面自组装法

气液界面自组装法是一种依靠石墨烯片层之间自发作用而无需外力干预制备的无支撑薄膜自组装方法。研究人员认为氧化石墨烯自身的两亲性有利于无支撑薄膜在气液界面的定向自组装。该方法可以通过调节气液界面面积和组装时间更为精确地调控薄膜的尺寸、厚度及微观结构，得到机械性能和光学性能良好的无支撑薄膜。

研究人员将氧化石墨烯水溶胶在 353K 的恒温水槽中加热，在气液界面快速自组装形成氧化石墨烯薄膜。薄膜的厚度及面积可以通过改变加热时间及容器的尺寸来进行调节。经 1300℃下炭化处理，所得到的石墨烯基薄膜电导率高达 184.8S/cm。另外进一步将气液界面自组装法得到的氧化石墨烯薄膜在两个堆叠的基质所形成的密闭空间中煅烧，形成石墨烯薄膜，还原后的石墨烯薄膜电导率得到了很大的提高，由 1.26×10^{-5}S/cm 增大到 272.3S/cm。

有人采用上述气液界面自组装法制备了氧化石墨烯/石墨烯复合薄膜，这种薄膜的电导率可以通过改变氧化石墨烯与石墨烯的比例进行控制。

也有人在气液界面自组装得到石墨烯纳米片层(GNS)/聚乙烯醇(PVA)复合薄膜。通过改变 GNS 的含量，达到改变薄膜微观结构、透光度、吸湿度的目的。还有人采用聚乙烯吡咯烷酮(PVP)作为表面活性剂，通过提高 PVP 溶液浓度，得到高浓度(约 1.3mg/mL)的石墨烯分散液，并利用这种分散液在气液界面自组装得到石墨烯无支撑薄膜，其表面平整和结构规则，在很多领域都拥有潜在应用价值。有人采用气液界面自组装法制备了氧化石墨烯/碳纳米管复合薄膜材料，这种材料拥有良好的电化学导电性能。综上所述，气液界面自组装技术是一种制备石墨烯基薄膜材料的普适方法。

(3) 水热法

水热法是目前构筑石墨烯基三维宏观体的主要方法。在高温高压条件下，依靠 GO 或还原的氧化石墨烯(RGO)特有的表面化学性质和官能团，片层之间相互连接和重组从而构筑出具有三维结构的石墨烯基宏观材料。水热法的条件较为苛刻，也难于实现实时监测，不利于理解氧化石墨烯片层的组装机理及控制组装过程。

首先可利用水热法可控制备了三维石墨烯宏观体。这种材料的体积可以简单地通过改变容器的大小来实现。所制备的石墨烯宏观体密度低(约 $0.03g/cm^3$)，力学强度高，作为固定床催化剂时，对 Heck 反应表现出 100%的选择性。也可采用水热法自组装制备多孔结构的石墨烯凝胶。这种材料包含 2.6%的石墨烯和 97.4%的水，电导率高达 5×10^{-3}S/cm。此外，其在 25～100℃温度范围内保持势力学稳定，其模量（450～490kPa）比常规的自组装水凝胶高 1～3 个数量级。研究人员发现在水热环境下，还原后的氧化石墨烯溶液在一定的温度下，可以形成石墨烯基水凝胶，并且在组装过程中加入功能性组分，可以实现石墨烯基水凝胶的功能化制备。

(4) 固液界面自组装

采用固液界面自组装法，利用氧化石墨烯表面丰富的官能团可以与阳级氧化铝表面的羟基相互作用，得到氧化石墨烯水凝胶，为石墨烯基三维宏观体的制备提供了一个简单有效的方法。实验证实，氧化石墨烯水凝胶的形成与氧化铝的比表面积及氧化程度紧密相关。

(5) 一步法自组装

自组装制备一种具有核壳结构的石墨烯基材料，可同时实现了 GO 的还原和组装。这种方法不需要很高的加热温度（100℃以下），且石墨烯宏观体的大小、孔径、壳的厚度可以通过调节 $KMnO_4$ 含量及氧化石墨烯溶液浓度来实现。更重要的是，制备过程不需要进一步还原或热处理，避免了对材料结构的破坏。

石墨烯基宏观体应用广泛，主要可用作超级电容器电报材料、锂离子电池电极材料、催化剂载体、药物载体、固相萃取剂和化学传感器材料等。

第三节　石墨烯功能化改性

一、改性的必要性

自2004年被Geim等成功制备以来，石墨烯以极高的机械强度、载流子迁移率和电导率、热导率、透光率、化学稳定性等特性，成为近年来的明星材料，受到学术和产业界的广泛关注。

然而，与这些无与伦比的性能相比，在生产和生活中实际应用的石墨烯材料所需要的性能则是多种多样的。例如，石墨烯是一种理论比表面积可达 $2630m^2/g$ 的材料，在表面化学、吸附等领域具有极大的应用潜力。但本征石墨烯的表面是平整的大 π 键结构，具有相当程度的化学惰性和疏水性，并且很容易堆叠、聚集，不利于石墨烯性能的发挥。

为了解决上述的问题，满足应用的需求，研究人员在石墨烯的基础上添加其他成分和结构，形成一类新材料——功能化石墨烯，它们在保持石墨烯大部分基本特性的同时，具有不同于本征石墨烯的新性能。由于各种修饰方法的引入，功能化石墨烯逐渐能够针对实际的需求进行合理的设计，其应用潜力也逐渐被开发出来，近年来其研究得到了飞速的发展。

功能化石墨烯是由石墨烯衍生而来的。在过去的十多年中，石墨烯的制备方法经过不断发展，逐渐形成了以化学气相沉积法为代表的石墨烯薄膜制备和以氧化还原法为代表的石墨烯粉体制备两大类。前者的特点是石墨烯具有较高的结晶质量、较少的官能团含量和具有本征半导体的电子学性能，后者的特点则是石墨烯表面含有一定的含氧官能团，并具有疏松的结构，有利于其发挥较大比表面积的作用，并能够进行批量地生产。相应地，功能化石墨烯的制备也分别以本征石墨烯和氧化石墨烯作为原料。

二、石墨烯的共价功能化改性

本征石墨烯表面完全由 sp^2 碳原子构成。这是一种非常稳定的结构，使石墨在通常情况下具有很强的化学惰性。同时，这一结构使得石墨烯之间很容易堆叠聚集，并且疏水的本质也使石墨烯很难在水等溶剂中分散，降低了石墨烯在应用中的可操作性。

石墨烯的共价功能化旨在破坏这一稳定的结构，从而使石墨烯的表面活性化，便于在溶剂中分散，也有利于其在吸附等应用领域发挥作用，对平面 π 键结构的破坏，共价功能化石墨烯的导电、导热等性能一般较本征石墨烯有明显的下降。

1. 使用有机小分子进行官能团功能化

本征的石墨烯虽然具有化学惰性，但其 π 键在强烈的化学条件下，也能够发生一定类型的化学变化。和碳纳米管等类似，石墨烯的 sp^2 碳结构可以直接与重氮盐等自由基试剂发生反应，通过选择适当的反应基体，可以实现在各种类型的石墨烯表面修饰所需的官能团，如图 1-6 所示。除此之外，本征石墨烯也能够和亲双烯体发生环加成作用，将 sp^2 的碳-碳键打开，生成功能化的产物。通过这种途径，能够方便地向石墨烯中引入含氮等杂原子的复杂环系，使其在多种应用领域发挥作用，这一点和碳纳米管等是一致的。

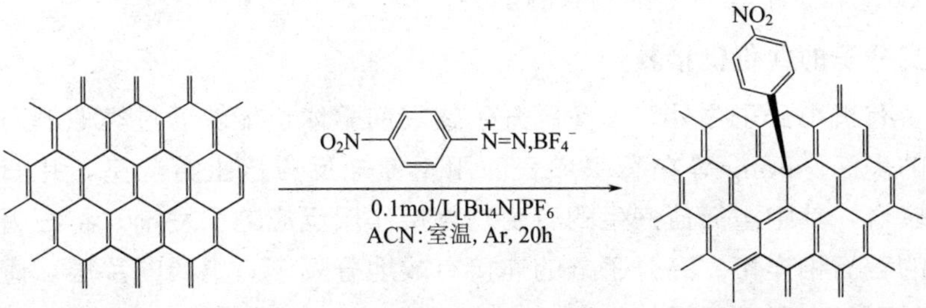

NO_2

O_2N—⟨苯环⟩—$\overset{+}{N}$=N,BF_4^-

0.1mol/L$[Bu_4N]PF_6$

ACN:室温, Ar, 20h

图 1-6　向剥离石墨烯上引入芳香官能团的示意图，所用的试剂为 4-硝基苯重氮四氟硼酸盐

本征石墨烯一般通过电子显微镜、原子力显微镜及多种光谱手段表征。对于功能化石墨烯，拉曼光谱中的 D 峰为 sp^2 碳原子的双键打开形成 sp^3 碳原子提供了最直接的证据，而 X 射线光电子能谱则是功能化基团中涉及其它元素的直接手段。

除了本征石墨烯外，氧化石墨烯由于可实现批量制备，已成为另一类非常重要的石墨烯产品和原料。氧化石墨烯在制备的过程中，例如由 Hummers 发展的氧化方法及其若干改进方法，由于使用了非常强的酸和氧化剂，因此氧化石墨烯的表面和边缘引入了大量的羟基、羧基、环氧基团等官能团。这导致氧化石墨烯较石墨烯具有较高的化学活性、低廉的成本和略有差异的物理性能。

本征石墨烯的化学惰性需要自由基等较强反应活性的物种，这往往使直接反应变得难以控制，因此以氧化石墨烯为原料，通过其中的含氧基团进行有机化学的反应，渐渐成为引入目标功能化基团的主流做法。

氧化石墨烯中较为常用的反应位点是其边缘的羧基，通过外加具有端氨基或端羟基的试剂，能够高选择性地通过缩合反应连接所需的官能团。

使用氨基酸可与氧化石墨烯中羧基、环氧基团分别发生反应，形成具有生物亲和性并能够在水中自由分散的功能化石墨烯。通过以乙醇胺对石墨烯进行功能化，能够得到可在DMF中呈现剥离态，并且可稳定分散于水、乙醇和丙酮等溶剂中的石墨烯。这些功能化石墨烯由于在修饰分子上含有活性的基团，可进一步参与多种反应，也具有良好可再分散性，因此在复合材料、杂化材料等方面有较好的应用前景。

类似地，通过氨基化、异氰酸酯化、重氮化作用，傅-克反应等方法，均能够对氧化石墨烯进行化学修饰，然后通过这些氧化石墨烯衍生物，还可以进一步制备特定功能化的复合材料。

利用乙酰丙酮作为还原剂和氧化石墨烯反应，利用乙酰丙酮中活性的碳原子，一步反应中同时实现了还原和功能化，得到了表面接有高配位活性乙酰丙酮单元的功能化石墨烯。这种石墨烯不仅可以分散在水等多种溶剂中，还对Co^{2+}、Cd^{2+}等离子具有很强的吸附能力。

2.高分子的共价键接枝

除了有机小分子之外，很多高分子或其前驱体也能够通过类似的方式接到石墨烯的表面。Fang等在石墨烯表面用重氮盐反应接上芳羟基，并随后进行自由基聚合，其中重氮盐产生的自由基直接作用反应的引发剂，将石墨烯与聚苯乙烯的表面相连接。高分子链的连接有效地分隔了石墨烯的片层，避免了聚集现象，同时由于石墨烯的作用，高分子形成了一层排列较好的膜。

与此类似地，许多高分子前驱体的聚合反应能够在氧化石墨烯的悬浮液中进行，氧化石墨烯很自然地起到了将高分子交联起来的作用，不仅石墨烯自身的性能得到了体现，也使高分子复合物整体上的性能得到了不同程度的提升。

除了自行聚合以外，高分子还可以使用其链端的活性官能团连接在氧化石墨烯的表面，这弥补了原位聚合中的一部分缺点，例如可以将各种各样的聚合物接枝在石墨烯的表面，包括那些不能在石墨烯表面聚合的聚合物。Yu等通过酯化反应在GO上连接端基为羟基的聚3-己基噻吩（P3HT）分子链，通过这些导电支链对石墨烯的电性能进行了修饰。

石墨烯和高分子相互连接的一个最大特点，在于石墨烯和高分子很容易产生相互交联，从而形成网格状的结构。此外，石墨烯由于表面活性基团相对丰富，仅需很少的质量分数，就能使高分子的特性发生显著的改变。很多石墨烯高分子复合物在溶液中呈现凝胶的状态，而对于能够形成固体的复合物，则往往伴随物理性能的大幅改变。例如石墨烯-聚乙烯醇体系中，仅需1%的氧化石墨烯即可使聚乙烯醇的力学性能大幅提高，拉伸强度和弹性模量分别提升88%和150%，并且由于其共价键的连接，断裂伸长率也有一定的增加。

三、石墨烯的非共价修饰改性

在功能化石墨烯的实际应用中，通常既要求改善石墨烯的分散性、避免过多的聚集，又要求保持石墨烯固有的导电、导热能力，而共价键修饰时产生对石墨烯基本结构的破坏，很难完全满足这两方面的要求，因而非共价键的修饰方法受到广泛关注。

1. 纳米粒子负载修饰

石墨烯作为一种具有巨大比表面积的材料，很容易通过表面吸附的方法，将其与各种已经证实具有优异性能的粒子复合起来。这里典型的粒子包括 Ag、Fe_3O_4 等金属或氧化物的纳米颗粒，它们通常是直接连接氧化石墨烯表面的官能团，或者通过一类稳定剂实现非共价连接到本征石墨烯的表面，这些纳米颗粒经过加热过程，仍然牢固粘接在石墨烯的表面。

石墨烯的尺度和许多纳米粒子的尺度相近，发生吸附作用时，很容易在单个粒子表面吸附多张石墨烯，从而在一定程度上促进石墨烯之间的交联。由于这一原因，原位合成贵金属纳米粒子可以促进氧化石墨烯体系的凝聚。

2. 非共价堆积

本征石墨烯具有疏水性，因而一般难以在水溶液中分散和处理。通过向石墨烯溶液中添加表面活性剂，在石墨烯表面引入亲水离子，能够在很大程度上增加石墨烯片之间的静电斥力，起到改善水分散性、避免石墨烯团聚的作用，也防止比表面积的损失，并且使石墨烯能够进行后续的成膜等操作。这是通过非共价键在石墨烯表面堆积其他分子进行修饰的最早例子。

本征石墨烯还具有完全平面的大 π 键结构，很容易和其他含有大范围共轭 π 键的分子发生 π-π 堆叠作用，将其他分子黏结到石墨烯的表面。例如 Parviz 等发现芘的衍生物能够稳定水中的石墨烯纳米片，其效能较传统的表面活性剂或普通高分子要好。类似的，通过 π-π 堆叠作用而进行修饰的方法在近些年飞速发展。

氧化石墨烯由于表面富含亲水基团，能够在水溶液中较好地分散，形成大范围的网状结构。与此同时氧化石墨烯表面也存在着为数不少的疏水区域，这使得许多高分子与氧化石墨烯存在着较强的相互作用。研究人员将酶通过多种非共价方式结合固定于氧化石墨烯上，并发现其负载量和氧化石墨烯还原的程度成比例，揭示了其疏水性的本质。

聚乙烯醇除了能够以羟基和石墨烯进行共价结合以外，也是能够通过氢键和氧化石墨烯连接的典型例子，适量的聚乙烯醇加入即可使氧化石墨烯片互相连接形成复杂的网络结构，在水溶液中形成凝胶，这种行为和浓度有非常密切的关系。

四、石墨烯改性聚合物

将石墨烯作为添加剂，可为聚合物带来新的力学、电学、热学等性能，一直是石墨烯应用研究的重点方向之一。随着石墨烯与聚合物体系研究的进行，根据石墨烯在具体的聚合物中作用力类型和改性原理，设计多种功能化石墨烯用于材料的改性成为可能。

如将石墨烯使用氨基进行功能化，然后和聚酰亚胺形成非共价复合物，这使得石墨烯和聚酰亚胺之间产生更强的介面相互作用，从而使整个材料的耐热性能和力学性能得到显著的提升。

还可在石墨烯上首先引入磺酸基，然后和聚乙烯醇共混制备复合物，磺酸基的引入增强了氢键的相互作用，并且避免了过多的共价键连接，在不损失导电性能的同时，这种方法大大提升了聚乙烯醇高分子薄膜的力学性能。还有研究人员通过在石墨烯散热膜与芯片表面（硅)的界面中引入一种硅烷化的石墨烯，使散热膜和待散热的芯片之间形成化学键连接关系。这种结构大幅增进了界面传热的能力，显著改善了整个器件的散热性能，使石墨烯散热膜的表观热导率提高了15％～56％。

第四节　石墨烯改性聚合物复合材料

一、简介

聚合物复合材料是以聚合物为基体通过加入增强性粒子状材料或纤维材料而成的一种复合材料，多通过在聚乙烯、聚丙烯及尼龙等树脂中加入滑石、碳酸钙、炭黑、碳纤维等增强材料来提高复合材料的刚性、强度、耐磨性或导电性等。纳米复合材料则要求复合材料中至少有一相物质的尺寸在纳米量级，借助纳米材料的表面效应和量子尺寸效应等，纳米复合材料通常会表现出相对普通复合材料更优越的性能。

以石墨烯为代表的一大类二维片层材料以其独特的结构和性能成为了世界范围的研究焦点之一，利用二维片材优良的特性，通过与其他聚合物材料的结合可以赋予复合材料新的优异的性能。其中聚合物/石墨烯复合材料的研究是该领域中很重要的一个组成部分，在制备过程中通过将石墨烯的独特性能从微观单片转化到宏观块体，可以创造出一种新型的复合材料，其能够将纳米材料在力学、热、光、电等方面的优异性能与传统聚合物材料的优势相结合。目前，基于聚合物/石墨烯的复合材料已经形成了部分商业化产品，包括网球拍、自行车、滑雪板等高端体育用品，且产品数量仍在不断增加，其他类型的规模应用也在持续研究中。

二、石墨烯改性聚合物复合材料的制备方法

在电子器件领域的特定应用中通常只需要非常少量的石墨烯即可，但是在复合材料中石墨烯的用量要相对大很多，所以大量使用石墨烯等二维片材时的成本是一个需要着重考虑的因素，另外与用于电子器件领域的石墨烯等二维片材相比，用于复合材料中的石墨烯的性能要求相对较低，虽然目前的研究已经表明即使添加非常少量的石墨烯（百分之几的体积分数或者更低）就可以显著改善复合材料的力学和电学性能，然而与其他成熟的碳质材料，例如炭黑、碳纤维和石墨粉相比，石墨烯的完全开发还需要在成本和产量方面进一步提高竞争力，因为即使在聚合物中加入百分之几的石墨烯，最终成本也会显著增加，而成本的增加将阻碍其规模化的工业应用，特别是很难将石墨烯等应用于经济性更高、附加价值较低的大批量产品。所以目前以石墨烯等二维片材为添加剂的复合材料主要应用于高附加值产品，如高端体育用品、航空航天和生物医学设备等。在复合材料中使用石墨烯等二维片材时，必须正确平衡成本和质量两个方面，因为在实验室制备的高质量石墨烯（比如通过化学气相沉积或液相剥离等方法）和工业级规模生产的石墨烯（通常使用机械-化学剥离或热-化学剥离工艺）之间还存在着明显的区别。

另外，聚合物/石墨烯复合材料的加工技术还需要与普遍采用的工业技术相兼容，特别是需要方便地将石墨烯等二维片材有效加入聚合物中形成复合材料。目前石墨烯等二维片材在溶剂或者聚合物中的分散需要借助有机溶剂或者表面活性剂等，但无论采用何种助剂用于石墨烯等二维片材的剥离和分散，最终产品中都会有不同程度的吸附残留，这些残留的助剂分子对石墨烯等二维片材与聚合物基体的相互作用可能会产生不利影响，从而弱化石墨烯的改性效果，理想的工艺是使用已经在聚合物领域规模并成熟应用的高分子分散助剂等，目前的研究表明高分子分散助剂在多种二维片材（如石墨烯、氮化硼、二

硫化钨、硫化钼、硒化物和碲化物等）中具有良好的剥离和分散效果，所以对聚合物/石墨烯复合材料领域来讲高分子分散助剂是更合适的选择。

三、石墨烯改性聚合物复合材料的表征与建模

大多数含有石墨烯的复合材料具有复杂的结构，其中大量的石墨烯与周围的基体材料相互作用，所以对其表征和建模是改善产品性能和指导生产应用的重要基础。

对聚合物/石墨烯复合材料的成分分析可以使用 X 射线光电子能谱和热重分析。对石墨烯等质量的表征，拉曼光谱是最有力的手段，可以检测包括缺陷、与周围分子的相互作用方式等特性。此外，拉曼光谱还可用于测量嵌入复合材料中石墨烯片的机械应力。C. Androulidakis 等使用拉曼光谱测量了复合材料中石墨烯的应力应变，将剥离的单层石墨烯片嵌入聚甲基丙烯酸甲酯(PMMA)/环氧树脂光致抗蚀剂（SU8)体系中并施加轴向压缩，通过监测负载下多种尺寸石墨烯片的 2D 峰偏移给出了石墨烯发生破坏的临界应变，此外，石墨烯的取向分布与复合材料的力学性能也有密切关系，有研究人员研究了使用偏振拉曼光谱法定量测量纳米复合材料中片材取向的技术，并用该种方式成功量化了块体材料中石墨烯的取向分布。

聚合物/石墨烯复合材料的微观结构表征建模较为困难，因为从液相剥离获得的石墨烯通常具有宽分布的形状和尺寸。A. Liscio 等为此开发了一种结合不同显微镜技术［如原子力显微镜（AFM)、扫描电子显微镜（SEM）］所得形貌的图像来快速自动化处理数据的程序，由于 AFM 和 SEM 的分辨率远超纳米片的平均尺寸，因而可以直接在纳米尺度上对单片进行分析，通过逐个测量剥离制备的数千片氧化石墨烯（GO)纳米片的形状和尺寸，来监测 GO 的形态随超声处理时间的演化。通过对大量从毫米到纳米尺寸 GO 纳米片的统计得到了多尺度上的定量分布，也为纳米片的两个破坏机制（芯部破坏和边缘侵蚀）的相互作用给出了直接的依据。

四、石墨烯改性聚合物复合材料的结构性应用

大多数石墨烯复合材料的研究集中在聚合物基复合材料上，包括热固性聚合物、热塑性聚合物和橡胶等，其中低填量的石墨烯多用于提高基体材料的导电性和热稳定性等，高填量的石墨烯多用于结构增强。目前多数研究中采用的制备工艺，例如压延成型、双螺杆挤出、注射成型等，都适于扩展、放大后进行工业级应用。此外，一步法原位聚合技术的发展也为石墨烯在复合材料加工

过程中的稳定性提供了新的思路。F. Beckert 等在边缘羧化的石墨烯上负载高活性的铁系乙烯聚合催化剂，然后以此为基础通过原位聚合制备了聚乙烯/石墨烯纳米复合材料。

通过原位自由基聚合制备 PMMA/官能化石墨烯纳米复合材料，观察到复合材料的力学性能得到显著改进：当石墨烯质量分数为 0.5%时，与纯 PMMA 相比，纳米复合材料的拉伸弹性模量和拉伸强度分别增加了 151%和 115%。

N. E. Miri 等以不同质量比（2∶1、1∶1 和 1∶2）的纤维素纳米晶体(CNC）和 GO 纳米片（GON）组成复合纳米填料，然后制备了聚乙烯醇(PVA)基纳米复合材料，发现与纯 PVA 相比，含 5%复合纳米填料（CNC 与 GON 质量比为 1∶2）的 PVA 基纳米复合材料的拉伸弹性模量、拉伸强度和韧性分别提高了 320%、124%和 159%，断裂伸长率基上保持不变。此外，玻璃化转变温度以及纳米复合材料的吸湿性也得到改善，其认为复合材料性能的改善是由于协同效应的作用，与单一纳米填料（CNC 或 GON）相比，复合纳米填料避免了纳米颗粒在聚合物基质内的聚集现象从而改善了分散均匀性，导致纳米复合材料性能的增强。

国内研究人员使用溶液混合法制备了 PMMA/石墨烯纳米复合材料，发现添加质量分数为 1%的石墨烯后，纳米复合材料的玻璃化转变温度提高了 37℃；在添加质量分数为 0.1%的石墨烯后，纳米复合材料的热膨胀系数降低了 68%。有人以热塑性聚氨酯（PUR-T）和聚丙烯（PP）作为聚合物基体，使用微型双螺杆挤出机制备了 PP/PUR-T/还原 GO（RGO）复合材料。当 RGO 质量分数仅为 0.5%时，复合材料的拉伸强度和断裂伸长率分别提高了 341.9%和 354.3%。也有人通过溶液混合法制备了质量分数分别为 0.1%、0.25%和 0.5%的 GO 填充超支化环氧树脂（HBE）基纳米复合材料，并用聚酰胺固化剂在 120℃对其进行固化。测试发现将 0.5%的 GO 加入 HBE 中后，材料黏合强度提高 189%，韧性提高 263%，拉伸强度提高 161%，断裂伸长率提高 159%。

对于聚合物/石墨烯复合材料力学性能的理论计算可以借鉴用于描述碳纤维、碳纳米管等复合材料的微机械模型，但是需要注意的是多层石墨烯薄片存在剪切滞后效应，意味着石墨烯作为聚合物中的填料可能存在一个临界尺寸，小于临界尺寸会由于纳米片太小而不能发挥增强作用。C. Valles 等及 S. Panzavolta 等在 PMMA 和半结晶 PP 中的研究都表明面尺寸小于 5μm 的少层石墨烯带来的增强效果甚微，而面尺寸直径为 20μm 的较大薄片则使模量提高了 20%以上。

石墨烯的表面化学性质对复合材料的性能也有重要影响，S. Chandrasekaran 等发现添加了热还原氧化石墨烯（TRGO）的环氧树脂复合材料的断裂韧性最高，并将其归因于 TRGO 官能团与环氧树脂的强相互作用，其韧性的改善明显优于碳纳米管体系。需要注意的是其结果还表明石墨烯的填充量存在一个最优范围，过量的添加反而会使复合材料的断裂韧性下降。

Bian Jun 等使用熔融复合法制备了聚对苯二甲酸丁二酯（PBT）/微波剥离 GO 纳米复合材料，发现石墨烯在 PBT 中起到了成核剂的作用，增强了纳米复合材料中 PBT 的结晶性；其还观察到在石墨烯质量分数为 4%的情况下，纳米复合材料的拉伸强度增加了 20%，在石墨烯质量分数为 8%时，拉伸强度增加了 201%。

C. S. Boland 等以由液相剥离生产的石墨烯/氮化硼纳米片作为填料，以 PVA 作为基体，通过湿法纺丝技术制备了复合纤维，纤维的直径和纳米片的体积分数可以通过调节纳米片与 PVA 的注射速率比值来控制。研究发现纤维的拉伸弹性模量和强度随着纳米片体积分数的增加先升高后降低，在纳米片体积分数达到 20%时，拉伸弹性模量和拉伸强度达到最大值（分别达到 30GPa 和 260MPa）。

五、石墨烯改性聚合物复合材料的功能性应用

石墨烯与聚合物的结合可以构造三维多孔聚合物/石墨烯复合材料，通过无模板电沉积法在三维石墨烯网络上合成了高度有序的聚苯胺纳米锥阵列，其中聚苯胺纳米锥在三维石墨烯网络的表面垂直排列，这样的形貌为电解质离子提供了无障碍扩散通道，并增加了材料的比表面积；在 0～0.7V 的电势窗口内，该复合材料在 1mol/L $HClO_4$ 中获得了 751.3F/g 的比电容，并且具有高倍率性及良好的循环稳定性；在 10A/g 的密度下，其电容为 1A/g 密度下电容的 88.5%；在充电-放电测试循环 1000 次后材料仍保持了 93.2%的初始电容。

聚合物/石墨烯导电复合材料也可以用于生物电池或化学电池。如聚苯胺/石墨烯复合材料泡沫可用作微生物燃料电池的阳极，其可以通过 CVD 法在泡沫状石墨烯上原位沉积聚苯胺制备得到，由于聚苯胺/石墨烯复合材料具有很高的细菌负载量并能确保有效的细胞外电子转移，因而是优良的微生物燃料电池阳极材料。另外，研究人员利用石墨烯的高电导率和导电聚合物的氧化还原能力，研究了一种高性能的聚吡咯（PPy）/RGO 阴极材料，用于可植入、以生物流体为电解质的生物相容性锌/聚合物电池。其中，PPy 长纤维成缠结状均匀分布在涂覆有无定型 PPy 层的 RGO 上，这样的复合结构比 PPy 长纤维的比表面积更大，其中复合材料的比表面积和电导率分别显著增加到了 561m^2/g 和 141S/cm，而大比表面积和高电导率对于阴极材料而言是实现更高电化学催化活性的关键因素。

石墨烯与导电聚合物的功能复合材料也被研究用于制备存储器件。T. Mosciatti 等制造了多功能石墨烯-聚合物混合薄膜晶体管，SiO_2 基底上沉积的石墨烯电离能可以通过空气中热处理进行调节，从而实现石墨烯-半导体聚合物混合薄膜晶体管的输出电流从关闭到大小可调。Liu 通过喷涂聚二氧乙基噻吩-聚苯乙烯磺酸/石墨烯混合液制备得到了大面积、高导电性和高力学性能的石墨烯复合材料膜，以此为底电极制备的有机光电探测器性能与现有 Si 基无机光电探测器相当。该复合材料膜进一步优化还可用于透明电极和其他新兴的柔性器件，为可穿戴超级电容器和电子表皮等的开发铺平道路。

此外，M. A. Rahma 等研究了通过溶液流延法制备聚偏二氟乙烯/TRGO 纳米复合材料，并测试了其电场诱导应变和铁电性能；当石墨烯质量分数为 0.3%时，电场诱导的应变显著增强至 16.66pm/V，同时其在 1kHz 下的介电常数增加至 69。

六、研究与发展

以石墨烯为代表的二维片材为聚合物带来各种优异的性能，该类复合材料可以通过改变纳米片的种类、形态和用量，来调节复合材料的结构和性质，从而适配于不同的应用需求。目前，聚合物/石墨烯复合材料已经在从基础研究向商业化应用转化，但是目前的研究结果对工业应用的指导还存在不足，还有很多挑战和机会有待继续研究：①石墨烯等作为平面大分子和聚合物之间的相互作用以及复合材料内的微结构（包括石墨烯等与聚合物的分布、石墨烯等和聚合物的界面）等需要进一步研究以实现对结构-性质关系的深入理解，从而更有效地进行复合材料的性能设计；②可以将更多功能性的聚合物合理地引入聚合物/石墨烯复合材料中以进一步扩展复合材料的功能和应用。

第二章
石墨烯改性通用塑料

第一节　石墨烯改性聚乙烯

聚乙烯（polyethylene，PE）是应用最广泛的通用塑料之一。聚乙烯具有诸多优良的性能，如良好的加工特性、低生产成本以及优异的力学性能等。以聚乙烯为基体材料的导电复合材料研究具有重要的科研和应用价值。然而具有非极性和惰性特点的聚乙烯树脂与其他改性材料的相容性较差，从而在某些程度上限制了其应用。因此，解决聚乙烯树脂与其他材料难以相容等问题，不断研究并开发出性能更加优良的产品，不断满足人们对聚烯烃材料多样化的要求，已经成为21世纪石油化工的重要目标。

一、功能化石墨烯改性PE薄膜

1.制备方法

(1) 氧化石墨烯（GO）的制备

采用改进的Hummers法制备GO，具体操作为：将磷酸与硫酸以1∶9的体积比加入冰浴中，磁力搅拌一段时间后加入3g鳞片石墨，随后将21g的$KMnO_4$分步缓慢添加到上述混酸溶液中，控制反应温度在4℃以下，保持反应2h；将反应体系转移至50℃油浴中搅拌一段时间使其形成红棕色的黏糊状物质，用蒸馏水稀释到1L后滴加适量H_2O_2至溶液变为亮黄色，经酸洗与水洗，最后通过离心、冷冻干燥等步骤制备得到GO。

(2) 氧化石墨烯的IPDI改性

取200mg上述制备的GO和20mL DMF（*N*,*N*-二甲基甲酰胺）加入圆底烧瓶中，经过一段时间后得到均匀的 GO 悬浮液。再加入 0.4g IPDI（异佛尔酮二异氰酸酯），在氮气保护下搅拌反应 24h，最后将产物用二氯甲烷与 DMF 洗涤 5 次，冷冻干燥即得到功能化 GO（IP-GO）。

（3）*改性石墨烯与还原氧化石墨烯（RGO）的制备*

将 200mg 冻干后的 IP-GO 溶于 100mLDMF 中，并加入 2g 水合肼，升温至 90℃搅拌反应 8h，将产物用二氯甲烷与 DMF 洗涤 5 次，冷冻干燥即得到 IP-RGO。

将 200mg 冻干后的 GO 溶于 100mLDMF 中，并加入 2g 水合肼，升温至 90℃搅拌反应 8h，将产物用二氯甲烷与 DMF 洗涤 5 次，冷冻干燥即得到还原氧化石墨烯 RGO。

（4）*IP-RGO/聚乙烯复合材料薄膜的制备*

称取 30mgIP-RGO 分散于 100mL 二甲苯中，在 100W 的超声波清洗器中超声分散 1h，然后将分散良好的 IP-RGO 溶液缓慢倒入圆底烧瓶中，升温至 80℃，并在一定转速下搅拌均匀。待上述混合液稳定后加入 10g LDPE 并搅拌至糊状液体，随后置于 100W 的超声波清洗器中超声分散 1～2h，并静置 1h 以确保充分除去糊状液体中的气泡。将表面整洁的玻璃板放置于涂膜机上进行涂膜，待溶剂充分挥发后得到 IP-RGO/聚乙烯复合材料薄膜。

2. 性能

① 所得的 IP-RGO 复合材料，通过 IPDI 对氧化石墨烯进行功能化，扩大了氧化石墨烯的层间距，而后对 IP-RGO 的还原，一方面保留着其上的 IPDI 基团，同时又去除了其他的含氧基团，使得 IP-RGO 既恢复了导电性，又具有在基体材料中良好的相容性，使其在基体中更好地均匀分散。

② 将 IP-RGO 复合材料加入聚乙烯树脂基体中，通过溶液浇注成型工艺获得 IP-RGO/聚乙烯复合材料薄膜。经研究发现，复合材料薄膜中 IP-RGO 与聚乙烯基体相容性好，且 IP-RGO 在基体中实现了良好的分散。这种 IP-RGO 稳固而又均匀地分布在聚乙烯基体中形成紧密结合，使其形成导电网络。当改性石墨烯的添加量达到 4%时，复合材料的体积电阻率为 $1.32\times10^{7}\Omega\cdot cm$，相比于纯 PE 体积电阻率下降了约 7 个数量级，提高材料的抗静电性能。

二、石墨烯改性 HDPE 导电复合材料

1. 制备方法

（1）*石墨烯的制备*

采用 Hummers 方法制备氧化石墨。具体的工艺流程：在冰水浴中装配好

250mL 的反应瓶，搅拌下加入 2g 石墨粉和 1.5g 硝酸钠的固体混合物，加入适量浓硫酸，再分次加入 6g 高锰酸钾，控制反应温度不超过 15℃，搅拌反应一段时间；35℃ 恒温 1h，再缓慢加入一定量的去离子水，恒温 90℃ 继续拌 45min 后，并加入适量双氧水除去剩余的 $KMnO_4$，使溶液变为亮黄色。趁热过滤，并用 10% 盐酸和去离子水洗涤直到滤液中无硫酸根被检测到为止。最后将所得固体置于 55℃ 的真空干燥箱中充分干燥得到氧化石墨。将 0.1g 氧化石墨分散于 100mL 水溶液中，得到棕黄色的悬浮液，再在超声条件下分散 1h，得到稳定的分散液。离心处理后移入三口烧瓶中，升温至 90℃，滴加 2mL 的水合肼，在此条件下反应 24h 后过滤，得到石墨烯（GNS）。将得到的产物依次用乙醇和去离子水冲洗多次，再在 55℃ 的真空干燥箱中充分干燥，保存备用。

(2) 复合材料的制备

将所得 GNS 在超声波作用下分散到 DCB（邻二氯苯）中，得到一定浓度的 GNS/DCB 分散液；将适量 HDPE（高密度聚乙烯）颗粒置于上述分散液中，加热至 130℃ 搅拌至 HDPE 完全溶解后超声处理。抽滤后粉碎成颗粒状，将所得颗粒状固体烘干。将干燥后固体采用热压成型法制备成直径为 30mm、厚度为 1.5mm 的圆片试样备用。

2. 性能

① 氧化还原法可以很好地将石墨剥离成石墨烯，所得石墨烯在 DCB 中经超声处理后分散效果较好。

② 对于通过溶液共混法制备的 GNS/HDPE 导电复合材料，DSC 分析发现 GNS 在降温过程中对 HDPE 的有异相成核的作用，随着温度的降低 GNS 阻止基体中晶体的生长，所得复合材料熔程变窄。

③ 石墨烯/聚乙烯导电复合材料的室温导电逾渗阈值约为 4.3%（质量分数）；当石墨烯质量分数为 6.3% 左右时，电阻率趋于稳定，约为 $10^2\Omega\cdot m$。

三、油酸功能化石墨烯改性 PE 导电复合材料

1. 制备方法

(1) 油酸功能化石墨烯的制备

将 150mg 氧化石墨烯与 450mg 辛基三乙氧基硅烷溶解在 50mL DMF 中，在 0.5mL 三乙胺存在下，通过缩合反应生成前驱物——辛基三乙氧基硅烷修饰的氧化石墨烯，反应温度为 40℃。然后，将辛基三乙氧基硅烷修饰的氧化石墨烯超声分散在油酸溶剂中，在 220℃ 下回流 20h，反应结束后，离心，用

DMF洗涤，再离心分离，得到油酸功能化石墨烯。作为对比，在50mL氧化石墨烯溶液中添加0.5mL水合肼，然后在80℃反应12h，得到水合肼还原的石墨烯。

(2) 功能化石墨烯/聚乙烯复合材料的制备

将一定量油酸功能化石墨烯分散在50mL二甲苯溶剂中，1g聚乙烯溶解在200mL二甲苯溶剂中，将两溶液混合，蒸馏去除溶剂，烘干，在180℃和200MPa压力下压片。

2. 性能

在低石墨烯含量下可大幅提高聚乙烯的导电性能。当油酸功能化石墨烯质量分数为8%时，复合材料的电导率达1S/m；当油酸功能化石墨烯质量分数为10%时，复合材料的电导率达3S/m。聚乙烯/功能化石墨烯复合材料在电缆屏蔽、电磁屏蔽和抗静电领域具有应用价值。

四、石墨烯/碳纳米管协同改性HDPE复合材料

1. 制备方法

(1) 氧化石墨及氧化石墨烯的制备

首先采用改性的Hummers法制备氧化石墨，再将所得氧化石墨超声分散后得到氧化石墨烯。

(2) 乙二胺接枝石墨烯（GO-EDA）的制备

在盛有DMF的烧瓶中加入一定量的GO，40℃下超声处理2h后，将烧瓶移至磁力搅拌器上，匀速搅拌15min，在搅拌的过程中往烧瓶内添加一定量的DCC（二环己基碳二亚胺）和DMAP（4-二甲氨基吡啶），继续加氨水调节体系的pH值到适当的范围后加入适量EDA（乙二胺）。搅拌结束后，将体系放入油浴锅中缓慢升温到98℃进行反应。6h后反应结束并趁热过滤，并用DMF洗涤3～5次。所得GO-EDA在80℃下干燥12h后研磨过筛，保存备用。

(3) 酸化碳纳米管（MWNTs-COOH）的制备

称取一定量的MWNTs于烧瓶中，先加入适量的浓硝酸，接着以浓硫酸：浓硝酸＝3：1的质量比例加入浓硫酸。将烧瓶经超声波处理，40min后MWNTs均匀分散在酸溶液中，再将烧瓶放入油浴锅中于60℃下酸化处理6h。体系经过滤、洗涤后于80℃下干燥24h，备用。

(4) 复合材料的制备

固定GO-EDA：MWNTs-COOH的质量比为1：1。将一定量的HDPE-*g*-MAH加入烧杯中，再加入不同比例的杂化填料（质量分数分别取0、

0.25%、0.5%、0.75%、1%)，用无水乙醇涂覆；待干燥后，于熔融密炼机中密炼制备 GO-EDA/MWNTs-COOH/HDPE-*g*-MAH 纳米复合材料（密炼温度 160℃，时间 15min)。

2. 性能

① 随着杂化填料 GO-EDA/MWNTs-COOH 含量的增加，复合材料的力学性能呈现先增加后降低的趋势。当杂化填料质量分数为 0.5%时，拉伸强度提高了 16%；杂化填料质量分数为 0.75%时，冲击强度提升了 20%。

② 加入杂化填料后，复合材料的储能模量增大，损耗能量曲线峰值向高温方向移动。

③ 杂化填料的加入提高了纳米复合材料的热稳定性能。

五、烷基化氧化石墨烯改性 HDEP 复合膜

1. 制备方法

十二烷基胺功能化氧化石墨烯（DA-GO)的制备：采用先进的 Hummers 法制备 GO，将 0.4g GO 加入 200mL 蒸馏水中超声搅拌 50min，得到 GO 的悬浮液；1.2g 十二烷基胺（DA)溶解在适量无水乙醇中，将 DA/乙醇溶液与 GO 的悬浮液混合，室温搅拌 24h；将溶液过滤并用蒸馏水/乙醇混合液（1∶1）反复洗涤，然后于 60℃真空干燥 24h，得到 DA 改性的 GO（DA-GO)颗粒。

DA-GO/HDPE 复合材料制备：在超声作用下，将 1g DA-GO 分散到 250mL 的二甲苯中，然后在 140℃下加入 19g HDPE，搅拌至其完全溶解后，将混合液缓慢地倒入大量的无水乙醇中搅拌絮凝，过滤，干燥，打粉，得到含量为 5%（质量分数)的 DA-GO/HDPE 母料，用双螺杆挤出机将所得母料与 HDPE 颗粒在 180℃下熔融挤出造粒，然后利用注塑机制备制品。

2. 性能

X 射线衍射（XRD)研究表明，室温条件下 DA 分子可与环氧基团发生亲核取代而接枝于 GO 表面。复合材料断口扫描显示，DA-GO 以剥离的形式均匀分散于 HDPE 基体中。均匀分散的 DA-GO 片层能有效提高 HDPE 复合膜的气体阻隔性能，当 DA-GO 含量为 0.5%（质量分数)时，复合薄膜的透氧率从纯 HDPE 的 4.555×10^{-14} $cm^3\cdot cm/(cm^2\cdot s\cdot Pa)$ 降低到 1.830×10^{-14} $cm^3\cdot cm/(cm^2\cdot s\cdot Pa)$，阻氧性能提高了 60%。此外，DA-GO 片层的加入使 HDPE 的热稳定性明显提高。

六、石墨烯改性复合薄膜用 LDPE

1. 制备方法

样品配制见表 2-1。

表 2-1　8 种薄膜样品的配制

编号	名称	成分(质量分数)	厚度/mm	密度/(g/mm^3)
0	空白 LDPE 膜	100%LDPE	0.046±0.002	0.010
1	Irgafos168+LDPE 膜	1%Irgafos168	0.046±0.002	0.010
2	Irganox1076+LDPE 膜	1% Irganox1076	0.045±0.001	0.011
3	Irgafos168+Irganox1076+LDPE 膜	1% Irganox1076+1% Irgafos168	0.046±0.002	0.011
4	Irgafos168+G+ LDPE 复合膜	1% Irgafos168+0.05%G	0.047±0.001	0.010
5	Irganox1076+G+LDPE 复合膜	1% Irganox1076+0.05%G	0.049±0.001	0.011
6	Irgafos168+GN+ LDPE 复合膜	1% Irgafos168+0.05%GN	0.044±0.001	0.010
7	Irganox1076+GN+LDPE 复合膜	1% Irganox1076+0.05%GN	0.045±0.002	0.010

注：G—石墨烯；GN—石墨烯微片；LDPE—低密度聚乙烯。

2. 性能

如表 2-2～表 2-5 所示，两种抗氧化剂的迁移会随着迁移温度的升高以及迁移时间的延长而增加直至达到迁移平衡；两种抗氧化剂之间存在协同作用，在迁移过程中会产生相互反应来抵制各自的迁移；由于石墨烯及石墨烯微片纳米粒子的团聚，较强的吸附能力以及较好的阻隔性能，阻碍了抗氧化剂的扩散行为，抵制了包装中的抗氧化剂向食品模拟物中的迁移。

表 2-2　2 种抗氧化剂的保留时间、线性方程、相关系数、检出限与定量限($n=3$)

抗氧化剂	保留时间/min	线性方程	相关系数 R	检出限/(mg/L)	定量限/(mg/L)
Irganox1076	11.704	$y=14\ 551x+2201.5$	0.9999	0.07	0.2
Irgafos168	14.142	$y=17855x-5735.8$	0.9997	0.05	0.15

表 2-3　迁移实验中 2 种抗氧化剂的加标回收率和 RSD($n=3$)　　单位:%

抗氧化剂	2μg/mL		5μg/mL		10μg/mL	
	回收率	RSD	回收率	RSD	回收率	RSD
Irganox1076	84.4	9.5	86.4	3.0	105.4	2.4
Irgafos168	118.3	5.5	90.5	7.1	102.9	11.4

表 2-4　7 种样品膜中两种抗氧化剂的初始含量($n=3$)　　单位：mg/kg

抗氧化剂		样品号						
		1	2	3	4	5	6	7
Irganox1076	含量	—	5112.8	5262.2	—	5703.7	—	5609.0
	标准偏差	—	57.3	18.8	—	25.6	—	57.1
Irgafos168	含量	7190.5	—	6968.3	7099.3	—	7286.6	—
	标准偏差	74.1	—	53.9	43.5	—	62.1	—

注：—样品中未添加该物质。

表 2-5　迁移实验中两种抗氧化剂向异辛烷迁移的最大迁移量

单位：mg/kg

样品号	20℃,10d		40℃,2d		70℃,2h	
	Irganox1076	Irgafos168	Irganox1076	Irgafos168	Irganox1076	Irgafos168
1	—	16.4±1.1	—	24.6±0.7	—	26.6±1.2
2	12.9±0.9	—	13.3±0.6	—	19.8±0.8	—
3	12.4±0.2	15.8±0.4	17.9±0.7	20.1±0.6	18.3±0.7	21.4±0.9
4	—	16.0±0.5	—	19.8±0.8	—	23.8±1.4
5	11.5±0.3	—	17.5±0.5	—	18.5±0.4	—
6	—	15.6±12	—	17.3±0.7	—	23.4±1.4
7	11.2±0.4	—	16.0±0.3	—	18.5±0.7	—

七、石墨烯改性 PE 复合膜

1. 复合薄膜的制备

分别将质量分数为 0.05%、0.2%、1%的石墨烯、石墨烯微片同 LDPE 空白母粒混合均匀后，填入双螺杆挤出造粒机中，通过熔融共混的方法制得相应的塑料母粒。为了保证助剂与塑料母粒混合均匀，重复造粒 2 次，之后经小型吹膜机采用中空吹塑的方法制得相应的薄膜。双螺杆挤出造粒机中料筒 1～9 区的温度分别设定为 150℃，155℃，155℃，160℃，160℃，165℃，165℃，165℃，165℃；模头温度设定为 165℃；螺杆转速为 150r/min。吹膜机 1～4 区温度分别设定为 155℃，160℃，165℃，165℃。

2. 性能

膜的厚度、密度等信息见表 2-6、图 2-1～图 2-3 所示。

表 2-6　7 种薄膜信息

薄膜编号	名称	成分(质量分数)	厚度/mm	密度/(mg/mm^3)
0#	空白 LDPE 膜	LDPE(100%)	0.046±0.002	0.97
1#	G/LDPE 复合膜	G(0.05%)	0.048±0.001	0.97
2#	G/LDPE 复合膜	G(0.2%)	0.045±0.002	0.98
3#	G/LDPE 复合膜	G(1%)	0.047±0.001	1
4#	GN/LDPE 复合膜	GN(0.05%)	0.050±0.001	0.97
5#	GN/LDPE 复合膜	GN(0.2%)	0.049±0.001	0.98
6#	GN/LDPE 复合膜	GN(1%)	0.049±0.002	0.10

注：G—石墨烯；GN—石墨烯微片；厚度及密度数据采用平均值±标准偏差表示。

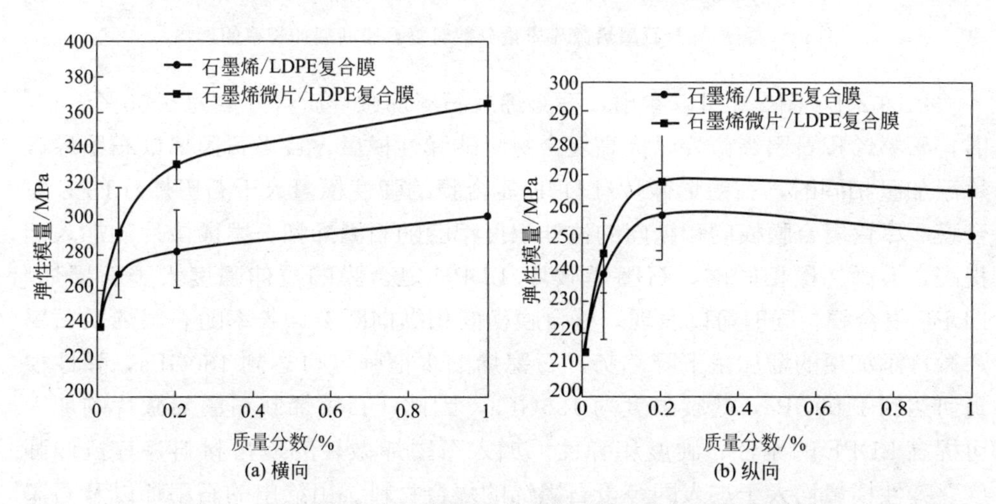

图 2-1　石墨烯及石墨烯微片质量分数对复合膜弹性模量的影响

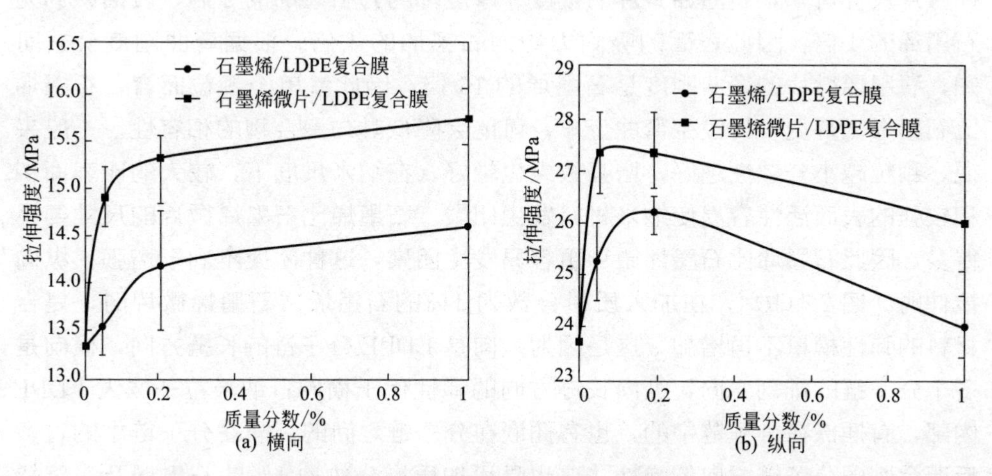

图 2-2　石墨烯及石墨烯微片质量分数对复合膜拉伸强度的影响

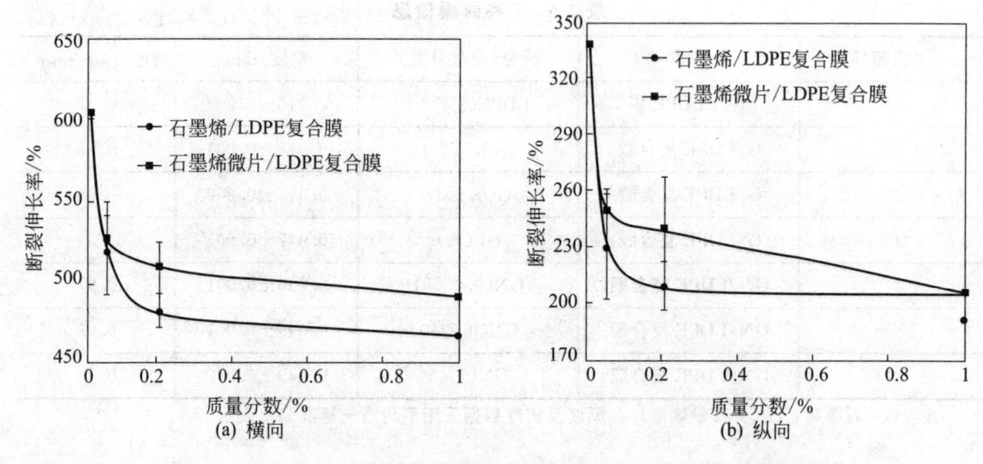

图 2-3 石墨烯及石墨烯微片质量分数对复合膜断裂伸长率的影响

由图 2-1～图 2-3 可以看出，石墨烯或石墨烯微片质量分数为 0.05％～1％时，石墨烯和石墨烯微片可提高复合材料的弹性模量，且当石墨烯或石墨烯微片添加量相同时，石墨烯微片/LDPE 复合膜的弹性模量大于石墨烯/LDPE 复合膜。尽管复合膜横向和纵向的拉伸强度都会随石墨烯和石墨烯微片的加入而提高，但添加量相同时，石墨烯微片/LDPE 复合膜的拉伸强度大于石墨烯/LDPE 复合膜。同时可以发现，复合膜横向和纵向断裂伸长率随石墨烯及石墨烯微片添加量的增加呈下降趋势。石墨烯的本征强度可达到 130GPa，弹性模量可达到 1100GPa，断裂强度为 125GPa，因此，石墨烯或石墨烯微片的加入可提高 LDPE 的刚性、硬度和弹性。加入石墨烯微片的复合材料，其拉伸强度、弹性模量均大于加入同等量石墨烯的复合材料。由给出的石墨烯以及石墨烯微片尺寸可知，石墨烯微片的宽度、厚度都约为石墨烯的 2 倍，表面积约为石墨烯的 4 倍，因此表面的吸附力约为石墨烯的 4 倍。根据弯曲刚度公式可知，石墨烯微片的弯曲刚度是石墨烯的 16 倍，因此就单个颗粒而言，石墨烯比石墨烯微片更容易发生弯曲变形，可能会降低其与聚合物的相容性。一般来说，颗粒越小分散性越好，增强效果也越好。在纳米尺度下，较大的比表面积和较强的表面活性容易使纳米材料发生团聚。石墨烯比石墨烯微片的尺寸要小得多，因此石墨烯比石墨烯微片更容易发生团聚，这种团聚不利于增强。纵向拉伸时［图 2-1(b)］，在加入质量分数为 1％的石墨烯或石墨烯微片时，复合材料的弹性模量不再增加，这是因为纵向是 LDPE 分子链的长链方向，横向是多个分子链的排列方向，纵向长链方向的弹性优于横向；纳米粒子嵌入 LDPE 内部，有插嵌在分子链中的，也有插嵌在分子链之间的，插在分子链中的过多反而会削弱分子链方向的弹性，这也是添加质量分数为 1％的石墨烯及石墨烯微片的复合材料其纵向的弹性模量下降的原因；插嵌在分子链间的石墨烯对分子链间的运动起到了阻碍作用，增加了其横向的弹性模量。断裂伸长率的降低是因为随着复合材料强度和刚度的增加，其抵抗形变的能力增大，因而断裂伸长率呈现下降的趋势。

薄膜的颜色分析数据见表 2-7，可见，与空白膜相比，石墨烯、石墨烯微片的加入使得薄膜的颜色偏黑，且随着添加量的增加，黑色越明显。石墨烯和石墨烯微片本身是黑色的，由于其具有纳米尺寸以及较强的吸附能力，少量的添加量就可以使其在聚合物中对颜色产生较大影响。添加石墨烯和石墨烯微片的薄膜其 ΔE 值均大于 5，即人眼可直接观察到颜色差别。

表 2-7　7 种薄膜颜色分析

薄膜编号	ΔL	Δa	Δb	ΔE
0#	−1.61±0.21	0.04±0.03	0.10±0.05	1.62±0.22
1#	−5.93±0.45	0.25±0.01	0.84±0.02	5.99±0.45
2#	−16.55±0.88	0.52±0.04	1.73±0.08	16.64±0.89
3#	−60.97±1.2	1.41±0.02	2.28±0.09	61.03±1.20
4#	−6.43±0.58	0.28±0.03	0.76±0.06	6.48±0.58
5#	−16.55±1.16	1.38±0.03	0.54±0.08	16.61±1.69
6#	−48.84±1.04	1.57±0.04	1.94±0.10	48.90±1.04

薄膜在可见光波段内的透光率见图 2-4 所示。

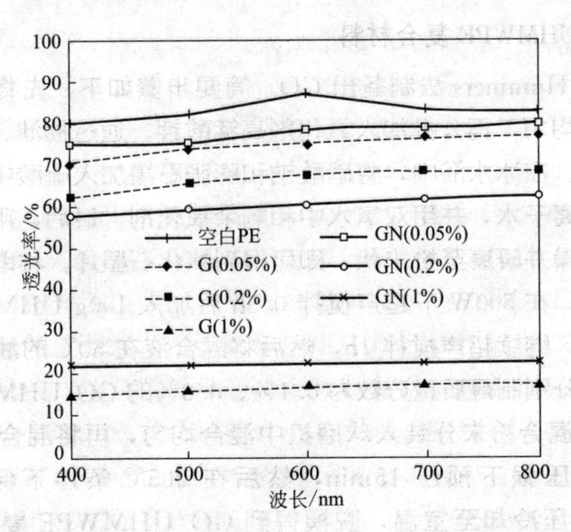

图 2-4　石墨烯及石墨烯微片质量分数对复合膜透光率的影响

石墨烯、石墨烯微片的加入使得薄膜的透光率明显下降，添加量越高，透光率越低。

薄膜的透氧率变化情况见图 2-5。空白 LDPE 薄膜的透氧率很高，基本达到 2000mL/[m^2 · d ·（0.1MPa）]，添加了石墨烯和石墨烯微片的薄膜其透氧率有所提高，且含量越高，透氧率相对越大。

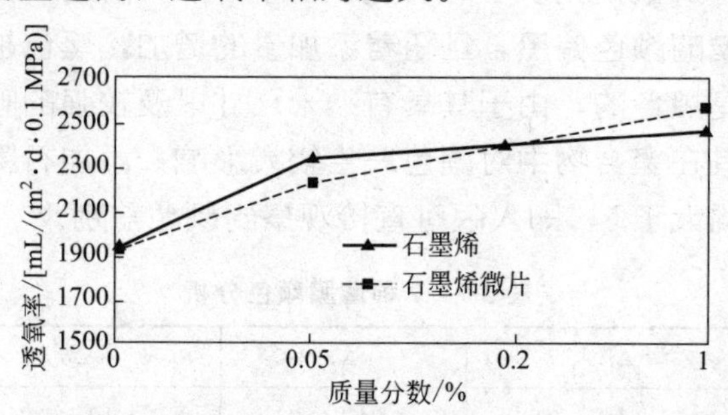

图 2-5　石墨烯及石墨烯微片质量分数对复合膜透氧率的影响

石墨烯或石墨烯微片的加入，可以提高复合材料的拉伸强度、弹性模量，降低断裂伸长率。石墨烯或石墨烯微片的加入，对塑料薄膜的颜色影响较大，加入少量的石墨烯或者石墨烯微片便可以使得复合材料颜色变暗，并降低薄膜的透光率，同时可增加薄膜的透氧率。

八、氧化石墨烯改性 UHMWPE

1. 制备 GO/UHMWPE 复合材料

通过改进的 Hummers 法制备出 GO。简要步骤如下，先将硫酸溶液与石墨按一定比例搅拌均匀，再分批加入氧化剂高锰酸钾。通过抽滤、干燥、高温加热后得到膨胀石墨。在冰水浴中，将硝酸钠和膨胀石墨加入硫酸中进行混合，再加入高锰酸钾和去离子水，并用双氧水中和剩余氧化剂。最后，用稀盐酸和去离子水离心洗涤、干燥并研磨至粉末状，即可得到氧化石墨烯。称取适量氧化石墨烯置于乙醇溶液中，在 500W 下超声搅拌 0.5h 后加入 100g UHMWPE（超高分子量聚乙烯）粉末，继续超声搅拌 1h，然后将混合液在 60℃的油浴中加热，直到乙醇完全挥发，分别制得质量分数为 0.1%、0.3%的 GO/UHMWPE 混合粉末。

将干燥后的混合粉末分装入球磨机中混合均匀，再将混合好的粉料加入模具中，在 5MPa 压强下预压 15min，然后在 205℃ 条件下保温 2h，最后在 10MPa 压强下加压冷却至室温，脱模得到 GO/UHMWPE 复合材料，并按照拉伸和磨损实验所要求的规格加工试样。

2. 性能

① GO 的添加提高了 GO/UHMWPE 复合材料的屈服强度和拉伸强度，降低了其断裂伸长率。其中，当 GO 的质量分数为 0.1%时效果最佳，屈服强度与纯 UHMWPE 相比提高了 19.06%，拉伸强度提高了 5.84%。

② GO 填料改善了 UHMWPE 的抗磨损性能，当 GO 质量分数为 0.1%时，耐磨性能最佳，磨损率降低了 38.5%。

③ 当 GO 质量分数≤0.1%时，GO/UHMWPE 复合材料的磨损类型以黏着磨损和疲劳磨损为主；当 GO 质量分数＞0.1%时，GO/UHMWPE 复合材料的磨损类型以磨粒磨损和疲劳磨损为主。

九、氧化石墨烯改性 UHMNPE 耐磨复合材料

1. UHMWPE/GO 复合磨料的制备

利用改进的 Hummers 法制备 GO。再通过高速球磨和热压成型法制备了纯 UHMWPE 材料和 0.3%GO 含量的 UHMWPE/GO 复合材料。根据美国材料与试验协会标准 ASTM G99，制备摩擦磨损标准尺寸试样。

2. 性能（图 2-6、图 2-7、表 2-8）

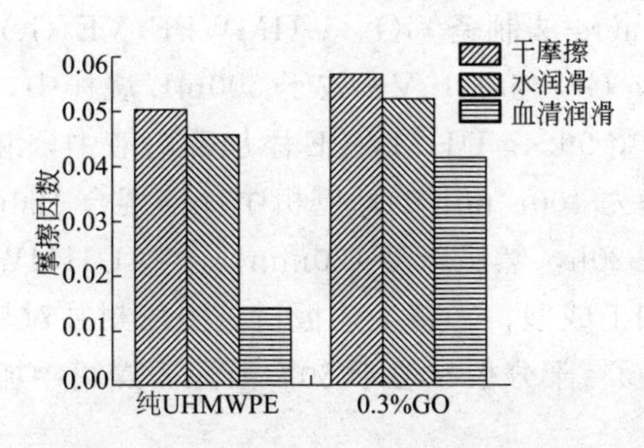

图 2-6　三种润滑条件下 UHMWPE/GO 复合材料平均摩擦因数

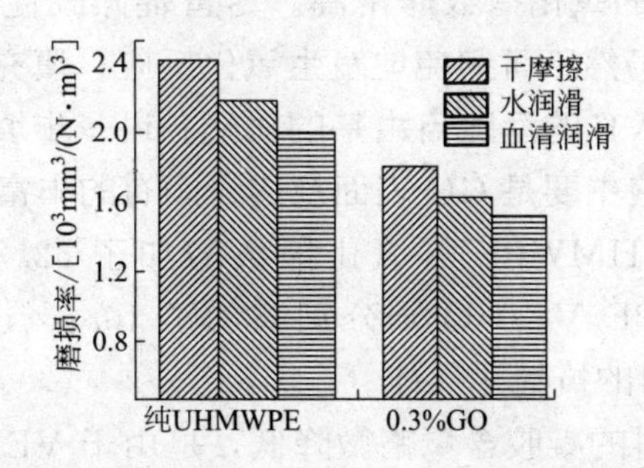

图 2-7　不同润滑条件下 UHMWPE/GO 复合材料平均磨损率

表 2-8 三种润滑条件下 UHMWPE/GO 复合材料磨痕宽度和磨痕深度

润滑条件	材料	磨痕宽度/μm	磨痕深度/μm
干摩擦	纯 UHMWPE	600	6.0
	0.3%GO	450	5.0
水润滑	纯 UHMWPE	550	6.0
	0.3%GO	450	5.0
血清润滑	纯 UHMWPE	500	5.0
	0.3%GO	450	4.0

干摩擦、水润滑和血清润滑三种条件下，GO/UHMWPE 复合材料的摩擦因数要高于纯 UHMWPE 的摩擦因数，然而磨损率和磨痕深度却低于纯 UHMWPE，说明 GO 可以增强 UHMWPE 的抗磨损性能。与干摩擦相比，在水和血清润滑下的 UHMWPE/GO 复合材料的摩擦因数和磨损率较低，其中小牛血清润滑条件下的复合材料摩擦磨损性能最好。

十、辐照交联氧化石墨烯改性 UHMWPE/ VE 复合材料

1. 辐照 UHMWPE/维生素 E（VE） /GO 复合材料的制备

采用改良 Hummers 法制备 GO。UHMWPE/VE/GO 复合材料的制备过程如下：①称取 0.5g GO 与 0.1gVE 放于 500mL 烧杯中，倒入定量无水乙醇超声分散 30min；②将 99.4g UHMWPE 添加到溶液中，继续超声处理 30min，然后把液体置于转速为 400r/min 的球磨机中球磨混合 120min；③在 60℃的真空干燥箱中干燥处理 20h，然后球磨 120min；④将 UHMWPE/VE/GO 复合粉末利用平板硫化机加工成型；⑤将上述板材真空密封并对其辐照交联处理，辐照剂量为 100kGy；⑥将部分板材覆于 80℃鼓风干燥箱中加速老化 21d。

2. 性能

辐照 UHMWPE 的氧化指数非常高。尽管辐照改性处理是在真空环境下进行的，UHMWPE 仍然不可避免地发生氧化反应。填充 VE 后，材料的氧化指数明显降低，基于 VE 的消除自由基的功能。进一步填充 GO 后，材料的氧化指数也相应增加，这主要是 GO 表面及边缘固有的丰富的含氧官能团。加速老化处理后，辐照 UHMWPE 的氧化指数增加了 62.39%，而辐照 UHMWPE/VE 与 UHMWPE/VE/GO 则分别增加了 10.5%、12.19%，说明填充 GO 后未明显降低材料的抗氧化性能。

填充 VE 后，材料的凝胶含量略微降低，是由于 VE 具有清除自由基的功

能，阻碍了自由基之间的相互交联。然而，填充 GO 后，进一步降低了复合材料的凝胶含量。一方面，GO 与 UHMWPE/VE 之间强大的界面结合力阻碍了自由基的活动性，限制了自由基间的交联；另一方面，辐照打断 GO 分子化学键产生自由基，不可避免地与 UHMWPE 自由基发生反应，一定程度上阻碍了 UHMWPE 自由基间的相互交联。加速老化后，辐照 UHMWPE 的凝胶含量略微增大，可能是由于氧化反应促使分子链断裂，产生的新自由基之间相互交联的原因。由于良好的抗氧化性，辐照 UHMWPE/VE 与 UHMWPE/VE/GO 的凝胶含量未发生明显变化。

十一、氧化石墨烯改性 UHMWPE 复合材料

1. 制备方法

采用改良 Hummers 法制备 GO。将干燥后的 GO 与 UHMWPE 进行共混，制成 GO 质量分数为 0.1%的 UHMWPE/GO 复合材料，具体方法如下：称取适量 GO 放于锥形瓶中，倒入适量无水乙醇，搅拌 0.5h，然后继续超声 0.5h，使其分散于无水乙醇中，将得到的溶液加到适量的 UHMWPE 粉料中，磁力搅拌，超声 1h，最后在 60℃的水浴中干燥 20h，将干燥后得到的块状复合物在球磨机中研磨 2h 得到均匀粉末。

将上述粉末采用热压成型方法加工成型，在压力为 5MPa 下预压 20min，然后在 200℃下加热 2h，最后在压力 10MPa 下压制至温度降到室温，得到 UHMWPE/GO 复合材料试样。

2. 性能

① 加入 GO 能提高 UHMWPE 的吸水率，UHMWPE/GO 复合材料在水环境下的质量随浸泡时间的延长而增加，两者呈正相关。

② 加入 GO 能提高 UHMWPE 在含氧酸、非含氧酸和碱性环境下的耐腐蚀性能；在含氧酸和碱性环境中，随着浸泡时间的延长，复合材料的吸水作用大于腐蚀作用。

③ UHMWPE/GO 复合材料在含氧酸和碱性环境下的耐磨蚀性能优于非含氧酸环境。

十二、辐照交联氧化石墨烯改性 UHMWPE 复合材料

1. 制备方法

采用改良 Hummers 法制备 GO。UHMWPE/GO 复合材料的制备如

下：①量取定量 GO 放入 500mL 烧杯中，然后倒入定量无水乙醇并磁力搅拌 30min；②将上述溶液超声处理 30min 得到均匀分散的液体；③将定量的超高分子量聚乙烯添加到溶液中，超声处理 60min，然后把液体放入 400r/min 球磨机中球磨混合 120min；④将上述 UHMWPE/GO 溶液在 60℃的真空干燥箱中干燥处理 20h，然后将其置于行星球磨机中球磨 120min。⑤将 UHMWPE/GO 复合粉末利用平板硫化机加工成型，GO 填充比例：0，0.5%。⑥将上述板材真空密封并对其辐照交联处理，辐照剂量为 100kGy。

2. 性能

① 填充 GO 对材料的凝胶含量没有明显的影响。GO 基本保持了辐照 UHMWPE 非晶区的交联密度，与石墨烯、碳纳米管相似，对复合材料的凝胶含量基本没有影响。

② UHMWPE 吸水率小于 0.02%，填充微量 GO 后，UHMWPE/GO 吸水率略微增大。未辐照 UHMWPE 试样接触角为 94.53°，填充 GO 进一步减小了 UHMWPE/GO 接触角（85.38°），改善了其润湿性能。辐照改性处理略微降低了 UHMWPE/GO 纳米复合材料吸水率。辐照改性处理显著减小了 UHMWPE/GO 纳米复合材料的静态接触角，并提高了其表面自由能，有效地改善了 UHMWPE/GO 的润湿性。

十三、氧化石墨烯改性 UHMWPE 复合材料

1. 制备方法

采用改良 Hummers 法制备 GO。将干燥后的氧化石墨烯按不同比例与 UHMWPE 进行共混。称取适量氧化石墨烯放于锥形瓶中，倒入适量无水乙醇搅拌 0.5h，然后继续超声 0.5h，使其分散于无水乙醇中，将得到的溶液加入适量的 UHMWPE 粉料中，磁力搅拌、超声 1h，最后在 60℃的水浴中干燥 20h，将得到的干燥粉末固体在球磨机中研磨 2h 至均匀粉末。将上述粉末采用热压成型方法加工成型，在压力为 5MPa 下预压 20min，然后在 200℃下加热 2h，最后在压力 10MPa 下压制至温度降到室温。

2. 性能

① GO 含有大量含氧活性官能团。座滴法数据表明，GO 的加入明显降低了 UHMWPE 的接触角，当 GO 含量为 0.5%时，其接触角最小，GO/UHMWPE 复合材料表现出良好的润湿性。

② GO/UHMWPE 复合材料表面能的极性分量随着 GO 含量的增加先下降后上升再下降，当 GO 含量为 0.5%时达到最大；色散分量变化趋势与极性

分量相反；GO 的加入显著提高了 UHMWPE 的总表面能，0.5%GO 含量的 GO/UHMWPE 复合材料的总表面能最大。

十四、石墨烯改性 HDPE/UHMWPE 导电复合材料

1. 制备方法

（1）GNS 制备

采用改进的 Hummers 法制备氧化石墨烯（GO），通过热还原方法制备石墨烯微片（GNS）。将 15g 可膨胀石墨和 450mL 浓 H_2SO_4 加入烧杯中，并缓慢地加入 50g $KMnO_4$，在 30℃下搅拌 1h 后缓慢加入 3L 去离子水，然后加入 40mL H_2O_2（浓度 30%）。过滤悬浮液并用 HCl 溶液（HCl 和水的体积比为 1∶10）反复洗涤，再用大量去离子水洗涤到 pH 值接近 7。将过滤所得糊状物借助超声波分散于去离子水中，最后在 60℃下干燥获得 GO，最后将 GO 在氮气保护下于 1050℃下热还原 30s，制备得 GNS。

（2）GNS/HDPE/UHMWPE 的制备

通过溶液混合法制备 GNS 质量分数为 10%的 GNS/HDPE 复合材料。首先，取 GNS 粒子（1.0g）加入无水乙醇（300mL）中，并施加 15min 超声分散和 1h 机械搅拌分散 GNS。同时，9g HDPE 在 130℃溶解于 270mL 二甲苯，将 GNS/无水乙醇悬浮液快速滴加到 HDPE/二甲苯溶液中，再通过酒精将其絮凝，在 60℃下烘干 48h。之后，GNS/HDPE（0.3g），与 UHMWPE 颗粒（9.7g）通过机械高速搅拌进行混合，最后在 200℃下热压 5min 成型。

2. 性能

① 由于隔离-双逾渗导电网络的构建，GNS/HDPE/UHMWPE 复合材料表现出极低的导电逾渗值（0.05%体积分数）。当 GNS 体积分数为 1%，复合材料电导率可以达到 10^{-2}S/m。

② 隔离-双逾渗结构 GNS/HDEP/UHMWPE 复合材料拉伸强度随 GNS 含量的增加，呈现先增大后减小的趋势，而其拉伸模量则呈现递增趋势。

十五、石墨烯微片改性 UHMWPE 导电复合材料

1. 制备方法

将 UHMWPE/DCB（质量比为 1∶100）置于超声波细胞粉碎仪中，使 UHMWPE 分散到 DCB 中，然后置于 160℃油浴中充分溶解；根据复合材料中石墨烯微片（GNPS）含量称取 GNPS（含量为 2%～6%），在超声波细胞粉碎

仪中使 GNPS 均匀分散到 DCB 中（GNPS 与 DCB 的质量比约为 1∶5000，分散功率为 400～500W）；将上述 UHMWPE/DCB 混合物与 GNPS/DCB 分散液混合到一起，充分搅拌后再用超声波细胞粉碎仪（分散功率为 500～600W）分散 15～20min；将分散后的混合物进行抽滤；在 80℃下真空干燥 24h 直至恒重，用小型粉碎机粉碎；将颗粒状复合材料置于模具中，采用压力成型机压成直径 30mm、厚度 2mm 的圆片（成型温度为 180℃、压力为 20MPa、时间为 15min），再在圆片上下表面均匀地涂上导电漆作为电极。

2. 性能

① 溶液混合、超声波分散的方法制备超高分子量聚乙烯（UHMWPE）/石墨烯微片（GNPS）复合材料，可以使 GNPS 在 UHMWPE 基体中良好地分散；复合材料表现出典型的导电渗流行为，逾渗阈值为 2.8%（质量分数）。

② 在高于逾渗阈值的含量下，随着填料含量的增加，UHMWPE/GNPS 复合材料的室温体积电阻率逐渐降低，PTC 强度亦减小，在逾渗阈值附近复合材料的 PTC 强度最高。

③ UHMWPE/GNPS 复合材料的阻-温特性重复性较好，热循环使得复合材料的 PTC 强度有所降低。

十六、石墨烯改性 UHMWPE 导电复合材料

1. 制备方法

首先将 GNPS 和 UHMWPE 粉末用乙醇浸泡，并用超声波细胞粉碎仪超声分散 15 个周期，约 0.5h，形成分布均匀的悬浊液。抽滤并真空干燥 1h 脱出乙醇溶剂，使得 GNPS 均匀地附着在 UHMWPE 颗粒表面。最后将所得试样在 180℃、10MPa 下模压成型，之后恒压冷却至室温，得直径为 30mm、厚度为 2mm 的圆片状试样，用于阻-温行为和导电性能的测试。

2. 性能

UHMWPE/GNPS 导电复合材料的导电逾渗阈值为 3.8%，即当导电填料在体系中的质量分数达到 3.8%时，材料内部逐渐形成较为完善的导电网络，从而实现其导电特性。UHMWPE/GNPS 导电复合材料的 PTC 效应会随着 GNPS 含量的增加逐渐增强，当导电填料 GNPS 的添加量达到 3.8%时，通过阻-温曲线可以观察到，UHMWPE/GNPS 导电复合材料具有最大的 PTC 强度和相对较低的室温体积电阻率。场发射扫描电子显微镜分析研究表明，GNPS 和 UHMWPE 之间的相互作用会随着热循环次数的不同而发生变化，最终会影响到材料的 PTC 效应。

十七、低缺陷石墨烯改性 UHMWPE 复合材料

1. 制备方法

(1) 石墨烯的制备

在 100mL 大小的柱状玻璃瓶内，依次加入 640mg 天然石墨、320mg HBPE（超支化聚酯）和 80mL 氯仿，密封后置于 KQ-250V 型超声池（江苏昆山超声仪器有限公司，超声功率 250W）内于 25℃下持续超声 48h，所得悬浮液在 4000r/min 下离心 45min 以去除未剥开的大块石墨颗粒，后收集离心管上层清液获得石墨烯分散液（约 70mL）。重复上述过程多次，获得所需体积的石墨烯分散液，并通过 PVDF 膜（平均孔径 100nm）真空抽滤以去除过量的 HBPE，所得过滤产物在新鲜氯仿中再次超声 8h，最终获得去除过量 HBPE 后的石墨烯分散液。

上述所得石墨烯分散液经适当稀释后用于紫外-可见（UV-Vis）吸收光谱测试，以测定所含石墨烯浓度：将少量石墨烯分散液悬滴于含 230 目多孔碳支持膜的铜网表面（中镜科仪产品），经室温下去除溶剂后用于 TEM 测试；将清洗烘干后的云母片置于石墨烯分散液内约 30s，提拉取出后经溶剂挥发用于 AFM 测试；取体积约 10mL 的石墨烯分散液，以孔径 0.22μm 的 PVDF 膜进行真空抽滤，所得过滤膜片用于 Raman 光谱测试；将适量石墨烯分散液于 50℃下真空干燥，所得粉末经研磨后分别用于 XPS 和 TGA 测试。

(2) 石墨烯/UHMWPE 复合材料的制备

在 100mL 大小的烧杯内，按比例加入 UHMWPE 粉末（粒径 25μm、60μm）和由(1)所制得的石墨烯分散液，密封后于室温下超声 1h，随后在搅拌状态下通过吹扫缓慢去除溶剂，并在 50℃下真空干燥 24h，获得石墨烯/UHMWPE 复合粉末。所得复合粉末进一步在 LP-s-50 型平板硫化仪上热压成型获得最终的石墨烯/UHMWPE 复合材料，模压温度为 200℃，预热和热压时间各 3min，压力 12.74MPa，所得直径 12.7mm、厚 1mm 的圆片试样分别用于导电性能和 WAXRD 测试，进一步在液氮中经冷冻和随后的脆断及表面喷金处理，用于 SEM 电镜分析。

2. 性能

所得复合材料的表面电阻率如表 2-9、表 2-10 所示。

表 2-9　25μmUHMWPE 制备的复合物表面电阻率

石墨含量(体积分数)/%	表面电阻率/(Ω/m)
0	$(1.34\pm0.21)\times10^{9}$
0.21	$(8.09\pm0.17)\times10^{8}$
0.43	$(7.64\pm0.46)\times10^{8}$
0.64	$(4.08\pm0.35)\times10^{7}$
0.86	$(3.94\pm0.79)\times10^{6}$
1.30	$(4.38\pm0.61)\times10^{4}$
2.15	$(1.99\pm0.21)\times10^{3}$
2.60	$(3.05\pm0.34)\times10^{4}$

表 2-10　50μm UHMWPE 制备的复合物表面电阻率

石墨含量(体积分数)/%	表面电阻率/(Ω/m)
0	$(1.16\pm0.14)\times10^{9}$
0.21	$(4.53\pm0.30)\times10^{8}$
0.43	$(9.22\pm0.51)\times10^{6}$
0.64	$(2.50\pm0.50)\times10^{5}$
0.86	$(3.24\pm0.42)\times10^{4}$
1.30	$(1.62\pm0.45)\times10^{4}$
1.70	$(0.92\pm0.16)\times10^{4}$
2.15	$(4.73\pm0.86)\times10^{3}$

利用 HBPE 借助超声可在氯仿中高效剥开天然石墨，获得表面有 HBPE 非共价吸附的低缺陷寡层石墨烯，借助 HBPE 的稳定作用，所得石墨烯可在较高浓度下稳定分散于氯仿中，进一步通过与 UHMWPE 粉末溶液混合及热压成型，可制得具有隔离网络结构的石墨烯/UHMWPE 复合材料。借助这一结构，加入少量石墨烯即可显著提高 UHMWPE 的导电性能，对应于粒径为 25μm 和 60μm 的 UHMWPE 粉末，所得复合材料的逾渗阈值分别仅为 0.5% 和 0.25%；同时 UHMWPE 粒径大小对所得复合材料的导电性能存在显著影响，相比小粒径体系，大粒径 UHMWPE 体系具有更低的石墨烯逾渗阈值及更优的导电性能。

第二节　石墨烯改性聚丙烯

一、石墨烯改性 PP 的研究

聚丙烯（PP）塑料目前产量在五大通用塑料中据第三位。由于合成方法简单，可加工性能好以及力学性能优良，且原料来源丰富，是塑料产业中最受欢迎的品种之一。PP 在通用塑料中有着质量最轻、耐水、耐划伤、耐疲劳、透明度好、易于成型加工等优异性能，可应用于电器设备、涂料、油墨、机动车配件、建筑行业等诸多领域。但是 PP 产品在应用过程中由于导电性能差、低温环境下易脆、不易与改性填料或极性聚合物相容等缺陷，往往会带来不便甚至危险。由于石墨烯具备的各项特殊性能，可将其应用于对 PP 的力学性能、电性能、结晶性能及其他性能改善。利用石墨烯的优异性能去填补 PP 塑料的缺陷，便理所应当地被研究人员所想到并付诸实践。

1. PP/石墨烯复合材料制备方法

（1）溶液共混法

溶液共混法是一种通过机械搅拌方式将石墨烯与 PP 进行混合的过程，虽然避免了熔融高温混合带给石墨烯易团聚的问题，但是由于材料之间的极性、空间位阻等因素也会导致石墨烯在 PP 中分散不均匀，所以溶剂的选择尤为重要。由于 PP 属于非极性聚合物，所以在选择溶剂时通常选取非极性溶剂，如甲苯、二甲苯、二氯甲烷、异辛烷、四氯化碳等。研究人员利用二甲苯作为溶剂，通过溶液共混法制备 PP/石墨烯复合材料，但在测定流变性能中，类液态向类固态转变逾渗值较高，分析认为石墨烯没有均匀分散在基体中形成网络结构。有人通过溶液共混法将石墨烯与 PP 在二甲苯中进行机械搅拌混合，得到分散性良好的 PP/石墨烯复合材料。M. M. Shokrieh 等通过溶液共混法将石墨烯与 PP 在二氯甲烷中进行复合，并利用微机械剥离法使石墨烯均匀分散在 PP 基体中，得到分散性较好的复合材料，实现了 PP/石墨烯纳米复合材料在静态下的负载。

（2）原位聚合法

在原位聚合法中，由于石墨烯具有比表面积大的优异性质，通常将其作为反应中催化剂的载体，使石墨烯在聚合反应中均匀穿插在聚合物链上，得到分散性较好的聚合物材料，但是原位聚合法对实验的反应条件要求较高且难以控制，不适合大规模生产。研究人员采用原位聚合法制得PP/石墨烯复合材料，将茂金属配合物rac-Me_2Si（Ind）$_2ZrCl_2$和甲基铝氧烷作为催化剂催化PP单体聚合，通过透射电子显微镜和扫描电子显微镜观察到石墨烯在PP基体中得到了很好的分散。有人利用原位聚合方法得到复合材料，石墨烯作为催化剂的负载体使PP在其上进行聚合，得到的复合材料中，石墨烯均匀分散在PP中，并与PP有很好的界面接合。

（3）熔融共混法

熔融共混法在制备复合材料过程中，容易出现的问题是石墨烯在高温下发生团聚而导致分散效果不理想。与溶液共混和原位聚合相比，熔融共混法相对操作简单，环保，可大批量生产。但是此方法制备出的复合材料通常石墨烯分散性并不乐观。目前利用熔融共混法研究较多采用的基体是PP、聚苯乙烯、聚酰胺、聚氨酯和聚碳酸酯等。研究人员将石墨烯与PP采用熔融共混法得到了复合材料，发现随着石墨烯含量不断增加，复合材料的极限氧指数升高，水平燃烧速率下降，石墨烯还改善了复合材料的热性能。有人制备了两种石墨烯微片，并通过熔融共混法得到PP/石墨烯微片复合材料，此方法得到的复合材料的热导率及热稳定性均显著提高。还有人通过熔融共混法制备了PP/膨胀石墨复合材料与PP/石墨烯复合材料，结果发现石墨烯在聚合物中有着更好的分散性。

另外，通过乳胶技术将氧化石墨与PP胶乳混合溶液干燥得到薄膜，将混合物薄膜浸入还原剂水合肼中还原，最终得到的复合材料在电子显微镜下有着明显的层状结构，将得到的还原复合材料与PP进行熔融共混，得到了分散性良好的PP/石墨烯复合材料，表明PP乳胶作为分离剂起到分离氧化石墨的作用，阻止了还原过程中的石墨烯团聚问题。

2. PP/石墨烯复合材料的性能研究

PP的体积电阻率大，一般达到$10^{16}\sim10^{20}\,\Omega\cdot cm$，属于电子的不良导体。在生产和使用过程中，常常会因为导电性不良而造成静电现象，当所积静电荷越来越多便容易发生危险，不仅会影响产品的使用，导致电子设备出现故障，严重可能会发生火灾，所以改良PP的导电性势在必行。同样，PP虽有良好的加工性能，但制品收缩率高，且容易老化，在生活生产中对PP用于不同领域的要求也越来越高，PP本身的力学性能、强韧程度早已不能满足。PP/石墨烯复合材料恰好可以在保持PP本身优良性能的基础上对其进一步改善。

（1）电性能

石墨烯最大的特性便是拥有超快的电子运动速率，在石墨烯稳定的晶格结构中，π电子具有自由移动性，赋予了石墨烯良好的导电性，导电率达到

10^6S/cm。将石墨烯填充到PP中，当石墨烯分散良好的状态下，其在PP中可以形成优良的导电网络结构，从而使PP变成导体材料，避免了静电荷的积累。研究人员对PP/石墨烯复合材料的导电性做了研究，发现随着石墨烯的添加，复合材料的体积电阻率逐渐减小，发生了从绝缘体到导体的渗滤过渡，逾渗阈值达体积分数0.033%，介电常数相比纯PP材料提高了3个数量级，并且发现介电常数和温度有关，随着温度的上升，介电常数也在变大。有人制备了PP/石墨烯纳米复合材料，发现当石墨烯质量分数小于1.0%时，电阻率没有明显的变化，约为$10^{16}\Omega\cdot cm$；而增加到3%时，其电阻率下降了10个数量级，约为$10^6\Omega\cdot cm$，导电性显著增强。

研究人员通过熔融挤出制备石墨烯纳米片增强的PP纳米复合材料，并从两个不同的挤出模头得到具有不同石墨烯含量的PP/石墨烯复合材料，通过对其电性能探索得出，通过分流板模具得到的纳米复合材料具有很高的体积电导率，很低的逾渗阈值。导电性质的增强是因为在高剪切应力下获得的石墨烯容易彼此接触形成导电通路。

另外，有人对得到的PP/石墨烯复合材料进行导电实验，在通过逐渐增加石墨烯用量的过程中发现，石墨烯的质量分数小于5%时，复合材料依然处于不导电状态，即电阻率没有发生明显变化，当石墨烯继续增加至12%，在这区间里复合材料的电阻率呈线性降低，继续添加石墨烯，电阻率便不再减小，说明在电渗透发生在石墨烯添加量为5%～12%时，继续添加电阻率几乎不发生变化可能是由于石墨烯发生团聚的原因。

还有人将PP与石墨烯在塑度计中进行不同质量比的熔融混合挤出，观察到复合材料中有负介电常数特性，在逾渗阈值下，介电常数在低频下具有最大负值，在高频下具有高正介电常数值。电介质测量显示，由于石墨烯在纳米复合材料中内部场的修饰，石墨烯的低浓度影响松弛行为。在低浓度的石墨烯（质量分数小于5%）的情况下，导电性和热损失也降低，表明石墨烯作为移动电荷和声子的捕获剂；随着石墨烯的浓度进一步增加，由于界面极化效应以及石墨烯和PP界面处的空间电荷极化效应，介电常数在低频下变为负值。此外，由于渗透效应导致的电导率增加。当石墨烯浓度接近逾渗阈值时，介电常数增加并成为高介电常数材料，在逾渗阈值附近的高频下介电损耗也较小，表明该纳米复合材料也可能被用作微电子学的高介电常数材料。

（2）力学性能

PP塑料由于它的低温易脆性，导致在日常使用中常常被限制，在PP的改性中通常对其增强增韧较为关注。石墨烯在无机填料改性PP力学性能中有着较为廉价、实用性强、发展空间大等优势，已有较多实验数据给予支持，另外聚合物的力学性能主要受到结晶性能的影响，添加纳米无机粒子石墨烯可以诱导 PP 的结晶，结晶度的提高会使得复合材料呈现出在屈服强度及冲击强度等力学性能上不同程度的增强。研究人员采用高温熔融共混得到分散性良好的 PP/石墨烯复合材料。当加入的石墨烯质量分数达到 1.0%时，PP 的力学性能得到了大大的改善，其弯屈强度与拉伸弹性模量对比未添加石墨烯的纯 PP 分别提高了 75%和 74%。有人使用熔融共混的方法制备了石墨烯与 PP 的复合材料，经过拉伸测试得出复合材料与未添加石墨烯的纯 PP 材料相比，力学性能有明显的提升，拉伸弹性模量随着石墨烯含量的增加而不断提高，但断裂应力却随着石墨烯含量的增加而下降，拉曼光谱显示，PP 基质与石墨烯纳米片之间存在良好的界面应力转移。

测试人员测试质量分数 0.5%、1.0%和 2.0%石墨烯片增强的 PP 复合材料力学性能显示，在石墨烯含量为 0.5%时复合材料的拉伸弹性模量和屈服应力有着良好增强，PP 的冲击强度也有明显的提高，利用可以表达复杂微观力学结果的 Halpin-Tsai 方程模拟 PP/石墨烯纳米复合材料冲击行为，模拟结果与实验数据良好吻合。

研究人员利用电化学手段将少层石墨烯剥离成两种直径（5mm 和 20mm）并且类似厚度的片层并入 PP 中，在此实验中，直径为 5mm 和 20mm 的石墨烯与 PP 复合体系有着类似的结晶度变化，加载 20mm 的石墨烯拉伸强度不变，而加载 5mm 石墨烯拉伸强度降低，加载 5mm 石墨烯的复合材料的拉伸弹性模量在实验误差内没有显著变化，然而，对于加载 20mm 石墨烯的复合材料，拉伸弹性模量呈线性增加，在 20%负载量下的拉伸弹性模量加倍。

有人分别测定了不同石墨烯含量下 PP/石墨烯纳米复合材料的应力曲线，从测试结果发现添加石墨烯后 PP 的刚度显著增加，并且拉伸弹性模量从约 1.3GPa 增加到超过 2.0GPa。同时，在石墨烯的最高负荷（石墨烯体积分数 5.2%）下，具有断裂应变从大于 25%降低到小于 10%的材料脆化。此外，PP 的屈服应力略有降低，从约 34MPa 到刚好大于 30MPa，原因可能是由于石墨烯和 PP 之间黏附性差。

还有人将石墨烯与 PP 通过熔融共混实现 PP 力学性能的改善。随着石墨烯的加入，复合材料的拉伸强度和弹性模量均呈现出逐步上升的趋势，并在石墨烯的质量分数为 1.5%时达到最大，此时的拉伸强度增加了 15%，弹性模量增加了 33%，增强的原因是石墨烯改善了 PP 的结晶，同时纳米片层的石墨烯起到了增强作用。当石墨烯加入量继续增加，力学性能呈下降趋势，导致这种结果可能是由于在石墨烯质量分数较高时分散较为困难并造成部分团聚。复合材料的冲击强度都比纯 PP 要高，其中以石墨烯质量分数为 0.5%时最高，这是由于石墨烯是片状的而不利于冲击，因此呈现了加入量最小时冲击强度最高的现象。

(3) 结晶性能

聚合物的力学性能主要受到结晶性能的影响，研究PP/石墨烯复合材料的熔融和结晶行为，可以清楚无机纳米粒子石墨烯在PP基体中所起的作用，石墨烯在PP结晶的过程中可以起到诱导结晶的作用。研究人员在制备的复合材料中，发现石墨烯很好地分散在PP中，并与PP具有很好的界面接合，对其结构表征发现，石墨烯在PP中形成了网络结构。在进一步的热性能测试结果表明，石墨烯在复合材料中形成的网络结构对材料的热性能有很大影响，随着石墨烯的加入，材料的热稳定性提高了近100℃。但是，在PP结晶过程中发现石墨烯形成的网络结构抵制了PP的结晶行为，由于空间受限，用于异相成核的总界面面积的减少，导致复合材料中的PP结晶速率减慢，球晶生长受到抵制。另外，相对于表面光滑的石墨烯，在表面有褶皱的石墨烯处PP会优先成核，其中主要是因为PP在结晶过程中，与石墨烯共价连接的PP链段更容易发生链段的规则排列，还有一部分原因归结于其弱的空间效应。

国内研究人员探究了PP/石墨烯复合材料在非等温条件下的结晶情况。研究发现，石墨烯可以促进复合材料中PP的结晶行为，PP/石墨烯复合材料的结晶比纯PP的结晶提前，结晶速率和绝对结晶度由于石墨烯的加入，在PP结晶过程中均有明显提高，同时降低了PP的结晶活化能，说明石墨烯的加入对复合材料中PP的结晶起到了成核剂的作用。

而国外研究人员使用不同的模具得到熔融共混PP/石墨烯复合材料，通过差示扫描量热法研究了纯PP与PP/石墨烯复合材料的熔融与结晶行为，结果得出，纯PP的熔融吸热曲线峰值出现在163.18℃，这归因于PP的α晶体结构的形成，加入石墨烯对熔融温度几乎没有影响。从冷却结晶结果中发现，没有分流板的模具制备的纳米复合材料的结晶度要低于纯PP，造成结晶降低可能是由于石墨烯的聚集减少了实际成核位点的数量，并增加了成核位点的大小，这导致晶核生长到更大的尺寸，因此降低了晶体值。另外，通过具有分流板的模具制备的纳米复合材料的结晶值高于在相同石墨烯含量下由没有分流板的模具制备的纳米复合材料的值，具有分流板的模具提供了高剪切应力，而没有分流板的模具提供了低剪切应力。这表明高剪切应力可能使石墨烯的凝聚脱落到更薄的层，增加实际成核位置的数量。

另外，有人对PP/石墨烯复合材料熔融结晶行为测试发现，对于纯PP，在116.98℃观察到结晶温度，而对于PP/石墨烯复合材料，石墨烯的加入使结晶温度增加约58℃，结晶度增加约17%。结晶温度的增加表明石墨烯的异相成核作用，有利于冷却过程中PP的结晶。熔融过程结果表明，纯PP与其纳米复合材料之间存在两个重要差异。首先，纯PP显示两个主要的熔融峰，而所有含有石墨烯的纳米复合材料仅显示一个峰。第二个差异是随着石墨烯含量的增加，熔融温度的增加，对于纯 PP，164.98℃的峰值归因于 α 晶体的熔融，其是 PP 的最常见的单斜晶体结构，纯 PP 呈现熔融温度在 164.98℃，而在所有的 PP/石墨烯纳米复合材料中，熔点有轻微的提高。

还有人对石墨烯改性的 PP 在非等温条件下研究其结晶曲线，得出与纯 PP 相比，无论是结晶起始温度还是结晶峰的温度均升高，随着石墨烯含量的增多，结晶峰始终升高，说明石墨烯作为成核剂的效果显著，从偏光显微镜下观察，石墨烯的加入没有改变 PP 的原有晶型结构（α 晶型结构）。

(4) 热性能

单层石墨烯的热导率在 4840～5300W/(m·K) 之间。由于石墨烯具有大的比表面积，界面热阻大大地降低，从而提高了聚合物的热导率及热分解温度。对于不同方法制备的石墨烯来说，对基体热性能的影响有很大的差异。研究人员通过熔融共混制备的 PP/石墨烯复合材料，研究发现，随着石墨烯含量的增加，热导率呈现上升趋势，当石墨烯体积含量为 20%时，热导率达到了 1.2W/(m·K)。有人采用溶液共混的方法制备了 PP/石墨烯复合材料，发现石墨烯含量在 20%时，复合材料 10%失重温度相比纯 PP 提高了 36℃。还有人利用乳液法原位还原制备了 PP/石墨烯纳米复合材料，考察了复合材料在空气气氛下的热分解温度，发现石墨烯含量 2%时热分散温度最高（276℃），相比纯 PP 提高了 32℃。另外有人考察了热还原的石墨烯对 PP 热氧降解的影响。研究发现石墨烯的热降解温度提高了 40℃。另外，加入石墨烯可使 PP 的玻璃化转变温度（T_g）提高 2℃。

石墨烯在基体中的分散程度与状态对复合材料的热导率及热降解温度有很大影响，通过提高石墨烯与 PP 基体的相容性，可使石墨烯在较低含量时显著提高材料的热性能。研究人员通过将石墨烯表面插入烷基链，使得石墨烯与 PP 相互作用增强，改善了石墨烯在 PP 中的分散情况，在烷基化的石墨烯含量为 1%时，复合材料的热分解温度提高了 32℃。有人制备了 PP 接枝马来酸酐来改善热还原的石墨烯（TRGO）与 PP 的相互作用，研究发现 0.5%PP-*g*-TRGO 与 0.5%TRGO 热降解温度分别为 445℃和 452℃，相比纯 PP 热降解温度 402℃而言，都有相应提高。对于 0.5%PP-*g*-TRGO 来说，TRGO 与基体的相互作用增加，阻碍了 PP 分子链的运动，并且 TRGO 具有自由基团的吸附能力，使其热分解温度有较为明显的提高。

(5) 流变性能

填料粒子及其在基体中的分散状态会影响聚合物基体的储能模量、损耗模量、黏度及损耗角正切值等。研究人员发现 PP/石墨烯复合材料类液态向类固态转变逾渗值出现在 12%。分析认为，在溶液共混过程中简单的机械搅拌并没有使石墨烯剥离，石墨烯片层在基体中发生了严重的团聚现象，在基体中不易形成网络结构，使得逾渗值较高。而加工人员则通过微型挤出机熔融共混制备PP/石墨烯复合材料，不同于Li等所采用的溶液共混方法，由于石墨烯在PP的分散状态不同，复合材料的类液态向类固态转变逾渗值在0.2%～0.4%(体积分数)左右。

3. 石墨烯/PP纳米复合材料的应用

石墨烯/PP纳米复合材料赋予了PP新的特性，现已在电子器件、管道材料应用等方面取得了很大的突破，具有很好的应用前景。研究人员利用辛基三乙氧基硅烷（OTES)制备了一种PP/石墨烯纳米复合材料，该材料具有很高的韧性，特别是具有优越的抗刮痕能力。有人先把氧化石墨烯在低温下进行处理，再与3,5-二叔丁基-4-羟基肉桂酸（AO)进行共混，并与PP复合制备PP/AO/GO纳米复合材料，研究发现AO/GO之间的协同作用使该复合材料的抗氧化能力较纯PP提高了37.2倍，这使PP在管道材料的应用具有很大的潜质。还有人用不同的长链烷基胺接枝到氧化石墨烯的表面，使氧化石墨烯羧酸酰胺化，再与PP进行复合，发现所制备的纳米复合材料的电性能得到很大提高，这为石墨烯/PP纳米复合材料在电子元器件方面的应用迈出了重要的一步。

4. 展望

石墨烯从被发现至今已被应用在各行各业，拥有着与众不同的结构的同时也拥有超强的热学性能、力学性能、光学性能、导电性能等，为碳材料又开辟了一条更宽广的研究道路，研究工作者已将石墨烯充分利用在科学研究中，特别是在聚合物复合材料、电容器、电池、传感器、电子器件等领域已有诸多研究成果。在与聚合物材料的发展中，石墨烯将PP带入了一个从不良导体到可形成导电网络、从制品易老化到可延长寿命、从制品易脆到韧性增强的“新世界”。

国外将PP/石墨烯复合材料应用于电池中制备了低温燃料电池的热塑性复合材料双极板，并取得了良好的实验结果。PP/石墨烯复合材料在未来会有更广阔的应用领域，如何将石墨烯在PP基体中很好地分散，实现低浓度下具有优良的力学、电、热性能依然是需要继续探寻的路。

二、石墨烯改性PP纳米复合材料

1. 制备方法

(1) 石墨烯(GN)的制备

GO采用了Hummers法制备。在500mL GO分散液中加入1mL氨水和

1mL 质量分数 85%水合肼。水浴温度 95℃，反应 1h，得到黑色悬浮液。将悬浮液抽滤，加入 3%（体积分数）的盐酸洗涤并用去离子水洗至中性。将制得的 GN 固体放入 60℃的真空干燥箱中烘干。

（2）GN/PP 的制备

将制得的 GN、PP 在 80℃真空烘箱中干燥 24h。采用武汉市汉阳区瑞鸣塑料机械制造公司生产的型号为 SJZS-10A 的微型双螺杆挤出机按配方分别将不同量的 GN 和 PP 共混，将所得粒料放入 80℃烘箱中干燥 10h。挤出温度第一段 175℃，第二段 180℃，第三段 185℃，第四段 180℃。

2. 性能

① PP 的 t_c（结晶温度）随着 GN 含量的增加而升高，当 GN 含量为 2.0 份时，GN/PP 的 t_c 从 113.5℃提高到 116.4℃。

② PP 的拉伸强度随着 GN 含量的增加而提高。当 GN 含量为 2.0 份时，PP 的拉伸强度从 54.7MPa 提高到 68.1MPa，提高程度达 24.5%。

③ GN/PP 复合材料脆断面形态显示 GN 在 PP 基体中分散良好。

④ GN 能够提高 PP 的热稳定性。GN 含量在 0～2.0 份时，GN/PP 复合材料的热稳定性随着 GN 含量的增大而提高。添加 2.0 份的 GN 能使 PP 的最大热分解温度提高 48.9℃（从 393.5℃提高到 442.4℃）。

三、氧化石墨烯改性苎麻/PP 复合材料

1. 制备方法

采用改进的 Hummers 法，在水浴锅中固定干燥的三口烧瓶，加入磁子，均匀倒入浓硫酸，保持温度不高于 4℃，依次均匀加入石墨粉、高锰酸钾、硝酸钠。保持温度不高于 4℃，反应 4h 后，于 35℃下恒温反应 0.5h。量取 184mL 蒸馏水匀速滴入烧瓶，控制温度 95℃反应 0.5h。将产物静置后离心至 pH 为 7，倒去液体，得到氧化石墨。取 PP 与苎麻于乙醇中超声 0.5h 后分别烘干。按浓度不同称取不同质量的氧化石墨，分别加水配置成 200mL 溶液，超声 1h 后取出，苎麻浸入溶液，搅拌 5min，静置 0.5h 后烘干。硫化机温度设为 170℃，两片 PP 中夹一片 GO 改性苎麻，于热压板中加压至 4.5MPa 加热 30s，后放于冷压板中加压至 4.5MPa 冷压 30s。将单层加压后的苎麻与 PP 层叠后放入热压板预热 20s，加压到 4.5MPa 加热 30s，后于冷压板中 4.5MPa 冷压 30s。界面强度测试的样品长 24mm，宽 6mm，高 3mm。

2. 性能

1μm 的 GO 改性苎麻/PP 复合材料的界面强度见图 2-8，相比未改性的复

合材料界面强度 4.15MPa，所有经过 GO 改性的复合材料界面强度都有明显提高，特别是当 GO 为 1mg/mL 时，其界面强度提高幅度最大。

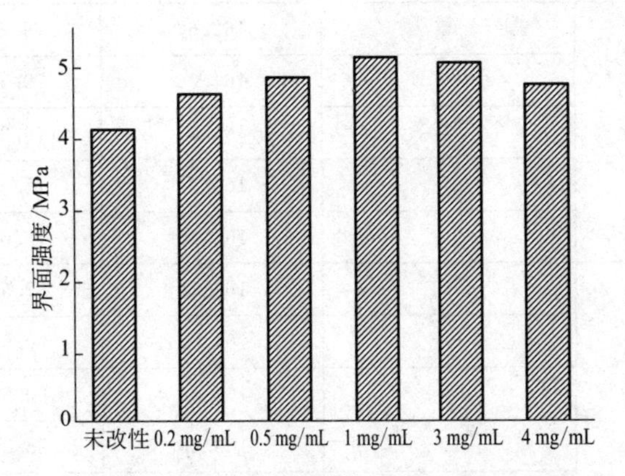

图 2-8　GO 改性苎麻/聚丙烯复合材料的界面强度

氧化石墨烯（GO）含有大量羟基、羧基等基团，能提高其与苎麻间的界面黏结性；且其具有极大比表面积，独特的褶皱形态，纳米级别的表面不平整性可增强其与苎麻和聚丙烯（PP）树脂间的相互作用，改善复合材料界面的载荷传递。

四、石墨烯微片改性 PP 纳米复合材料

1. 制备方法

将聚丙烯、石墨烯微片（质量分数分别为 0、4%、6%、8%、10%、12%）、润滑剂（质量分数为聚丙烯基体的 1%）和偶联剂（质量分数为填料的 3%）加入同向平行双螺杆挤出机（直径为 35mm，长径比为 40∶1）挤出造粒，螺杆转速为 200r/min，机头温度为 210℃；粒料经 60℃干燥 3h 后，分别加入带分流板和无分流板的片材机头中挤出制备 1.5mm 厚度的片材；所获片材裁成 10mm×10mm 的尺寸，用于导热性能测试；所获片材裁成 10mm×50mm 的尺寸，用于导电性能测试。

2. 性能（表 2-11、图 2-9、图 2-10）

表 2-11　纯聚丙烯和聚丙烯/石墨烯微片纳米复合材料的结晶数据

样品	石墨烯微片含量/%	T_m/℃	ΔH_m/(J/g)	Xe/%
纯聚丙烯	0	163.18	95.45	46.1

续表

样品		石墨烯微片含量/%	T_m/℃	ΔH_m/(J/g)	Xe/%
聚丙烯/石墨烯微片	无分流板	4	162.67	79.74	40.1
		6	164.06	79.50	40.8
		8	164.67	79.23	41.6
		10	163.31	78.91	42.3
		12	163.96	78.01	42.8
	有分流板	4	163.78	87.50	44.0
		6	164.06	90.90	46.7
		8	164.54	90.52	46.5
		10	163.23	88.30	47.4
		12	164.05	88.21	48.4

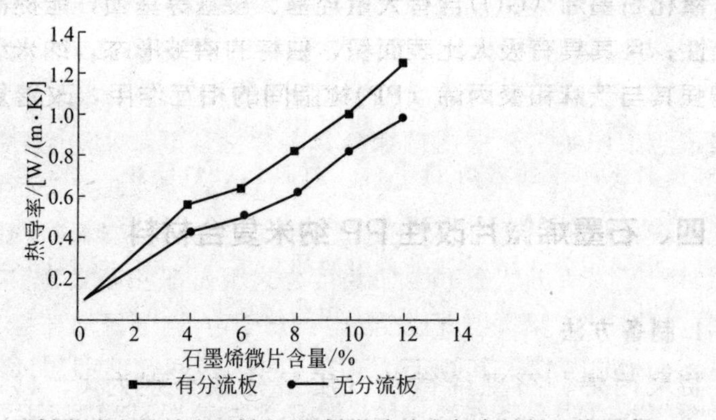

图 2-9　不同石墨烯微片含量时聚丙烯/石墨烯微片纳米复合材料的热导率

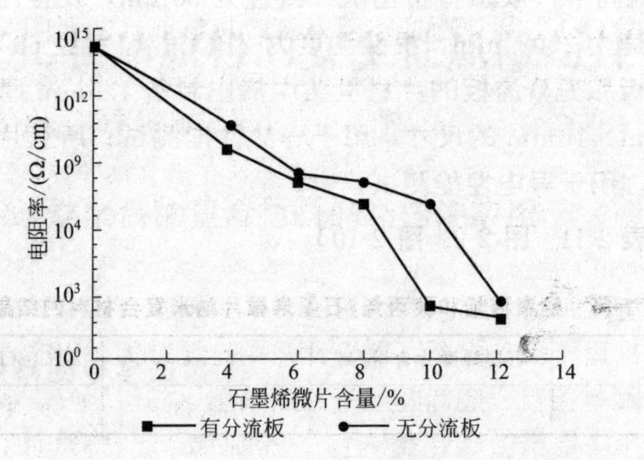

图 2-10　不同石墨烯微片含量时聚丙烯/石墨烯微片纳米复合材料的电阻率

① 在挤出机片材机头内加入分流板可极大地提高流道内熔体所受的剪切速率，从而促使石墨烯微片剥离，在聚丙烯中均匀分散，且沿着流动方向高度取向；

② 石墨烯微片剥离且取向的形态有利于聚丙烯/石墨烯微片纳米复合材料结晶度的提高、热导率的提高和导电逾渗阈值的降低；

③ 当石墨烯微片量为12%时，聚丙烯/石墨烯微片纳米复合材料的电阻率可达到0.24Ω·m，热导率可达到1.2W/(m·K)。

五、乙二胺共价功能化石墨烯片改性PP-g-MAH增容PP纳米复合材料

1.制备方法

(1) 氧化石墨烯(GO)的制备

采用改性的Hummers法制备GO。制备过程如下：将46mL 98% H_2SO_4加入干燥烧杯中，并用冰水浴将体系冷却至4℃以下。在持续搅拌下加入预先混合好的2g石墨烯片和1g $NaNO_3$，之后再缓慢加入5.6g $KMnO_4$，维持搅拌并控制体系的温度低于20℃，搅拌下使体系反应5min后完成低温插层反应。将体系缓慢加热到（35±3)℃，保持30min以完成中温氧化。然后在上述体系中缓慢加入92mL去离子水，同时控制体系温度保持在100℃以下。最后将体系转移到98℃的油浴锅中，控制体系温度在80～100℃之间，继续反应15min后，加入142mL的去离子水以完成高温水解反应。接着加入12mL H_2O_2进一步氧化后，将体系趁热过滤，并用200mL5%的HCl溶液充分洗涤滤饼，去除体系中的SO_4^{2-}，最后调节体系pH值至中性。

(2) 乙二胺(EDA)接枝GO(GO-EDA)的制备

在盛有600mL DMF的烧瓶中加入未经干燥处理的GO，40℃下超声(300W）处理30min后，再向该体系加入10g DCC（*N*,*N*-二环己基碳酸二亚胺)、2g DMAP（4-二甲基吡啶）和100mL EDA，继续超声（300W）处理30min。将体系转移至50℃的水浴锅中反应8h。反应完毕后趁热过滤，并用100mL的DMF洗涤除去未反应的EDA。

(3) 乙二胺共价功能化改性石墨烯片(GS-EDA)的制备

将所得GO-EDA超声（300W)分散于380mL NMP中，然后使体系在180℃下回流、搅拌反应12h以完成还原反应。反应结束后，待体系冷却至90℃左右，趁热过滤，并用100mL DMF洗涤。所得GS-EDA在60℃下干燥12h后研磨过筛，保存备用。

（4）PP-*g*-马来酸酐（MAH）/GS-EDA 母料的制备。

将 948mg GS-EDA 超声（300W）分散于 360mL 二甲苯中，140℃加热回流下加入 18g PP-*g*-MAH，待完全溶解后继续反应 3h，随后抽滤、所得产物在 70℃下彻底烘干。

（5）PP/PP-*g*-MAH/GS-EDA 纳米复合材料的制备。

采用母料-熔融共混法制备 GS-EDA 质量分数分别为 0.25%、0.5%、1%、2%的纳米复合材料。其中 PP 与 PP-*g*-MAH 质量比为 1∶1。具体制备过程（以质量分数为 1%的 GS-EDA 的 PP/PP-g-MA/GS-EDA 纳米复合材料的制备过程为例）：将定量的母料、PP 和 PP-*g*-MAH 混合均匀后，在混炼机上于 240℃下混炼 15min，螺杆转速为 40r/min。所得共混物经平板硫化机热压成片材，热压温度为 200℃、压力为 10MPa。片材经裁片得到哑铃型试样。

2. 性能

① EDA 成功接枝于 GS 的表面。溶融共混过程中 PP-*g*-MAH 的酸酐基与 GS-EDA 的氨基形成氢键作用，PP-*g*-MAH 改善了 PP 与 GS-EDA 之间的相容性。

② 在 GS-EDA 含量较低时（质量分数＜0.5%），GS-EDA 能均匀分散于基体中；而在 GS-EDA 含量较高时（质量分数＞0.5%），GS-EDA 发生了局部团聚现象。

③ 随着 GS-EDA 含量的增加，PP/PP-*g*-MAH/GS-EDA 纳米复合材料拉伸强度呈现先增大后下降的趋势。当 GS-EDA 质量分数为 0.5%时，拉伸强度达最大值 39.09MPa，比纯 PP 提高了 13.4%，较 PP/PP-*g*-MAH 提高了 18.9%。

④ 随着 GS-EDA 含量的增加，复合材料的 MFR 先增大后降低，在 GS-EDA 质量分数为 0.5%处达到最大值。

六、氧化石墨烯改性 SiO_2/PP 复合材料

1. 制备方法

（1）RGO 的制备

采用水热法制备 RGO（氧化石墨烯）/SiO_2 杂化材料。首先用改进的 Hummers 法制备出 GO。将 CTAB（十六烷基三甲基溴化铵）和 NaOH 溶解在水中，加入 GO 后超声分散均匀，再加入 TEOS（正硅酸乙酯），继续磁力搅拌 12h，将反应液转入到反应壶中，在 150℃下水热反应 24h。反应结束后，将产物过滤、洗涤以除去残留的表面活性剂和其他杂质。所得产物经 50℃真空干燥，并在氮气保护下于 550℃煅烧 3h，得到 RGO。

(2) RGO/PP 复合材料的制备

利用熔融共混法制备 RGO/PP 复合材料。RGO 中固定 GO 与 SiO_2 的质量比为 1∶1，RGO 在复合材料中的质量分数分别为 0、0.1%、0.3%、0.5% 和 1%。将定量的 PP 和 RGO 混合均匀后，在 HL-200 型混炼机上于 200℃下混炼 15min，螺杆转速为 50r/min。所得共混物经平板硫化机热压成片材，热压温度为 200℃、压力为 10MPa。片材经裁片得到长×宽×厚＝62.5mm×3.25mm×2mm 的哑铃形试样和宽×厚＝10mm×2mm 的矩形试样。

2. 性能

固定 RGO 中 GO 与 SiO_2 的质量比为 1∶1，当填料 RGO 的质量分数为 0.1%时，RGO/PP 复合材料的拉伸强度和冲击强度分别为 37.7MPa 和 4.4kJ/m^2，与基体 PP 相比分别提高了 17%和 5.8%。DSC 测试表明，RGO/PP 复合材料中 PP 的熔融温度和结晶温度分别为 167.2℃和 112.7℃，与纯 PP 相比分别提高了 5.2℃和 4.7℃。TGA 测试表明，复合材料的起始分解温度和最大分解温度分别比 PP 提高了 9.5℃和 15.7℃。SEM 观察表明，当加入少量的 RGO 时，填料能均匀地分散在基体中，但 RGO 过多时，则容易形成团聚。

七、修饰氧化石墨烯改性 PPR 复合材料

1. 制备方法

采用传统的 Hummers 方法制备 GO，用 KH560 对其表面进行修饰。将硅烷偶联剂改性石墨烯（Si-MGO）与无规共聚聚丙烯（PPR）高速混合，然后通过双螺杆挤出机挤出造粒，得到 PPR/Si-MGO 复合材料。纯 PPR 为试样 1；(Si-MGO) 质量分数分别为 0.5%、1.0%、2.0%、3.0%的 PPR/Si-MGO 复合材料，分别记作试样 2、试样 3、试样 4 和试样 5。

2. 性能

如表 2-12、表 2-13 和图 2-11～图 2-13 所示，Si-MGO 对 PPR 的力学性能影响较小，对抗冲击性能改善明显；添加少量 Si-MGO，可显著提高 PPR/Si-MGO 复合材料的导电率。因此，PPR/Si-MGO 复合材料可应用于导电、导热和抗静电等领域。

表 2-12　试样的 MFR 及溶流比

试样	MFR① /[g/(10min)]	MFR② /[g/(10min)]	溶流比③
1	0.24	4.58	19.1
2	0.40	8.13	20.3

续表

试样	MFR①/[g/(10min)]	MFR②/[g/(10min)]	溶流比③
3	0.44	8.88	20.2
4	0.52	10.61	20.4
5	0.58	11.66	20.1

① 负荷 2.16kg，温度为 230℃；

② 负荷 10.00kg，温度为 230℃；

③ 负荷 10.00kg 与负荷 2.16kg 时 MFR 的比值。

表 2-13　注塑样条的拉伸数据

试样	断裂伸长率/%	拉伸屈服强度/MPa	拉伸断裂强度/MPa
1	190.16	23.35	23.63
2	150.66	24.07	24.13
3	86.09	24.12	24.24
4	78.60	24.22	24.02
5	70.20	24.26	24.11

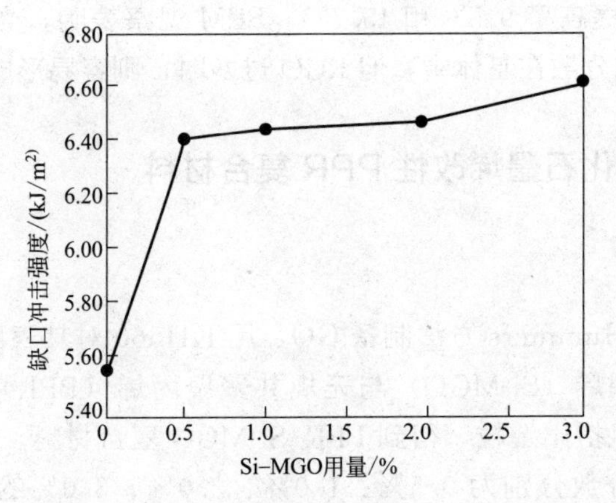

图 2-11　缺口冲击强度随 Si-MGO 用量的变化

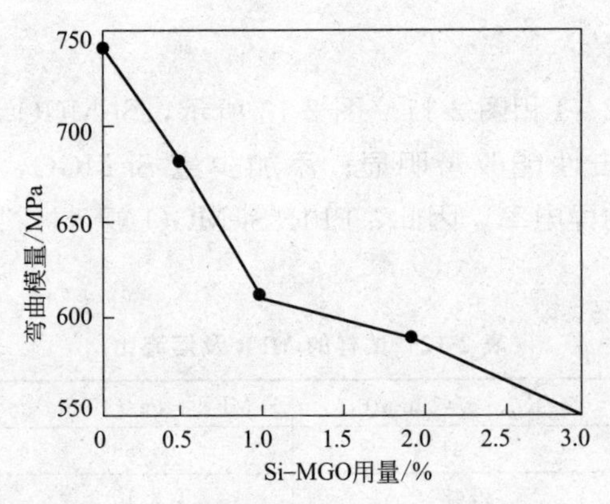

图 2-12　弯曲模量随 Si-MGO 用量的变化

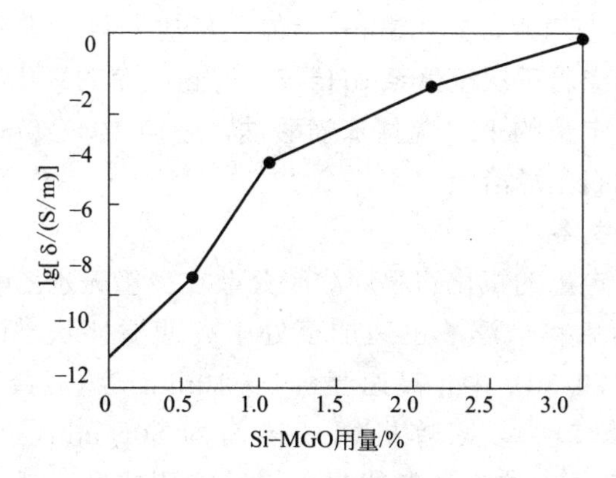

图 2-13　PPR/Si-MGO 复合材料电导率随 Si-MGO 用量的变化

八、石墨烯微片改性 PP/HDPE 复合材料

1. 制备方法

将 KNG-150 石墨烯微片（GNPS）置于 120℃的烘箱中，干燥 3h，取出后隔绝空气保存，待用。把 HDPE 加入密炼机中，在 150℃、转速 80r/min 条件下密炼 3min；准确称量石墨烯微片并加入熔融的 HDPE 中，继续密炼 17min，制备出 HDPE/GNPS 导电复合材料。将 PP 加入密炼机中，在 180℃，转速 80r/min 条件下密炼 3min 后，将石墨烯微片加入熔融的 PP 中，继续密炼 7min 后，按比例加入 HDPE，继续密炼 10min，制备出 PP/HDPE/GNPS 导电复合材料，破碎机破碎，待用。

2. 性能

GNPS 质量分数处在渗滤区间 6%时，材料的 PTC 强度达到最大值；PP 的加入可以有效地提高材料的 PTC 强度，同时还抑制了 NTC 效应；当 PP/HDPE 质量比为 3∶7 时，效果最佳，此时 PTC 强度为 5.58，NTC 强度仅为 0.25。

九、氧化石墨烯改性 PP/PA6 复合材料

1. 制备方法

（1）氧化石墨烯的制备

氧化石墨烯的制备采用改进的 Hummers 法：将 1.2g 硝酸钠加入 46mL 浓硫酸中，向其中添加 1.0g 鳞片石墨，搅拌至混合均匀后，在冰水浴中搅拌并缓慢加入 6.0g 高锰酸钾。随后将体系加热至 40°C，搅拌反应 6～8h。然后在缓慢连续加入 100mL 水的同时，将体系升温至 70°C，反应 30min。加入

200mL 水和 10mL 双氧水，5～15min 后停止反应，将反应液趁热抽滤。对该初产物加水离心洗涤若干次至体系 pH=7，得到纯净的氧化石墨母液。将氧化石墨母液中加入一定量的十二烷基苯磺酸钠，超声 10～20min（2～3 次），得到均匀分散的氧化石墨烯溶胶。

（2）复合材料制备

按配比称取一定量的氧化石墨烯溶胶分散在少量无水乙醇中并于超声波中分散一定时间，然后将悬浮液迅速加至处于高速搅拌状态的 PP/PA6（控制 PP/PA6 质量比为 70/30）中，高速混合 5～10min，将混合物注入 101-349 型哈克密炼机的喂料口中，密炼机螺杆转速为 50r/min，220℃ 条件下密炼 15min，将密炼好的混合物在压制模具上进行模压成型，制成标准样条，然后进行各种测试。

2. 性能

PP/PA6 两组分聚合物拉伸强度为 23.12MPa，当在 PP/PA6 两组分聚合物体系中加入氧化石墨烯后，其拉伸强度升高为 25.36MPa，相对于 PP/PA6 两组分聚合物提高了 9.69%。这说明少量的氧化石墨烯的加入在一定程度上提高了共混物的力学性能。在加入氧化石墨烯的基础上再加入相容剂 PP-*g*-MAH，共混物的拉伸强度变为 32.43MPa，相对于 PP/PA6 两组分聚合物提高了 40.27%，相对于体系中加了氧化石墨烯的共混物提高了 27.88%。其原因可能是少量的氧化石墨烯在基体中分散比较均匀，与基体间相容性比较好，有利于拉伸过程中载荷传递，所以能提高纳米复合材料的拉伸强度，另外随着 PP-*g*-MAH 的加入，由于 PP-*g*-MAH 可以与 PA6 的端氨基发生反应而形成酰亚胺键，有效地改善了 PP 与 PA6 两相间的黏合力，降低分散尺寸，它对提高共混组分的分散性和共混材料的力学性能起着积极的作用。氧化石墨烯和 PP-*g*-MAH 的加入增加了 PP/PA6 两组分聚合物体系的相容性，提高了它的力学性能，而且两者起到了协同作用。

第三节　石墨烯改性聚氯乙烯

一、石墨烯改性 PVC 的研究

聚氯乙烯（PVC)作为世界上产量最大的塑料产品之一，具有难燃、抗化学腐蚀、耐磨、电绝缘性优良和较高的机械强度等优点，并在加工过程中可根据需要加入添加剂或采用适当的工艺和设备生产出各式各样的塑料制品。虽然用途广泛，但在专业领域的应用其性能还显不足，若赋予聚氯乙烯抗静电性，在煤矿、石油、化工、纺织、危险品仓库、电子及无线通讯、半导体工业等领域，聚氯乙烯可以替代部分对力学性能及耐热性要求不高的抗静电材料，用作抗静电的板材、管材、传送带、设备罩等，对降低生产成本、提高生产效益具有重要的意义。

利用石墨烯（GN)优良的特性，与聚氯乙烯复合可赋予复合材料优异的性质。如将石墨烯添加到聚氯乙烯中，可以提高聚氯乙烯的力学性能和导电性能，提高聚氯乙烯材料的玻璃化转变温度和导热性能，增加聚氯乙烯材料的电容量和热稳定性等。

1. PVC/GN 复合材料的主要制备方法

制备 PVC/GN 纳米复合材料主要方法有熔融复合法、溶液复合法、原位聚合法和乳液共凝聚法。

(1) 熔融复合法

熔融复合法是工业生产常用的方法，但是由于 GN 难于分散均匀，因此如何采用熔融复合法解决 GN 在 PVC 中的均匀分散，成为工业化生产 PVC/GN 复合材料的关键技术基础。

因为 GN 呈卷曲状态，这是由于其高的径厚比所造成的，故 GN 在 PVC 复合材料内部并未呈现出一种完美的平面伸展状态。PVC/GN 纳米复合材料通过熔融共混和热压成型后，GN 在 PVC 复合材料内部也依旧以卷曲状态存在，所以其力学性能显然要远低于 GN 完全伸展状态时的理论值。另外，采取熔融复合法制得的 PVC/GN 纳米复合材料相比于其他方式，其具有更少的表面活性官能团（其碳氧比高达 20)，导致 GN 无法与 PVC 分子链间形成较强的化学键结合，便使得 PVC/GN 纳米复合材料表现出相对较低的力学性能。

(2) 溶液复合法

采用溶液复合法制备分散均匀的 PVC/GN 纳米复合薄膜，微量 GN 能大幅度提高 PVC 的模量和拉伸强度，且保持较高的断裂伸长率。在 PVC 中添加质量分数为 0.12%的 GN，PVC 的拉伸强度提高 63%，杨氏模量提高 20%；添加量为 0.60%时，PVC 的拉伸强度提高 125%，杨氏模量提高 126%。添加 GN 还能提高 PVC 的起始分解温度、最大分解温度以及 PVC 的成碳量。GN 片层具有较高的强度和模量、GN 在高分子基体内的均匀分散、GN 和 PVC 之间较强的相互作用、GN 与 PVC 的层状结构，是其力学性能提高的主要原因。但是由于存在溶剂回收和污染等问题，难以进行大规模化工业生产。

(3) 原位聚合法

原位聚合法（即位分散法)，是先将 GN 纳米填料粒子通过特殊处理后，再加入氯乙烯单体中，在一定搅拌速度作用下，使GN纳米粒子以原始状态均匀地分散于氯乙烯单体（VCM）中，之后在相应温度条件下，由引发剂引发VCM单体发生聚合反应，进而制得PVC纳米复合材料。这种方法非常有利于GN纳米粒子的分散，但由此制备方法所产生的影响还需要深入研究。

原位聚合法一般包括以下步骤：①通过静电吸附将偶氮引发剂锚固在GN表面；②配制GN乳液；利用分散剂与乳化剂分子结构上的相互作用，来协同分散稳定GN，同时采用高速搅拌机获得分散均匀的GN乳液；③采用原位聚合法在GN表面引发聚合生成PVC、制备出GN表面包覆PVC复合材料；④PVC/GN树脂浆料后处理。该方法流程简单，采用原位锚固改性和表面活性剂的复配协同作用，从多方面提高GN粉体与PVC的相容性，从而获得了性能优异的复合材料，可广泛适用于建筑、包装、医疗等材料，可作为现有复合材料的一种新型升级替代产品。

GN原位改性PVC属于纳米聚合物复合材料技术领域。GN由含碳碳双键修饰物修饰后，预先均匀地分散在氯乙烯单体，使GN表面与氯乙烯单体发生化学反应作为种子乳液；采用悬浮聚合方法制备出GN改性的PVC复合材料。是一种有效、易实施的方法，对复合材料的合成过程、组成、结构以及性能可以方便地进行控制，具有结构稳定、无机纳米粒子分散均匀的特点，可显著提升PVC的力学性能。

(4) 乳液共凝聚法

首先，利用乳液共凝聚的原理制得预分散的GN/XNBR纳米复合材料，以此作为母料，再和PVC进行熔融复合。制备出GN/PVC纳米复合材料，其分散性、力学性能、导电性能以及热稳定性相对于其他制备方式呈现的性能较好。一方面，XNBR的存在，可阻碍GN的团聚，从而保持其高比表面积；另一方面，乳液共凝聚熔融复合的方法相较溶液复合和原位聚合的方法避免了有机溶剂的加入，更加环保。相比于直接熔融复合法，可保证GN在PVC中的良好分散性。

2. 石墨烯改性PVC改性复合材料性能

(1) PVC/GN相容性

采用物理熔融共混法制备PVC/GN纳米复合材料。PVC/GN膜呈均匀的分布状态，这是因为GN是片状的，它与溶剂的相互作用不同，所以GN在PVC基体中具有良好的分散性。

(2) PVC/GN热稳定性

PVC和PVC/GN纳米复合材料的热分解可分成两个阶段：第一阶段为脱氯化氢阶段，第二阶段为共轭烯烃序列成环形成芳香化合物的阶段。GN的加入使两个阶段的热分解温度都有较大幅度的提高，且随着GN含量的增加两个阶段的热分解温度也随着增加。GN的加入使两个阶段的质量损失都降低了，且随着GN的增加，质量损失进一步降低。GN的加入降低了第一阶段的最大质量损失速率，但是提高了第二阶段的最大质量损失速率，说明GN的加入能延缓氯化氢的脱去。其原因是，一方面，PVC分子链贯穿于GN片层之间，PVC分子链被GN片层隔离，层与层之间是相对独立的微环境，使各个微环境之间的相互作用受到一定的限制。因此，GN的片层结构延缓了氯化氢从PVC基体中析出以及PVC的降解；另一方面，GN上含有大量的含氧基团，对PVC分子链中不稳定氯原子具有一定的稳定作用。

此外，成碳量的提高也是GN提高PVC热稳定性的一个重要原因。随着GN含量的增加，PVC/GN纳米复合材料的成碳量逐渐提高，成碳量的提高也表明GN的加入能在一定程度上提高PVC的阻燃性能。成碳量的提高与PVC/GN复合材料的层状结构有关，这种层状结构材料在较大程度上使PVC分子链分解产生的碳结构物质吸附于PVC表面，进而提高成碳量。GN质量分数为8%时，提高效果最为显著，复合材料成碳量比纯PVC增加了73.45%。这是因为GN的大片层结构穿插在PVC分子间，形成片层阻隔效应，能够减少外部热流量来保护PVC分子，从而显著提高复合材料的热稳定。

(3) PVC/GN力学性能

固相剪切碾磨法（solid state shear milling，S3M）为高分子材料工程国家重点实验室（四川大学）借鉴中国传统石磨的巧妙构思和独特结构而自行设计和发展起来的新技术，其中运用高分子力化学基本原理设计制造的磨盘形力化学反应器，可用于聚合物及填料的粉碎、分散、混合和力化学反应。S3M法是制备聚合物/层状无机物纳米复合材料的新方法，具有固相、室温、经济、简便的优点。研究人员通过该法成功制备了石墨烯/聚氯乙烯/氯化聚乙烯复合粉体，经直接热压成型制备的石墨烯/聚氯乙烯/氯化聚乙烯复合材料较聚氯乙烯/氯化聚乙烯复合材料力学性能，拉伸强度增加，但冲击强度有所降低。

① 氯化聚乙烯含量一定时，随着GN添加量的增加，拉伸性能增加，GN大的比表面积，增加了聚氯乙烯、氯化聚乙烯在其表面上的物理缠结。但是当GN含量继续增加时，团聚现象严重，限制分子的运动性，拉伸强度随之降低。另外，石墨烯的添加可明显降低聚氯乙烯/氯化聚乙烯复合材料断裂伸长率，这归因于GN的加入降低了高聚物分子链的移动。

② 石墨烯含量低时，冲击强度下降明显，但随GN质量分数的增加，冲击强度有所回升。这可能由于氯化聚乙烯的增韧机理是在聚氯乙烯基体中呈网状分散，受冲击时，氯化聚乙烯分子产生屈服形变消耗更大的冲击能。但石墨的加入破坏了氯化聚乙烯形成的网状分散，致使冲击强度降低。随着石墨烯质

量分数的再次增加，GN的增韧作用慢慢起作用，GN与聚氯乙烯界面接触良好，在受外力作用时，GN引起基体树脂银纹化吸收能量，冲击强度有所回升。复合材料在破坏过程中，体系中的GN由无规排列变成平行于拉伸方向。当样品被拉伸时，聚氯乙烯链首先向着拉伸方向取向，由于石墨烯强烈的相互作用，GN片层随着分子链一起运动，因此韧性提高；并且在破坏中GN可以作为一个临时的交联点，物理交联可以有效地提高聚合物的力学性能。纳米粒子的运动能力是作为聚合物链间临时交联点的必备条件，提供了提高强度的局部区域并且延缓了裂纹的生长。

③ 石墨烯质量分数低时，杨氏模量增加平缓，当质量分数增加到4%时，模量急剧增加，当质量分数为7%时，模量增加52.8%。

(4) PVC/GN导电性能

先采用乳液共凝聚的方法得到预分散的羧基丁腈橡胶/石墨烯复合材料，再采用熔融复合法制备出PVC/GN纳米复合材料，并对其导电性能进行研究。由图2-14可知，GN质量分数低于0.05%时，电导率提高程度较小，仅由2.74×10^{-15} S/cm提高到2.95×10^{-15} S/cm；当质量分数高于0.05%时，电导率迅速增大。在质量分数为0.1%时，电导率达到1.33×10^{-14} S/cm。这是因为，GN质量分数高于0.05%时，GN片层在PVC中充分分散，形成导电通路。随着GN质量分数的增加，导电通路的连接点密度提高，电导率显著提高。因此，0.05%可以视为GN在PVC中形成导电通路的阈值。当质量分数达到1%时，复合材料的电导率提高到1.06×10^{-6} S/cm，相比纯PVC提高了近9个数量级。但是当GN质量分数高于1%时，复合材料的电导率基本不再变化，这可能是因为GN质量分数为1%时，已经形成完整的导电通路体系，对于未作用的GN，少量氢键的作用效果不足以使其克服片层间的范德华力而形成层离状态，从而发生团聚，不能有效发挥作用。

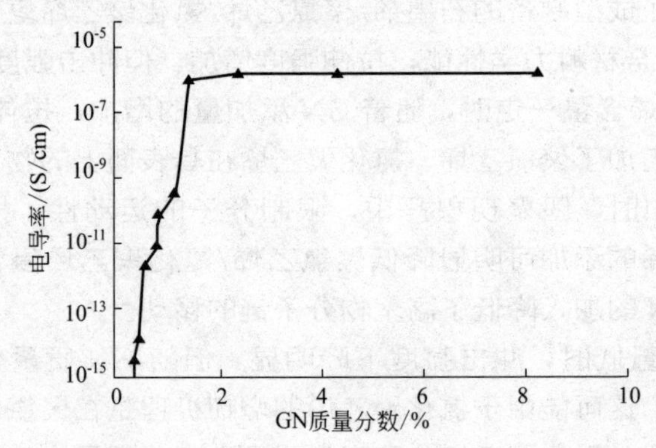

图2-14 GN含量对PVC/GN纳米复合材料电导率的影响

两次导电逾渗阈值现象的出现，说明GN的质量分数达到0.05%时，复合材料体系中就已经构成了导电网络，再继续加入也只能是把这个已形成的导电网络完善，所以在第二个阈值出现以前，GN填充量的增加对电阻率的影响不大；当GN的填充量增加到第二阈值时，由于复合材料体系中的GN片层已经足够多，且片层子与片层之间紧密排列，此时由原来的依靠网络导电变成了片层之间粒子的导电，所以电阻率又能出现大幅度的下降。

(5) PVC/GN光学性质

PVC和PVC/GN-1%纳米复合薄膜在紫外区域具有很强的吸收。而PVC/GN-1%相比于PVC在紫外区的吸收减少。PVC/GN-1%纳米复合材料的吸光度是在可见光区域，这表明更多的光子可用于光催化反应。PVC/GN-1%纳米复合材料和PVC的吸收光谱分别显示有两个和三个吸收峰。

(6) PVC/GN硬度

石墨的加入对PVC的硬度值基本无影响。而随着GO和GN添加量的增加，纳米复合材料的硬度值均呈上升趋势。当GO含量为8%时，复合材料的硬度值由49度增加到59.2度，比纯PVC提高了18.40%。相比于GO，GN的增强作用更加明显，当GN含量同样达到8%时，PVC/GN纳米复合材料的硬度明显增加，从49度提高到了71.7度，增加了46.26%。

(7) PVC/GN的耐磨性研究

为了提高PVC的耐摩擦磨损性能，通常采用提高表面硬度、共混增韧的方法以及通过在PVC制品表面涂覆保护涂层的方式提高PVC的耐磨性，但这种保护涂层易于剥离PVC基体而脱落；在PVC树脂中加入橡胶弹性体（如PU等)提高PVC的韧性及耐磨性，但这种方法存在成本高、工艺复杂等缺陷；近年来，通过物理共混的方式，加入木质纤维素、玻璃纤维等无机填料来提高PVC的耐磨性，这种方法具有成型方便、操作工艺简单等显著特点，已成为工业中普遍采用的方式；但同时无机耐磨填料（石墨、SiC等）普遍存在密度大、与树脂相容性差易离析、分散性差等缺点。近年来纳米材料以其轻质、表面积大、与树脂相容性好、结合力强、物理性能优异等显著特点引起人们的广泛关注，其中以碳纳米管和GN为代表的高性能纳米填料在提高聚合物耐摩擦磨损性能等方面取得了显著成效；利用纳米碳材料优异的力学性能（模量高达1TPa)、高比表面积特点，可以有效阻止钝化裂纹、最终阻止裂纹发展为破坏性开裂，从而对聚合物基体起到增强、增韧改性的作用，进而显著提高聚合物材料的耐摩擦磨损性能；在干摩擦条件下，氧化石墨烯（GO）加入可以增强超高分子量聚乙烯（UHMWPE）的摩擦学性能；非常低含量的GO的加入可以显著改善环氧树脂纳米复合材料的摩擦性能。就目前为止，大多数研究侧重于对结构工程材料（环氧树脂、尼龙、聚酰亚胺、超高分子量聚乙烯等）的耐摩擦磨损性改进，而对于 PVC 基体的 GN 增强增韧改性提高复合材料的耐摩擦磨损性能鲜见报道。

3. PVC/GN 复合材料存在的问题

目前 PVC/纳米复合材料的制备途径主要有熔融共混、溶液共混、原位聚合法等，所得到的复合材料的部分力学性能，特别是冲击强度、硬度和模量等得到显著提高，但是依然存在一些问题：

① 随着航空、航天、汽车、机械等领域技术的飞速发展，这些领域（如军舰的甲板、舰载飞机的跑道等）对所使用的 PVC 纳米复合材料摩擦性能方面的要求越来越高。因此，PVC 复合材料的耐摩擦磨损性能有待提高。

② 添加抗静电剂的 PVC 复合材料的表面电阻率难以长期维持在 $10^8\Omega \cdot cm$ 以下，而只添加无机导电填料（炭黑、碳纳米管），则由于导电填料需要的量过多而影响复合材料力学性能。因此，PVC 复合材料的抗静电性有待提高。

③ GN 本身有易团聚的倾向，在聚合物基体中分散不均，而是以大量团聚体存在，而不能完全构成输运网络，不能起到应有的作用。而且，采用上面所述方法来制备 PVC/GN 抗静电复合材料时，GN 容易被撕碎成小的碎片导致其片层结构的损坏，而且聚合物熔体的高黏度容易将 GN 挤到一起产生团聚并将 GN 包裹住，阻碍了输送网络的构筑，进而对复合材料导电性能有极大的负面影响；另外，这些方法在使用时有时会用到大量的有机溶剂，易造成环境的污染。因此，PVC/GN 抗静电复合材料的制备方法需要改进。

4. 研发方向

① 利用 GN 的高比表面积、柔软卷曲的特性和优异的力学性能，来达到对硬质 PVC 增韧的作用，同时还利用了 GN 的自润滑性，来提高其耐摩擦磨损性能。

② 利用 GN 突出的电学性能，来提高软质 PVC 的抗静电性能，并改进抗静电复合材料的制备方法，达到改善 GN 在 PVC 中的分散均匀性的目的，进而达到降低 GN 的填充量的同时还使其具有较高的抗静电性能的目的。

③ 选择、合成、设计不同的界面剂来增强 GN 与 PVC 间作用力，提高 GN 在 PVC 基体中均匀分散性和 GN/PVC 复合材料的力学性能。

④ 研究开发 PVC/GN 复合材料新的制备方式，减少制备过程中的污染问题和防止 GN 在制备过程中的二维晶体破碎问题。

⑤ 根据特殊用途开发新功能的 PVC/GN 复合材料，如电磁屏蔽材料、抗菌材料、耐热材料、耐寒材料、隔声材料等。

二、石墨烯改性纳米 $CaCO_3$/PVC 杂化材料

1. 制备方法

聚合反应之前，采用专有技术将石墨烯配制成前置液，主要目的是解决石墨烯的分散问题，使其与聚合反应体系相匹配。原位聚合在 10L 或 20L 不锈钢反应釜中进行，反应开始前以 400r/min 的转速冷搅拌 0.5～1.0h，正常反应时的转速为 270r/min，最后在 57.5℃下聚合 5～6h，出料离心脱水，然后烘干得到原位聚合树脂。

2. 性能

石墨烯/纳米碳酸钙杂化材料与氯乙烯进行原位聚合后得到的 PVC 树脂的热稳定性显著提高，刚果红试纸完全变色时间可以长达 28min，液相电导法测试的 PVC 热分解诱导时间超过 80min，大大超过了 PVC 加工所需要的加热时间。加热后杂化材料原位树脂的多烯序列结构数量明显降低，其自由基浓度与普通 PVC 树脂相比呈指数级降低。此外，杂化材料原位树脂分子链结构上部分碳原子的结合能明显提高。以上所有试验都说明同一个结果，即杂化材料的加入使 PVC 大分子链高度稳定，从而增加了 PVC 的热稳定性，这为扩展 PVC 应用领域、减少加工过程中热稳定剂的用量创造了十分有利的条件，能够降低 PVC 的加工成本，提高 PVC 材料对环境的友好程度，提升 PVC 与其他聚烯烃材料竞争时的优势。

三、石墨烯改性纳米 $CaCO_3$/PVC 复合树脂

1. 制备方法

(1) 制备流程

具体工艺流程见图 2-15。

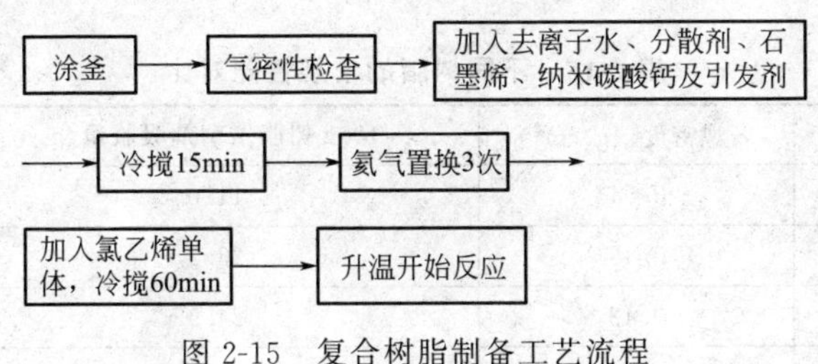

图 2-15　复合树脂制备工艺流程

(2) 填料入釜前的预分散

石墨烯和纳米碳酸钙均属于纳米级填料，具有较高的比表面积和表面能。石墨烯片层间存在较强的范德华力和静电引力，容易再次层叠在一起，而纳米碳酸钙也多以团聚体的形式存在。如果石墨烯和纳米碳酸钙分散不均匀，不仅不会改善 PVC 的性能，还会变成缺陷存在于其中，严重时会导致 PVC 性能下降。因此，对石墨烯和纳米碳酸钙进行预分散非常必要。

前置液及复配液的配制过程：将去离子水加入圆底烧瓶中，开启搅拌装置，加入十二烷基苯磺酸钠（SDBS），溶解完全后缓慢加入石墨烯或纳米碳酸钙，然后超声波振荡 15min，随后放入 70℃水浴锅恒温 5min，接着依次添加十六醇、羟丙基甲基纤维素（HPMC）溶液，搅拌均匀后从圆底烧瓶中取出，放入锥形瓶超声波振荡 90min 后备用。纳米碳酸钙与石墨烯复配时，助剂的用量应适当增加，配制过程不变，纳米碳酸钙在石墨烯之后加入。

2. 性能

分别采用 $105m^3$、10L 聚合釜生产的 PVC-SG5 型树脂的常规性能对比见表 2-14。

表 2-14 采用不同容积聚合釜生产的 PVC-SG5 型树脂的常规性能对比

聚合釜容积	表观密度/(g/cm^3)	100g 树脂增塑剂吸收量/g	粒径集中度/%	热稳定时间/s
$105m^3$	0.51	24	84.55	446
10L	0.51	25	70.84	94

从表 2-14 可以看出：采用 $105m^3$ 聚合釜生产的 PVC-SG5 型树脂的粒径集中度和热稳定时间明显优于 10L 聚合釜。如果采用 10L 聚合釜生产的复合树脂的粒径集中度和热稳定时间可达到技术指标的要求，那么在大型聚合釜上生产的复合树脂的上述性能将得到进一步提高。

石墨烯树脂、碳酸钙树脂与复合树脂的常规性能对比见表 2-15，其中，石墨烯树脂和碳酸钙树脂中填料的用量相近，复合树脂中填料的用量小于二者的用量。

表 2-15 不同树脂的常规性能对比

树脂类别	表观密度/(g/cm^3)	100g 树脂增塑剂吸收量/g	热稳定时间/s
空白树脂	0.51	11.0	94
石墨烯树脂	0.43	23.2	341
碳酸钙树脂	0.42	24.6	160
复合树脂	0.50	20.6	1123

由表 2-15 可以看出：与空白树脂相比，3 种改性树脂的热稳定时间都有不同程度的提高，石墨烯树脂、碳酸钙树脂、复合树脂的热稳定时间分别是空白树脂的 3.6 倍、1.7 倍、11.9 倍。

空白树脂、碳酸钙树脂、复合树脂的力学性能见表 2-16。

表 2-16　不同树脂的力学性能

树脂类别	冲击强度/(kJ/m^2)	拉伸强度/MPa	断裂拉伸应变/%	弹性模量/MPa
空白树脂	2.6	48.33	19.04	636.34
碳酸钙树脂	2.9	51.56	58.71	656.02
复合树脂	4.0	51.45	37.15	656.05

在冲击强度和断裂拉伸应变方面，碳酸钙树脂分别是空白树脂的 1.12 倍和 3.08 倍，复合树脂分别是空白树脂的 1.53 倍和 1.95 倍。

四、石墨烯改性 PVC 抗静电复合材料

1. 制备方法

(1) *石墨烯母料的制备*

称取 30g 石墨烯加入四氢呋喃溶液中，高速分散 2h，将分散溶液转移至超声机超声分散 4h，制得溶液 1；称取 150g PVC 加入四氢呋喃溶液中，超声分散至完全溶解，制得溶液 2；将 2 种溶液混合搅拌均匀、干燥、造粒后制得石墨烯母料。

(2) *产品制备*

将 PVC、稳定剂、加工改性剂、石墨烯母料、润滑剂等放入高速搅拌机中，混料 10min，然后将混合好的物料通过小型密炼机密炼、PVC 胶片积层压片机压片，再通过万能制样机制样，共制备 6 个样品，样品 1 未添加石墨烯母料，样品 2～样品 6 添加的石墨烯母料逐渐增多，用量分别为 2 份、4 份、6 份、8 份、10 份。

2. 性能

随着石墨烯母料用量的增加，石墨烯/PVC 复合材料的塑化峰逐渐前移，塑化时间逐渐缩短，最大扭矩逐渐增大。塑化时间的缩短说明石墨烯促进了体系的凝胶化，加速了物料熔融；另外，扭矩增大说明体系中细微粒子多，导致转子剪切力增大。

随着石墨烯母料用量的逐渐增加，石墨烯/PVC 复合材料的抗静电性能逐渐增强。当石墨烯母料用量为 4 份时，复合材料的表面电阻率在 10^9 数量级，

已经具有较好的抗静电能力，比纯 PVC 降低了 6 个数量级；当石墨烯母料增加到 8 份时，复合材料已经具备一定的导电能力。在实际生产中，可根据客户对抗静电性能的要求来调节石墨烯的用量。例如，当石墨烯母料用量为 6 份时，复合材料的表面电阻率在 10^6 数量级，适用于矿用管材。

第四节　石墨烯改性聚苯乙烯

一、石墨烯改性 PS 的研究

聚苯乙烯（PS）是一种重要的热塑性塑料，因其具有耐热性、耐化学品性、较好的成型加工性能及低成本等优势而获得了广泛的应用，但 PS 为典型的非极性聚合物，与极性纳米填料之间的亲和性较差，复合材料的界面结合力较弱。石墨烯与聚苯乙烯的复合能够有效地提高聚合物的力学、电学和热学等性能，充分利用石墨烯独特的性能。

1. 石墨烯改性 PS 复合材料的方法

制备聚苯乙烯/石墨烯纳米复合材料的方法主要有溶液插层法、微球覆盖还原法、原位乳液聚合法、Pickering 乳液聚合法、点击化学法、原子转移自由基（ATRP）法。

（1）溶液插层法

溶液插层法是将聚合物或其预聚物溶于良溶剂中，并加入分散于极性溶剂的改性石墨烯中。在搅拌或超声分散的作用下，聚合物可以插入石墨烯层之间，导致石墨烯膨胀和剥离。所得共混物体系经后续处理即可得到聚苯乙烯/石墨烯纳米复合粉末材料。处理方式有：加热浓缩除去溶剂法、直接涂膜法、加入沉淀剂沉淀法。再将粉末材料经热压等即可获得复合材料试样。

溶液插层的驱动力是通过溶剂分子的吸附作用促使熵增加，在熵增加的同时可以弥补插层至石墨烯片层间分子链的构象熵减少。该方法的优点是可以用来制备低极性或无极性聚合物基插层纳米复合材料。但是，纳米复合材料中残留溶剂不容易完全去除，存在石墨烯的分散不均匀、难以实现工业化等不足。

（2）微球覆盖还原法

微球覆盖还原法是通过乳液聚合制备聚苯乙烯微球，利用氧化石墨烯与微球间的 π-π 作用和静电作用，导致氧化石墨烯吸附在微球上，从而避免了石墨烯的团聚，再利用还原剂对其还原得到聚苯乙烯/石墨烯纳米复合材料。

微球覆盖还原法是一种简单的、可环境友好地制备高导电复合材料的方法，利用乳液技术成功在聚苯乙烯基体中构造了“隔离式”的导电网络，而且无需使用任何表面活性剂和有机溶剂分散聚合物粒子和石墨烯片。

（3）原位乳液聚合法

乳液聚合法是先将乳化剂、单体和引发剂在机械搅拌或振荡作用下，分散于溶剂中形成乳液，再通过热或者辐射的作用发生聚合反应获得纳米复合材料。由于改性的石墨烯表面带有许多小分子，这些小分子可以与其他分子进行共价键结合或者发生一些原子转移自由基聚合(ATRP)反应生成接枝聚合物。

原位乳液聚合法是一种环境友好、条件温和且可以大量制备功能化的聚苯乙烯/石墨烯纳米颗粒的方法，而且还可以推广到制备混合复合纳米材料。

（4）Pickering 乳液聚合法

一般将以固体粒子代替有机表面活性剂的乳液称作 Pickering 乳液，Pickering 乳液稳定机理主要是固体颗粒降低了体系总的界面自由能。固体颗粒加入后吸附于油/水两相界面上，并形成单层/多层膜。这样液固界面代替了液液界面，结果导致体系总的界面自由能大大降低，从而形成稳定的乳液。

Pickering 乳液聚合方法是先通过 Hummers 法制备氧化石墨烯水溶液，再加入苯乙烯单体、AIBN 得到白色的氧化石墨烯稳定的苯乙烯乳液。经过无皂乳液聚合法制备聚苯乙烯胶体颗粒。GO 含有亲油性的底面和亲水性的边缘，它具有双亲性质，存在于油水界面上并使表面张力降低，可以作为 Pickering 乳液聚合的稳定剂。Pickering 乳液聚合法提供了一种在氧化石墨烯水分散液中制备氧化石墨烯稳定的聚苯乙烯胶体纳米颗粒的便捷方法。

（5）点击化学法

点击化学（click chemistry）是由 2001 年诺贝尔化学奖得主美国化学家 Sharpless 提出的一种快速合成大量化合物的新方法，其中之一是端基炔与叠氮化合的 1，3-偶极环加成反应，实验是通过向改性的石墨烯表面和聚苯乙烯上引入端基炔与叠氮，从而发生点击化学反应得到共价改性的聚苯乙烯/石墨烯纳米复合材料。

点击化学法是一种反应条件温和、高效、可控的方法，而且材料可以很好地分散在有机溶剂中，这拓展了制备高性能聚苯乙烯/石墨烯纳米复合材料的方法。

（6）ATRP 法

ATRP 的概念首次是由王锦山提出。ATRP 适用的单体范围非常广泛，分子量大小可控、分子量分布较窄，反应条件温和。可以用在分子设计上，以构筑各种结构的功能聚合物。

ATRP 是一种可以对石墨烯表面进行可控和共价功能化的方法，而且可以提高石墨烯衍生物的溶解性和化学相容性，但由于 ATRP 反应中引入了金属催化剂，一定程度上破坏了聚合物的原有性能。

2. 石墨烯改性 PS 的性能

采用石墨烯改性聚苯乙烯，以期充分发挥石墨烯的独特性能，制备高性能的聚苯乙烯基纳米复合材料。目前对复合材料的性能研究，主要集中于电学、热学、流变学、力学性能的研究。

(1) 电性能

通过在聚苯乙烯中添加石墨烯能有效改善聚苯乙烯的导电性能。完整的石墨烯具有高电子迁移率而体现出良好的导电性能。由于石墨烯具有大的比表面积，更有利于电子的转移。聚苯乙烯/石墨烯纳米复合材料的导电性与石墨烯的含量呈现一种非线性关系，当石墨烯的含量达到一定值时，复合材料的电导率突增，该值称作逾渗阈值，当填料含量高于此值时，纳米填料就可以在聚合物基体中形成导电网络，表 2-17 是不同制备方法所得聚苯乙烯/石墨烯纳米复合材料的逾渗阈值和电导率。可以看出，纳米复合材料的制备方法、还原方法等工艺条件对逾渗阈值和电导率都具有重要的影响。由于水合肼还原和热还原得到的石墨烯还原都不彻底，经过两步还原法后石墨烯碳原子网络中共价的 sp^2 杂化逐渐恢复，故可使得到的材料具有极低的逾渗阈值和超高的电导率。从不同的实验方法可以看出，利用微球覆盖还原法和溶液插层法比乳液聚合法得到的纳米复合材料的电导率都要高 1～2 个数量级，其中在溶液法中溶剂、还原剂、表面活性剂对实验结果起到很大的作用。

表 2-17　不同制备方法所得聚苯乙烯/石墨烯纳米复合材料的逾渗阈值和电导率

填料	逾渗阈值(体积分数)/%	填充量/%	电导率/(S/m)	实验方法
氧化石墨烯	0.15	1①	0.1	溶液
γ-GO	—	5②	22.68	溶液
碳纳米管	—	0.69①	3×10^{-5}	溶液
CCG	0.190	2.45②	72.18	溶液
氧化石墨烯	0.070	3.8①	74.8	微球覆盖还原
GNS	—	2.0②	2.9×10^{-2}	乳液聚合

① 体积分数；
② 质量分数。

(2) 热性能

由于极高的热导率特性，石墨烯可以作为聚合物基体的填料，从而增强其热性能。而且石墨烯的比表面积大和在聚合物中良好的分散性，可以降低界面的热阻，这样更有利于增强聚合物的热性能。石墨烯填料的添加对聚合物的 T_g 和热稳定性有明显的改善。这是由于石墨烯表面的褶皱结构能够与聚合物基体相互作用，促使聚合物分子链吸附在石墨烯片层的表面，有效阻碍了聚合物的黏性流动，从而提高了聚合物的 T_g。同时，石墨烯的加入提高了纳米复合材料的热分解温度。这是因为石墨烯在聚合物的分解过程中起到热传递的“屏障”作用，这种“屏障”作用会随着缠绕作用的增强而增大。

(3) 流变性能

复合材料的流变学研究与填料的分散状态、比表面积及填料与聚合物链相互作用紧密相关。已有研究表明，石墨烯加入聚合物中会引起聚合物基体的加工流变行为发生改变。聚合物/石墨烯纳米复合材料的流变行为（储能模量、损耗模量和复数黏度）随着石墨烯含量的变化反映了复合材料内部网络微观结构变化，而网络结构的变化会引起导电性能转变。全面研究石墨烯对材料导电性能和流变行为的影响有利于更科学全面地分析材料微结构与性能的联系。

有研究人员比较了 3 种复合材料的流变性能，发现聚苯乙烯/GO-ODA 的储能模量随着退火时间增加而增加，可能是由于样品有效体积增加、含石墨烯弹性网络结构恢复（此网络结构在样品装载时被挤压流破坏）。在低频下，熔体流变行为表现石墨烯分散和阈值网络信息；而在高频下，熔体流变行为主要被聚合物链分布控制。

(4) 力学性能

因为石墨烯具有优异的弹性模量和强度，而纯的聚苯乙烯薄膜随着应力的增加表现出了典型的屈服行为，随着填料添加量的增加，屈服变得难以分辨，断裂伸长率也逐渐降低了。然而复合膜的弹性模量和断裂强度却表现出了明显的增强。

3. 研发方向

聚苯乙烯/石墨烯纳米复合材料已经引起了广泛的关注。性能良好的聚苯乙烯/石墨烯纳米复合材料的制备以及性能研究是其应用的前提与基础。近年来，聚苯乙烯/石墨烯纳米复合材料的研究和开发取得了可喜的成就，复合理论研究也逐渐深入和完善，但高性能聚苯乙烯/石墨烯纳米复合材料的制备及其性能的研究还面临一挑战。在所报道的聚苯乙烯/石墨烯纳米复合材料中，石墨烯和聚苯乙烯之间的结合方式大多是通过物理的作用，在石墨烯和聚苯乙烯之间构成共价键的方法报道较少。同时，尽管聚苯乙烯/石墨烯纳米复合材料的导电性能、热性能和力学强度与纯聚苯乙烯相比有一定提高，但聚苯乙烯的脆性也增大了，这是聚苯乙烯在推广使用过程中的明显不足。因此，研究综合性能优良的聚苯乙烯/石墨烯纳米复合材料的复合过程及机理是目前亟待解决的富有挑战性的课题之一。如何建立新的复合技术或创造性地改进现有技术同样具有极高的研究价值，另外，如何实现聚苯乙烯/石墨烯纳米复合材料的应用仍是聚苯乙烯功能化改性的关键所在，具有广阔的研究前景。

二、 GS-EDA/CNTs 协同改性 PS 纳米复合材料

1. 制备方法

(1) 氧化石墨(GO)的制备

采用改性的 Hummers 法制备 GO。制备过程如下：将质量分数为 98%的 H_2SO_4 加入干燥的烧杯中，并用冰水浴将其冷却至 4℃以下。在搅拌下加入预先混合好的石墨烯和 $NaNO_3$，之后再缓慢加入 $KMnO_4$，继续搅拌并将体系的温度控制在 20℃以下，并使体系反应 5min 后完成低温插层反应。将体系缓慢加热到 (35±3)℃，保持 30min 以完成中温氧化。然后在上述体系中缓慢加入去离子水，同时控制体系温度保持在 100℃以下。最后将体系转移到 98℃的油浴锅中，控制体系温度在 80～100℃之间，继续反应 15min 后，加入热的去离子水以完成高温水解反应。接着加入 H_2O_2 以进一步氧化后，体系趁热过滤获得 GO 滤饼，并用质量分数为 5%的 HCl 水溶液充分洗涤滤饼以除去 GO 中的 SO_4^{2-}，直至滤液的 pH 值至中性为止。

(2) GO-EDA 的制备

在盛有 DMF 的烧瓶中加入未经干燥处理的 GO，于 40℃下超声处理 30min 后，向该体系加入 DCC、DMAP 和 EDA，继续超声处理 30min，再将体系转移至 50℃的水浴锅中反应 8h。反应完毕后趁热过滤，并用 DMF 洗涤除去未反应的 EDA。

(3) GS-EDA 的制备

将 GO-EDA 超声分散于 NMP 中，搅拌下于 180℃下回流 12h 以完成还原反应。反应结束后，待体系冷却至 90℃左右，趁热过滤，并用 DMF 洗涤。所得 GS-EDA 在 60℃下干燥 12h 后研磨过筛，保存备用。

(4) MWCNTs-COOH 的制备

将 2g 多壁碳纳米管（MWCNTs）缓慢加入含 50mL 浓硝酸和 150mL 浓硫酸的烧瓶中，经超声波分散获得 MWCNTs-COOH。控制体系温度为 35～40℃，超声时间 4h。体系经过滤后于 80℃下干燥 24h 备用。

(5) PS-*g*-MAH 的制备

固定 PS/MAH/DCP 的质量比为 100/5/0.2，分别称取 500g PS、25g MAH 和 1g DCP 并倒入烧杯中，加入适量的丙酮润湿物料，借助搅拌使 MAH 和 DCP 均匀涂覆在 PS 颗粒的表面。待丙酮彻底挥发完后，使用双螺杆挤出机将混合物进行熔融接枝获得 PS-*w*-MAH。各加温段的温度按表 2-18

所示设定，挤出物经造粒机造粒后置于烘箱中烘干备用。

表 2-18 双螺杆挤出机各加温段的温度设定

名称	机头	Ⅸ	Ⅷ	Ⅶ	Ⅵ	Ⅴ	Ⅳ	Ⅲ	Ⅱ	Ⅰ
温度/℃	195	185	180	175	170	165	160	155	150	100

（6）GS-EDA/MWCNTs-COOH/PS-*g*-MAH 纳米复合材料的制备

按表 2-19 的配方，固定 GS-EDA 和 MWCNTs-COOH 的总含量为 0.5%（质量分数）。称取对应质量的 GS-EDA 和 MWCNTs-COOH 于三口烧瓶中，再加入 40mL DMF 后超声处理 2h 获得均匀的分散液。将定量的 PS-*g*-MAH 加入 40mL DMF 中，在磁力搅拌下于 100℃完全溶解。然后，将超声处理过的 GS-EDA 和 MWCNTs-COOH 分散液加入 PS-*g*-MAH 溶液中，继续搅拌 2h 后完成混合过程。混合体系经甲醇沉淀，过滤并干燥，得到 GS-EDA/MWCNTs-COOH/PS-*g*-MAH 纳米复合材料粉末。最后通过平板硫化机压片获得板材。热压温度为 200℃，压力为 10MPa。板材经裁样制成长×宽×厚＝62.5mm×3.25mm×0.5mm 的哑铃型样条待测。

表 2-19 GS-EDA/MWCNTs-COOH/PS-*w*-MAH 纳米复合材料的配方表

组别	组分①			原料总用量/g
	GS-EDA	MWCNTs-COOH	PS-*g*-MAH	
1	0(0)	0(0)	100(15)	15
2	0.5(0.075)	0(0)	99.5(14.975)	15
3	0.333(0.050)	0.167(0.025)	99.5(14.975)	15
4	0.25(0.0375)	0.25(0.0375)	99.5(14.975)	15
5	0.167(0.025)	0.333(0.050)	99.5(14.975)	15
6	0(0)	0.5(0.075)	99.5(14.975)	15

① 括号外数字为组分的质量分数，%；括号内数字为组分用量，g。

2. 性能

FTIR 分析表明，EDA 已成功接枝于 GS 的表面，MWCNTs 经过酸化接枝了羧基。拉伸性能分析表明，GS-EDA/MWCNTs-COOH/PS-*g*-MAH 纳米复合材料随着填料的增加，其拉伸强度提高。与单独添加一种填料相比，同时添加 2 种填料对拉伸强度的改善效果更明显。当 *m*（GS-EDA）/*m*（MWCNTs-COOH）＝1/2 时，拉伸强度比纯 PS-*g*-MAH 提高了 16%，弹性模量比纯 PS-*g*-MAH 提升了 28%。纳米复合材料的冲击强度与纯 PS-*g*-MAH 相比有所降低，但当 2 种填料同时添加时降低不明显，且较单独添加时冲击强度更好。熔体流动速率分析表明，填料比例对流动性能的影响变化趋势与冲击强度的变化趋势相似。

三、用水辅助混炼挤出石墨烯改性聚苯乙烯复合材料

1. 设备

水辅助混炼挤出设备，由同向啮合双螺杆挤出机（螺杆直径 22mm，长径比 42∶1，南京瑞亚高聚物装备有限公司）、双柱塞微量泵（最大注射压力为 20MPa，最大流率为 2L/h，北京星达科技有限公司）和真空泵组成；针对水辅助混炼挤出的要求，组合的挤出机螺杆结构如下所述：第一段由正向输送螺纹元件和捏合盘组成，用于塑化聚合物和输送熔体；第二段是聚合物熔体与水悬浮液混合段，通过双柱塞微量泵将水或纳米粒子/水悬浮液从该段注入熔体中，为保持水在混炼过程中为液态并提高其与熔体的混炼性能，在该段布置若干反向输送螺纹元件、捏合盘和齿形盘，以建立较高的熔体压力，并细化悬浮液液滴；第三段的机筒上设置有一排气口，在其下方高压水泄压后形成水蒸气，通过真空泵从排气口排出。

2. 制备方法

将 GO 置于去离子水中，经超声震荡 3h 后制得 GO 悬浮液，备用；采用水辅助混炼挤出设备制备 PS/GO 纳米复合材料；机筒各段（自进料段始）温度依次设定为 165℃、180℃、180℃、190℃、210℃、210℃、180℃，喂料速率设置为 3.2kg/h，螺杆转速设置为 120r/min，当注水口所测熔体压力足够高时，将上述的 GO 悬浮液以 2L/h 的速率注入 PS 熔体中；所制备的 PS/GO 纳米复合材料样品标记为 PS-*m*GO，其中，*m* 为 GO 的含量（0.1%、0.3%、0.5%）；作为对比，在相同条件下并以 2L/h 的速率向 PS 熔体中注入去离子水制备纯 PS 样品；切粒后，将纯 PS 和 PS/GO 纳米复合材料粒料置于真空干燥箱内，在 80℃下干燥 24h；干燥好的粒料被放入模压机中，在温度 180℃和压力 15MPa 下热压成厚度约为 1.5mm 的薄片，并从薄片上制取直径为 25mm 的圆形薄片，值得强调的是，在上述 PS/GO 纳米复合材料样品的制备过程中，未对 GO 做化学处理，也未加入相容剂。

3. 性能

① 在 GO 未经化学处理和未加入相容剂的情况下，采用水辅助混炼挤出设备制备成功 GO 被较好剥离且呈网状较均匀分散在 PS 基体中的 PS/GO 纳米复合材料样品；这主要归因于螺杆混炼流场不断细化 PS 熔体中的 GO 悬浮液以及水对熔体的塑化和溶胀效应促进 PS 分子链插层进入 GO 片层之间的共同

作用。

② 尽管加入的 GO 含量低，低频区 PS/GO 纳米复合材料样品的储能模量、复数黏度和松弛时间均比纯 PS 样品的大，如频率 0.01Hz 处 GO 含量为 0.5%的 PS/GO 样品的 G'约为 PS 样品的 2.9 倍；这主要是由于较均匀分散的网状 GO 片与 PS 之间形成较强的分子间作用力，在一定程度上降低了 PS 分子链的活动性，延迟分子链的松弛历程。

③ 与纯 PS 样品相比，PS/GO 纳米复合材料样品的热稳定性较高，且随 GO 含量的增加而提高，如 GO 含量为 0.5%的 PS/GO 样品的 $T_{5\%}$ 比纯 PS 样品的提高了 21.2℃；这主要是由于 PS 基体中呈网状分布的 GO 片降低了 PS/GO 样品的热传递性能和其热降解过程中所释放的小分子的扩散，以及 GO 片与 PS 基体之间接触的面积大，也即 π 键数量较多。

四、氧化石墨烯改性硬脂酸丁酯微胶囊相变填料/聚苯乙烯复合材料

1. 制备方法

(1) GO 表面改性

首先将一定量的 GO 加入去离子水中，超声分散 10min，制备氧化石墨烯分散液，将氧化石墨烯分散液加入 250mL 四口烧瓶中待用；再将一定量的 KH570 和水加入 10.0g 乙醇中，用盐酸调节 pH 值到 3～5 之间，放置一段时间；滴加 KH570、水和乙醇混合液于氧化石墨烯分散液中，滴加速度为 2mL/min，在 80℃下保温搅拌 24h。最后用去离子水洗涤过滤 2 次，60℃干燥 12h，即得到改性氧化石墨烯（MGO）。

(2) MGO-MicroPCMs 的制备

将不同质量分数的 MGO（配方组成如表 2-20 所示），二乙烯基苯和偶氮二异丁腈加入苯乙烯单体中，超声分散 30min，得囊壁混合液。在四口烧瓶中，加入一定量的羟丙基纤维素、$CaCO_3$ 和蒸馏水，搅拌升温到 50℃，保温 30min，待分散均匀后，加入一定量的硬脂酸丁酯，保温 30min。随后降温至 10℃以下，保温 10min，硬脂酸丁酯凝固形成均匀固-液悬浮体系。通 N_2 10min，排出空气，在 N_2 保护下，滴加囊壁混合液，搅拌 30min。开始升温，升温速度为 10℃/min，升温至 80℃，反应 120min。以 10℃/min 的升温速度升温到 90℃，反应 60min，得到灰白色的球形颗粒，停止搅拌，过滤出料，蒸馏水洗涤 3 次，自然风干得到最终产品。

表 2-20 原材料及配方

样品	壁材		芯材	引发剂	分散剂	
	改性氧化石墨烯(质量分数)/%	苯乙烯/g	硬脂酸丁酯/g	偶氮二异丁氰/g	碳酸钙/g	羟丙基纤维素/g
1	0	18.2	25	0.3	0.8	1.6
2	0.2	18.2	25	0.3	0.8	1.6
3	0.4	18.2	25	0.3	0.8	1.6
4	0.6	18.2	25	0.3	0.8	1.6

2. 性能

MGO-MicroPCMs 为形貌规整、粒径分布均匀、表面粗糙的球形结构。随着 MGO 含量增加，平均粒径在 100μm 左右且逐渐减小，并且分布变窄。微胶囊的密封性能逐渐提高，当 MGO 含量为 0.6%（质量分数）时，逾渗阈值降低了 32.17%，MGO-MicroPCMs 的硬度从 5.83MPa 增大到 11.79MPa，提高了约 50.5%，同时热稳定性和亲水性也明显改善。有望用于建筑保温材料和微胶囊摩擦复合材料等领域，有利于达到节能、固体润滑的目的。

五、氧化石墨烯改性 PS 复合材料

1. 制备方法

(1) 氧化石墨的制备

采用改进的 Hummers 法制备氧化石墨。

(2) 氧化石墨烯/聚苯乙烯纳米复合材料的制备

选用无规聚苯乙烯为聚合物基体。将 4g 聚苯乙烯置于 40mL 四氢呋喃中，搅拌溶解。称取含量为 1.0%的氧化石墨烯加入一定量的四氢呋喃（THF）中超声分散。充分混合上述两种溶液后倒入盛有甲醇的烧杯中，利用反沉淀法得到复合材料，然后置于真空烘箱中 60℃干燥 24h。采用熔融模压成型（采用真空模压机）的方法将复合材料压制成厚度为 1mm 的长条状样品。采用相同方法制备不同氧化石墨烯含量（1.0%、3.0%、12.0%，均为质量分数）的聚苯乙烯基复合材料。

(3) 原位还原聚合物中的氧化石墨烯

首先将某一 GO 含量的聚苯乙烯复合材料置于容量为 25mL 的高压釜内，随后加入还原剂，在 40℃条件下充分浸渍。而后冲入 CO_2 气体，设定温度与压力，在超临界环境中反应相应时间。反应结束后将体系迅速置于冰水浴中，待降至基体的玻璃化转变温度以下再泄压释放 CO_2，避免复合材料的发泡。将

还原后的复合材料模压并进行电学性能的相关测试。随后将复合材料置于对PS有良好溶解性能的甲苯中，并经过离心、过滤、洗涤、干燥后收集还原的氧化石墨烯（RGO）。

2. 性能

在温度为130℃、压力15MPa条件下乙二醇还原处理24h后，复合材料中氧化石墨烯的含氧官能团大幅降低，复合材料的导电性较还原前可增加90%以上。

六、乙二胺接枝氧化石墨烯（EDA-GO）改性CPE/PS纳米复合材料

1. 制备方法

（1）GO的制备

采用改进Hummers法制备GO，具体步骤如下：在干燥的烧杯中加入115mL质量分数为98%的浓硫酸，用冰水浴冷却至4℃以下，激烈搅拌下加入5g天然石墨粉和2.5g $NaNO_3$ 的混合物，然后再缓慢加入15g $KMnO_4$，并将反应体系的温度控制在20℃以下，继续搅拌反应5min后将体系温度升至（35±3)℃，恒温搅拌30min后在激烈搅拌下加入230mL去离子水。将上述体系转入加热的油浴锅，体系反应温度控制在98℃左右，保持15mim，然后加355mL热的去离子水进行高温水解，加30mL H_2O_2 中和未反应的强氧化剂，趁热抽滤并用稀盐酸洗涤，再用大量的水洗涤溶液至中性后过滤，得到的滤饼在50℃下干燥24h，备用。

（2）EDA-GO的制备

称取300mg GO加入盛有300mL*N*,*N*-二甲基酰胺（DMF）的三口烧瓶中，超声剥离1h，获得均匀分散的GO/DMF溶液。移到95℃油浴锅中，加入0.9mL浓氨水和3.6mL EDA，继续反应6h后抽滤上述溶液，随后用无水乙醇洗涤5次。将样品放到真空干燥箱中于60℃下干燥24h获得EDA-GO。

（3）CPE/PS复合材料和EDA-GO/CPE/PS纳米复合材料的制备

采用熔融共混法制备氯化聚乙烯（CPE）质量分数分别为0、5%、10%、15%、20%、25%、30%的CPE/PS复合材料。

制备EDA-GO/CPE/PS纳米复合材料过程中，*m*(CPE)∶*m*(PS)为2∶8，其中EDA-GO质量分数分别为0.25%、0.5%、0.75%和1.0%。以含EDA-GO质量分数为0.5%的EDA-GO/CPE/PS纳米复合材料为例，具体制备过程如下：将定量的EDA-GO、CPE和PS混合均匀后，在吉林大学科教仪器厂生

产的 HL-200 型混炼机上于 160℃下混炼 15min，螺杆转速为 50r/min。所得共混物经平板硫化机热压成片材，热压温度为 160℃、压力为 20MPa，在 10PMa 下冷压脱模，静置一夜。片材经裁片得到长×宽×厚＝62.5mm×3.25mm×0.5mm 的哑铃形和宽×厚＝10mm×1.5mm 的矩形试样。

2. 性能

在 CPE/PS 复合材料中，材料的拉伸强度和冲击强度的变化规律与一般弹性体增韧塑料的规律一致；在 EDA-GO/CPE/PS 纳米复合材料中，随着 EDA-GO 含量的增加其拉伸强度、冲击强度、断裂伸长率和弹性模量都有先上升后下降的趋势，当 EDA-GO 质量分数为 0.5%时，拉伸强度达最大值，较 CPE/PS 复合材料提高了 38%，较纯 PS 提高了 61%；在 EDA-GO 质量分数为 0.75%时，其冲击强度和弹性模量最大，比 CPE/PS 复合材料冲击强度和弹性模量分别提高了 18%和 41%。因此，当 EDA-GO 的质量分数在 0.5%～0.75%之间时，复合材料的综合力学性能最好。随着 EDA-GO 的加入，纳米复合材料的熔体流动速率先下降后上升。

七、功能化石墨烯改性 PS 复合材料

1. 制备方法

(1) *石墨烯的功能化*

取 100mL 精馏苯乙烯和 60mg 天然鳞片石墨同时加入 200mL 的三口烧瓶中，通氩气保护，于 0℃冰水浴中超声反应 6h，超声功率为 300W。

反应结束后将得到的混合液置于离心机上，1000r/min 离心 5min，然后用 0.22μm 的 PVDF 滤膜抽滤，再将所得固体重新分散于四氢呋喃中洗涤，重复 3 次，最后将所得黑色粉末（功能化石墨烯）置于 50℃恒温干燥箱中干燥 6h，在干燥条件下保存备用。

(2) PS/FGS *复合材料的制备*

采用溶液共混的方法制备功能化石墨烯-聚苯乙烯（FGS/PS）复合材料，主要通过快速搅拌或超声波分散使 FGS 和 PS 在溶液中均匀混合，最后过滤得到该 PS/FGS 复合材料。

将一定量 PS 放入装有甲苯的烧瓶中，磁力搅拌下使其完全溶解，同时将一定量的 FGS 超声分散于甲苯中，然后将 FGS 的甲苯溶液加入正在搅拌的聚苯乙烯-甲苯溶液中，持续搅拌 2h 使其混合均匀，再将混合液在 300W 下超声 30min 至形成均一溶液，随后将混合液在搅拌下快速倒入大量的甲醇中，待 FGS/PS 复合材料沉淀出来，抽滤后得到的黑色固体，反复洗涤 3 次，于 40℃

的鼓风干燥箱中干燥至恒重，然后在真空烘箱中 50℃干燥 12h。最后，把得到的复合材料用平板硫化仪压片备用。

2. 性能

聚苯乙烯功能化石墨烯以单层或多层形式存在，并能均匀稳定地分散于聚苯乙烯基体中，少量功能化石墨烯的添加便能使聚苯乙烯复合材料的热稳定性以及力学性能有所提高，同时复合材料的玻璃化转变温度也随之升高，拉伸强度及储能模量大幅增加。

八、功能化石墨烯改性 POE/PS 纳米复合材料

1. 制备方法

（1）氧化石墨(GO)的制备

采用改进的 Hummers 法制备 GO。具体步骤如下：在干燥的烧杯中加入 23mL 质量分数为 98%的浓硫酸，冰水浴中冷却至 4℃以下，搅拌下加入 1g 石墨烯片和 0.5g $NaNO_3$ 的混合物，随后缓慢加入 3g $KMnO_4$，将反应体系的温度控制在 20℃以下，继续搅拌反应 5min 后将体系温度升至（35±3)℃，恒温搅拌 30min 后在激烈搅拌下加入 46mL 去离子水。将上述体系转入加热的油浴锅，体系反应温度在 98℃左右，保持 15min，然后加入 71mL 热的去离子水进行高温水解，并加入 6mL H_2O_2 中和未反应的强氧化剂，趁热抽滤并用去离子水充分洗涤至中性，干燥待用。

（2）G-EDA 的制备

将 300mg GO 加入 300mL DMF 中，超声剥离 1h，得到均一分散的 GO 溶液。将上述体系移至 95℃油浴中，加入 0.9mL 浓氨水和 3.6mL EDA 后，继续反应 6h。反应结束后产物经抽滤并用无水乙醇充分洗涤。产物于 60℃真空干燥 24h 后备用。

（3）POE-*g*-MAH 的制备

将 5g MAH 超声溶解在 60～80mL 丙酮中，待完全溶解后与 500g POE 混合并经自然干燥后在同向双螺杆挤出机上进行熔融共混制备 POE-*g*-MAH。

（4）PS/POE-*g*-MAH/G-EDA 纳米复合材料的制备

利用熔融共混法在混炼机上制备 PS/POE-*g*-MAH/G-EDA 纳米复合材料。具体制备过程（以 G-EDA 质量分数为 5%的 PS/POE-*g*-MA/G-EDA 纳米复合材料的制备过程为例）如下：将定量的 PS、POE-*g*-MAH 以及 G-EDA 混合均匀后，在混炼机上于 200℃下混炼 15min，螺杆转速为 50r/min。所得共混物经平板硫化机热压成片材，热压温度为 200℃，压力为 10MPa。片材经裁

片得到长×宽×厚为62.5mm×3.25mm×0.5mm的哑铃形试样和宽×厚为10mm×0.5mm的矩形试样。复合材料中，POE-*g*-MAH的质量分数固定为6%。G-EDA的质量分数分别为0、0.25%、0.5%、0.75%和1%。

2. 性能

① 采用熔融共混法制备PS/POE-*g*-MAH/G-EDA纳米复合材料，POE-*g*-MAH和纳米填料G-EDA的加入提高了纯PS的拉伸强度和冲击强度，当G-EDA质量分数在0.5%～0.75%之间时，PS/POE-*g*-MAH/G-EDA纳米复合材料的综合力学性能最佳。

② 随着G-EDA含量逐渐增加，PS/POE-g-MAH/G-EDA纳米复合材料的维卡软化温度和硬度提高；熔体流动速率呈下降的趋势，但仍然比纯PS高。

③ FTIR分析表明，ED成功接枝于GO的表面。熔融共混过程中PS-*g*-MAH的酐基与G-EDA的氨基形成氢键作用。SEM分析表明，在G-EDA含量较低时（质量分数小于0.5%），G-EDA能均匀分散于基体中；而在G-EDA含量较高时（质量分数大于0.5%），G-EDA发生了局部团聚现象。

九、功能化石墨烯片/碳纳米管协同改性PS纳米复合材料

1. 制备方法

（1）GS-EDA的制备

GS-EDA由石墨烯片经过多步反应得到。石墨烯片先在强氧化剂条件下氧化得到氧化石墨烯（GO），GO经功能化试剂（DCC、DMAP、EDA）接枝得到乙二胺接枝氧化石墨（GO-EDA），最后GO-EDA经过高温回流还原得到GS-EDA。

（2）MWNT-COOH的制备

将2g MWNT（多壁碳纳米管）缓慢加入装有50mL浓硝酸和150mL浓硫酸的烧瓶中，经超声波分散获得MWNT-COOH。控制体系温度为35～40℃，超声时间4h。体系经过滤后于80℃下干燥24h备用。

（3）PS-*g*-MAH的制备

按照质量比*m*(PS)/*m*(MAH)/*m*(DCP)=100/5/0.2，分别称取500g PS、25g MAH和1g DCP，倒入烧杯中，然后加入适量的丙酮润湿物料，搅拌使MAH和DCP均匀涂覆在PS颗粒的表面。待丙酮彻底挥发完后，使用双螺杆挤出机将混合物进行熔融接枝获得PS-*g*-MAH，挤出物经造粒机造粒后置于烘箱中烘干，备用。

（4）GS-EDA/MWNT-COOH/PS-*g*-MAH纳米复合材料的制备

在复合材料的制备过程中，固定填料（GS-EDA和MWNT-COOH）的总

质量分数为 0.5%，改变 GS-EDA：MWNT-COOH 质量比分别为 0：1、1：2、1：1、2：1 和 1：0。具体制备过程如下：称取对应质量的 GS-EDA 和 MWNT-COOH 于三口烧瓶中，再加入 40mL DMF 后超声处理 2h 获得均匀的分散液。将定量的 PS-*g*-MAH 加入 40mL DMF 中，在磁力搅拌下于 100℃下完全溶解。然后，将超声处理过的 GS-EDA 和 MWNT-COOH 分散液加入 PS-*g*-MAH 溶液中，继续搅拌 2h 后完成混合过程。混合体系经甲醇沉淀，并过滤、干燥得到 GS-EDA/MWNT-COOH/PS-*g*-MAH 纳米复合材料粉末。最后通过平板硫化机压片获得片材。热压温度为 200℃，压力为 10MPa。片材裁制成 62.5mm×3.25mm×0.5mm（长×宽×厚）的哑铃形样条，待测。

2. 性能（图 2-16～图 2-18）

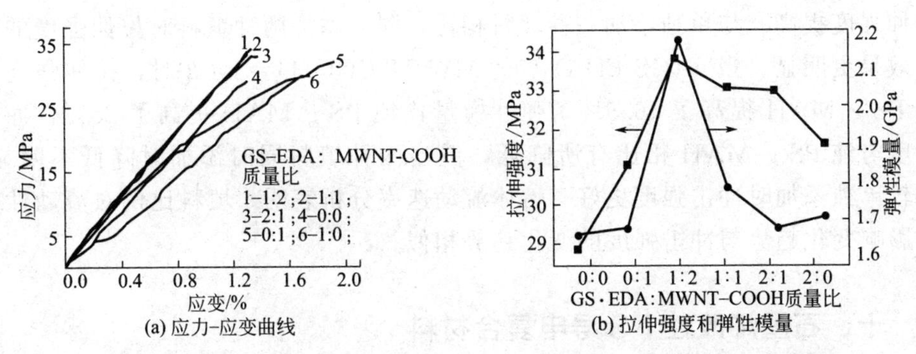

图 2-16　不同 GS-EDA/MWNT-COOH 配比的纳米复合材料的力学性能

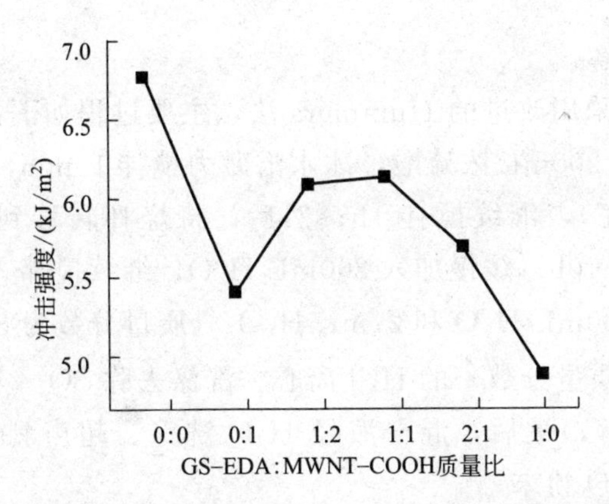

图 2-17　不同 GS-EDA/MWNT-COOH 配比下纳米复合材料的冲击强度

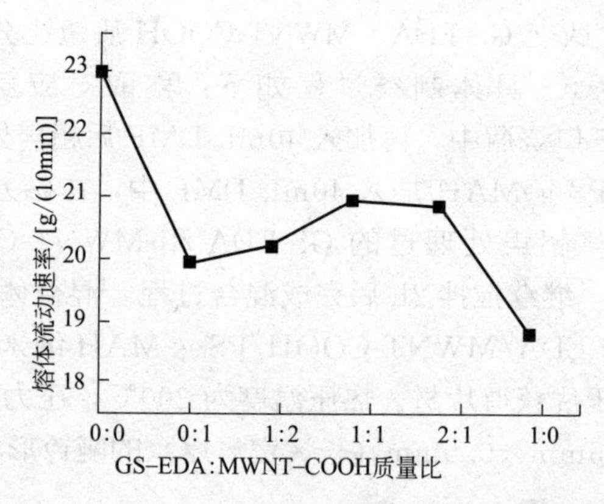

图 2-18 不同 GS-EDA/MWNT-COOH 配比下纳米复合材料熔体流动速率

GS-EDA/MWNT-COOH/PS-*g*-MAH 纳米复合材料随着填料的加入，其拉伸强度提高。与单独添加一种填料相比，同时添加两种填料对拉伸强度的改善效果更明显。当 *m*(GS-EDA)∶*m*(MWNT-COOH)＝1∶2 时，拉伸强度比纯 PS-*g*-MAH 提高了 16.5%，弹性模量比纯 PS-*g*-MAH 提高了 28%，冲击强度与纯 PS-*g*-MAH 相比有所降低，但当两种填料同时添加时降低不明显，且较单独添加时冲击强度更好。熔体流动速率分析表明，填料比例对流动性能的影响变化趋势与冲击强度的变化趋势相似。

十、石墨烯改性 PS 导电复合材料

1. 制备方法

(1) GO 的制备

GO 的制备是采用改进的 Hummers 法，主要过程如下：向装有 8.0g 石墨的烧杯中缓慢加入 200mL 浓硫酸，冰水浴磁力搅拌 10min，逐渐加入 24.0g 高锰酸钾（1h 内加完），继续搅拌 1h；然后，将烧杯转移到 30℃ 的水浴锅中，搅拌进行中温反应 10h。缓慢加入 200mL H_2O，继续搅拌 30min，完成高温反应；随后，加入 600mL H_2O 和 27mL H_2O_2（质量分数为 30%）搅拌冷却至室温，接着用 2%（质量分数）的 HCl 离心、洗涤去除 SO_4^{2-} 等离子（4%质量分数 $BaCl_2$ 溶液检测）；最后，混合液经 H_2O 洗涤、超声剥离、离心和冷冻干燥，得到褐色的 GO 粉末。

(2) 分散聚合制备阳离子聚苯乙烯（PS^+）微球

往配有搅拌杆、冷凝管、N_2 入口的 1000mL 三口烧瓶中加入 520g 体积分数为 90%的乙醇水溶液，接着加入溶有 2g 引发剂 AIBN 的苯乙烯单体 100g，

室温搅拌(300r/min)、氮气鼓泡 30min；随后，将体系温度升高至 70℃，恒速、恒温预反应 2h；预聚反应结束后，加入 3g DMC(溶于 50g H_2O)与 PS 预聚体接枝，N_2 保护反应 22h 后，得到乳白色混合液；最后，产物经离心、分离、洗涤和真空干燥后，得到聚苯乙烯阳离子微球。

(3) GNS/PS 复合材料的制备

称取定量的聚苯乙烯微球，超声分散溶于 200g 水中；然后，加入一定量的 GO 溶液，搅拌、超声分散 30min；随后，将混合溶液转移至 500mL 烧瓶中，加入与 GO 质量比为 1∶0.7 的水合肼；在 95℃加热回流 4h。还原反应结束后，经离心、水洗，真空干燥得到黑色的 GNS/PS 复合物粉末；最后，GNS/PS 粉末在预热 2min 后，经模压成型（10MPa，180℃，5min），制得 GNS/PS 复合材料。

2. 性能

静电自组装有利于形成较为完善的石墨烯导电网络，GNS/PS 复合材料具有极低的导电逾渗阈值（体积分数 0.09%)和较高的饱和电导率（25.2S/m)。结合表面 zeta 电位、复合物微观形貌的表征，对组装机理和结构-性能关系进行了讨论。此外，热重分析（TGA)结果表明，石墨烯的加入有效地改善了材料的热稳定性。

十一、还原氧化石墨烯改性 PS 导电复合材料

1. 制备方法

(1) 氧化石墨烯悬浮液的制备

氧化石墨烯是采用改性的 Hummers 法制备，首先利用浓硫酸和高锰酸钾氧化天然鳞片石墨得到氧化石墨，然后利用超声波剥离氧化石墨而得到氧化石墨烯悬浮液，最后冷冻干燥除去石墨烯悬浮液中的水而获得亮黄色的氧化石墨烯粉末。并在超声辅助分散 15min 情况下，得到 1.0mg/mL 的氧化石墨烯悬浮液。

(2) PS 微球的制备

利用分散聚合制备聚苯乙烯微球。首先将 2.0g 分散剂 PVP 和 60g 乙醇加入 250mL 圆底烧瓶中，搅拌 30min 使其完全成为均匀的溶液，然后通入氮气排净反应器中的空气；取 0.3g 引发剂 AIBN 使其完全溶解于 20g 苯乙烯中，并将其一次性倒入氮气保护下的反应器中；然后水浴升温至 70℃，机械搅拌(200r/min)下反应 8h；过滤，并用大量乙醇和水洗涤，清洗除去剩余的 PVP 和单体，50℃真空干燥 12h，从而得到直径 3μm 左右的单分散 PS 微球。

(3) CRGO/PS复合材料制备

在超声辅助条件下，将PS微球溶于水中形成一定浓度的乳液，再取一定量1.0mg/mL的GO悬浮液，并在磁力搅拌的条件下将PS乳液逐滴加入氧化石墨烯悬浮液中，旋蒸除去混合物中的水，并加入47%HI溶液，油浴升温到100℃，即磁力搅拌下原位还原吸附在PS微球表面的GO片；然后过滤，得到CRGO/PS粉末。

将上述CRGO/PS粉末在50℃真空干燥12h后，再在200℃、1.0MPa下将CRGO/PS粉末热压成型。

2. 性能

制备的复合材料表现出优异的电学性能，具有极低的逾渗阈值(CRGO体积分数0.07%)，CRGO体积分数为3.8%时，复合材料的电导率高达74.8S/m。

第三章 石墨烯改性工程塑料

第一节　石墨烯改性尼龙

一、石墨烯改性 PA6 的研究

尼龙 6（PA6）是最常用的尼龙材料，它熔点较低，工艺温度范围宽，为了提高 PA6 的耐热和力学等性能，经常加入改性剂。

东丽纤维研究所（中国）有限公司为了克服大尺寸石墨添加造成材料力学性能下降的缺陷，最先设想通过原位聚合获得 PA6/石墨烯复合材料，利用 Hummers 方法制备 GO，同时为了保持高导电性能，将原位聚合获得的复合材料热处理，以还原材料中的氧。该材料各方面性能均有所提高，电导率达到 6.5×10^{-3}S/cm，但由于石墨烯在 PA6 基体中发生团聚，大部分以微米级别存在，因此还不是真正意义上的 PA6/石墨烯复合材料。随后，浙江大学通过改性 Hummers 方法和原位聚合合成出纳米级别的 PA6/GO 复合材料。改性 Hummers 方法使 GO 边缘富含大量—COOH 和—OH 基团，GO 与己内酰胺原位聚合时，高分子链可以接枝到 GO 上，使 GO 的层间距大大增大，降低了其在基体中的团聚，X 射线光电子能谱（XPS）、傅里叶变换红外光谱（FT-IR）、热重分析（TGA）和原子力显微镜（AFM）分析表明接枝非常成功，他们将获得的复合材料通过熔融纺丝方法制备出 PA6/石墨烯纳米纤维，纤维的力学性能大大提高，当石墨烯含量达到 0.1%时，拉伸强度达到 123MPa，拉伸弹性模量达到 722MPa，展现出非常好的应用前景。随后，又通过差示扫描量热法（DSC）表征对该复合材料等温和非等温结晶动力学进行了研究。通过 Avrami 理论考察了降温速度对结晶速度的影响和结晶过程晶核的形成模型，在等温结晶时和非等温结晶时，纯 PA6 的活化能分别为 $-193.35kJ/mol$ 和 $-287.53kJ/mol$，添加 0.1%GO 时为 $-179.69kJ/mol$ 和 $-187.8kJ/mol$。值得指出的是，为了保持复合材料的导电性，GO 中的氧官能团最后通常要被还原，形成还原石墨烯（RGO），但氧官能团消失会使石墨烯和 PA6 的作用力减弱，造成力学性能等下降。为了兼顾两方面性能，大多数学者在制备最后阶段对材料进行还原处理如热处理。为了进行对比，研究人员比较了具有多层石墨烯结构的鳞片石墨烯（FG）、GO 插层化合物（GiC）和 GiC 的热处理还原剥离产物（EG）等三种石墨烯与 PA6 原位共聚复合材料的性能，发现 PA6/GiC 和 PA6/EG 的反应发生在石墨烯层间，PA6/FG 只在表面发生反应，并且 PA6/GiC 作用力最强。还原确实降低石墨烯与基体之间的作用力，随后，他们又进一步研究发现，当将 GO 在 1100℃热处理后与己内酰胺原位聚合时，由于分子间作用力减弱和分散不均匀，虽然拉伸强度由纯 PA6 的 124MPa 提高到 318MPa(含 0.2%GO)，但材料的断裂伸长率由 294%下降到 24%，材料的电导率最高达到 $1.0\times10^{-3}S/cm$(含 0.8%GO)还原后导电性能优势并不明显。

有人将石墨烯微片与 PA6 熔融共混制备复合材料，添加石墨烯与天然石墨相比，由于石墨烯比表面积大，材料的硬度、断裂伸长率和拉伸强度等力学性能有所提高，当石墨烯含量为 10%时，摩擦磨损性能最佳，摩擦系数和体积磨损率分别比纯 PA6 降低了 30%和 50%。还有人对熔融共混获得的 PA6/石墨烯复合材料热性能进行测试，发现石墨烯可以大幅度提高 PA6 的热导率。石墨烯体积含量达到 20%时，热导率为 4.11W/（m·K），提高 15 倍。为进一步提高熔融共混时石墨烯在 PA6 基体中的分散效果，有人用十六烷基三甲基溴化铵改性 GO。改性后，GO 分散性得到提高，性能提高。改性 GO 含量为 0.6%时，复合材料的力学性能最佳，拉伸强度提高 17.8%，断裂伸长率提高 4.7%，弯曲弹性模量提高 40.8%。研究人员还设计了更为复杂的改性方法，利用太阳光极化对 GO 剥离得到 SG，然后用聚电解质对 SG 表面改性，获得 P-SG，同时将碳纤维（CF）用酸氧化处理表面，得到改性碳纤维 O-CF，将 P-SG 和 O-CF 在水溶液中超声混合处理，获得石墨烯包覆 CF 复合粒子，将复合粒子与 PA6 熔融混合制备出复合材料。改性石墨烯相当于双面胶将 CF 和 PA6 基体黏结在一起，提高了填料与基体的相容性。复合材料力学性能得到提高，当添加 13%时，材料的弯曲弹性模量和强度分别为 4.9GPa 和 180.59MPa，与纯 PA6 相比，分别提高 42.30%和 67.31%。但工艺比较复杂。

有研究人员利用静电纺丝方法制备出蜘蛛网形状的 PA6/GO 纳米纤维、GO 通过氢键与 PA6 表面链接，整个过程电离加速度是关键，他们对 PA6/GO 蜘蛛网形状的纳米纤维进行水热解还原处理，在 125℃处理 3h，形成致密的 PA6/RGO 纳类纤维网。该纤维电导率可以达到 $10\times10^{-4}S/cm$，分别是纯 PA6 材料和 PA6/GO 材料的 300 倍和 3 倍。随后，他们用同样的方法设计合成出 PA6/TiO_2-RGO 复合材料，TiO_2 在水热处理过程引入。该材料与水的接触角几乎可达 0°，而纯 PA6 材料为 131.2°，表明该材料可用作水过滤材料。通过光催化降解亚甲基蓝实验发现该材料性能优异，可用作循环使用的光催化材料。

有人也做了类似水过滤材料研究，为进一步观察该方法获得的复合材料的微观结构，研究人员通过四甲基哌啶氮氧化物改性 GO，制备出 PA6 复合纤维，纤维平均直径为 225nm，长度为微米级别。透射电镜（TEMDK）和电子衍射(EDP)表征发现纤维中石墨烯为 1～4 层结构。他们还利用电子能量损失谱分析(EELS)研究了纤维内部单层改性石墨烯、PA6 纤维、无定形碳三者之间的连接方式和微观区别。

有人通过 GO 和 PA6 溶液聚合反应制备复合材料。利用 GO 上的—COOH 和聚乙烯醇(PVAL)上的—OH 发生酯化反应，制备出 PVAL 改性 GO，将改性 GO 和 PA6 溶液共混反应，过滤、干燥获得复合材料。TEM 和扫描电子显微镜(SEM)表征发现，改性 GO 在 PA6 基体中分散均匀，作用力增强，当添加量为 2.0%时，材料的拉伸强度和拉伸弹性模量达到 102.33MPa(比未改性提高 34%)和 2.11GPa(比未改性提高 41%)。有研究人员则通过己内酰胺水解开环产生的氨基和磺化石墨烯上的磺酸基进行溶液缩聚反应，将 PA6 分子接枝到 GO 上，复合材料与纯 PA6 相比，力学性能提高不明显，但具有快速结晶和高流动性，可以应用于快速成型，同时材料的热导率可以提高到 0.398W/(m·K)。

原位聚合分散均匀，但过程复杂，不易控制；溶液聚合分散均匀，但需要回收溶液，容易污染；熔融共混操作简单，但容易造成分散不均匀。还有人结合原位聚合和熔融共混的优点，先用原位聚合获得 PA6/GO 母粒，将母粒切片，通过熔融共混母粒和 PA6 制备得到 PA6/GO 复合材料。GO 含量达到 0.015%时，材料的模量达到最大值 342MPa，比纯 PA6 提高了 139%。

R. A. G. Ranola 等利用抗坏血酸还原 GO 为 RGO，然后采用真空沉积方法生成 PA6/RGO 复合膜。紫外-可见分光光度计（UV-Vis）表征发现 GO 被还原后，电子共轭结构重新生成，复合膜的电导率提高，且导电性能对三甲胺敏感，在三甲胺浓度在 23～230mg/L 之间有良好的线性关系，皮尔森系数为 0.988，检测限为 23.0mg/L，可以用于化学传感器领域。

二、氧化石墨烯改性高流动性 PA6

1. 制备方法

(1) 改性氧化石墨烯的制备

采用改进的 Hummers 法，加入溶剂和石墨烯微片，在 40℃下搅拌 6～7h，再加入水，在70℃下反应30min后，再与双氧水/水反应5～15min即成，而后加入适量的十六烷基三甲基溴化铵（CTAB），超声波超声处理10～20min，反复数次即可制得有机氧化石墨烯（OGO）。

（2）氧化石墨烯改性尼龙6复合材料的制备

将高流动性PA6在100℃下真空干燥8h，然后按一定比例与OGO通过高混机混匀，通过双螺杆挤出机共混挤出，切粒机造粒。将所得的粒料在90℃下真空干燥48h，通过注塑机得到所需样条。

2. 性能

OGO/高流动性PA6复合材料的拉伸强度、弯曲模量和断裂伸长率随OGO含量的增加呈现出先增大后减小的趋势，当OGO含量为0.6%时，复合材料的综合力学能达到最佳；拉伸强度提高17.8%，弯曲模量提高40.8%，断裂伸长率提高4.7%，实现了对高流动性PA6材料的力学性能的改善。

当OGO含量在2%以下时，OGO均匀分散在基体树脂中，含量超过2%时，OGO在基体树脂中团聚增加，导致复合材料的力学性能先增强后减弱。

三、氧化石墨烯改性PP/PA6

1. 制备方法

（1）氧化石墨烯的制备

氧化石墨烯的制备采用改进的Hummers法：将1.2g硝酸钠加入46mL浓硫酸中，向其中添加1.0g鳞片石墨，搅拌至混合均匀后，在冰水浴中搅拌并缓慢加入6.0g高锰酸钾。随后将体系加热至40°C，搅拌反应6～8h。然后在缓慢连续加入100mL水的同时，将体系升温至70℃，反应30min。加入200mL水和10mL双氧水，5～15min后停止反应，将反应液趁热抽滤。对该初产物加水离心洗涤若干次至体系pH=7，得到纯净的氧化石墨母液。将氧化石墨母液中加入一定量的十二烷基苯磺酸钠，超声10～20min（2～3次），得到均匀分散的氧化石墨烯溶胶。

（2）复合材料的制备

按实验设计配比称取一定量的氧化石墨烯溶胶分散在少量无水乙醇中并于超声波中分散一定时间，然后将悬浮液迅速加至处于高速搅拌状态的PP/PA6（控制PP/PA6质量比为70/30）中，高速混合5～10min，将混合物注入101-349型哈克密炼机的喂料口中，密炼机螺杆转速为50r/min，220°C条件下密炼15min，将密炼好的混合物在自主研发的压制模具上进行模压成型，制成标准样条，然后进行各种测试。

2. 性能

① 在熔融过程中氧化石墨烯表面环氧基团与尼龙 6 端氨基的化学反应是氧化石墨烯能增容 PP/PA6 的关键。

② 氧化石墨烯表面基团与共混物基体间的化学反应，不仅可提高氧化石墨烯与聚合物的相容性，还实现了对热力学不相容 PP/PA6 两组分聚合物体系的增容作用。

③ 通过共混物微观结构观察表明，氧化石墨烯对 PP/PA6 两组分聚合物具有良好的增容作用。

称取合适的 PA6 原料溶于盛有 40mL 甲酸的烧杯中，85℃下磁力搅拌使其完全溶解。按配方称取氧化石墨烯并将其溶于适量的水超声分散后，将其缓慢加入已溶解的 PA6 溶液中，磁力搅拌 5h 后停止反应，在鼓风干燥箱中 80℃下干燥至恒重。按上述方法分别制备成氧化石墨烯质量含量为 0.2%、0.5%、1%和 2%的 GO/PA6 复合材料。

四、石墨烯微片改性 PA6

1. 制备方法

原料于 90℃真空干燥 12h，将填料与 PA6 按一定比例用高速搅拌机预混后于 235℃密炼 15min 制得母料。称取适量母料和 PA6，于 220℃重复挤出 4 次得到具有梯度浓度的试样体系。将含量范围为 2%～12%（质量分数，下同）的试样注射成型，其中拉伸、冲击样条进行力学性能测试，弯曲样条剪裁并用 1200＃金相砂纸打磨抛光制成 4mm×6mm×30mm 规格样条，进行摩擦磨损性能测试。含量高于 12%的试样热压成型得片状试样，测试其电阻。

2. 性能

① GNPS 填充 PA6 的逾渗阈值为 15%，远低于 CB 的 30%。GNPS 填充 PA6 的最低电阻率比 CB 稍高。在导电性能方面，GNPS 优于 CB。

② 填料含量范围内，GNPS 作为具有自润滑作用的软质填料，在磨损过程中吸附并分散在摩擦副之间，提高了复合材料摩擦磨损性能。当 GNPS 含量为 10%时，摩擦磨损性能最佳，摩擦系数和体积磨损率分别比纯 PA6 降低了 30%和 50%；而作为硬质填料的 CB 有效提高了材料表层硬度，从而提高了材料耐磨性，但在磨损过程中 CB 不断释放到摩擦表面成为磨粒，导致摩擦因数变大，对材料的摩擦性能不利。综合减摩抗磨效果，GNPS 改性 PA6 摩擦磨损性能优于 CB。

③ 填料含量范围内，石墨烯微片超大的形状比、一定的自身强度、较好

的分散性及与基体较好的界面结合力提供了材料受力时填料与基体间良好的力转移，使材料拉伸性能有所提高。CB 填料与基体的机械结合产生界面缺陷导致相应材料拉伸性能下降。GNPS 改性 PA6 拉伸性能优于 CB。

④ GNPS 和 CB 的加入均提高了材料硬度，但材料冲击性能均降低。

五、石墨烯改性碳纤维增强 PA6 复合材料

1. 制备方法

石墨烯的制备：采用改性 Hummers 和 Offeman 的方法制备氧化石墨烯，并通过太阳光极化剥离氧化石墨烯的方式制备石墨烯。将 100mg GO 置于培养皿中，利用凸透镜聚焦太阳光极化照射，高能量的聚焦光在几秒内将 GO 剥离，还原成石墨烯。伴随着这一过程，氧化石墨烯的颜色由浅棕色变为深黑色，并且体积快速地膨胀。被太阳光还原的 GO 命名为“SG”。

PDDA 改性 SG 的制备：采用以下步骤改性 SG。将 200mg SG 分散在 800mL 去离子水中，加入 PDDA 配成质量分数为 0.5%的混合液，超声处理 30min，然后缓慢地加入 NaCl 至其质量分数达到 0.5%，反应 3h，过滤，用去离子水洗涤 5 次，除去未反应的 PDDA，置于真空干燥箱中，在 70℃下干燥 24h。PDDA 改性的石墨烯命名为“P-SG”。

石墨烯/CF 复合填料的制备：首先对 CF 进行预处理，将 CF 在丙酮中回流 48h，除去 CF 表面的杂质，然后将 CF 在 60℃下、69%HNO_3 中回流 4h，在 CF 表面引入含氧基团。所得 CF 命名为“O-CF”。最后，通过机械混合的方式制备石墨烯/CF 复合填料，将 P-SG 溶于去离子水中，超声处理 1h 形成稳定悬浮液，然后按照 m(O-CF)∶m(P-SG)＝100∶1 比例加入 O-CF，搅拌反应 12h，过滤，在 50℃下干燥 24h。所得石墨烯/CF 复合填料命名为“C-SG”。

PA6 复合材料制备：通过熔融混合的方式制备 PA6 复合材料，将双螺杆挤出机的温度设置为 250℃，螺杆速度为 100r/min。将 PA6 复合材料颗粒在 250℃、15MPa 条件下压缩 10min，然后冷却至室温，制备不同的 PA6 复合材料试样用于测试。

2. 性能

通过静电作用将 SG 与 CF 组装制备 C-SG，并制备了 C-SG/PA6 复合材料。与纯 PA6 相比，填料质量分数为 13%的 C-SG/PA6 复合材料的冲击强度、弯曲强度以及弯曲模量分别提升了 113.17%、67.31%和 42.30%。C-SG/PA6 复合材料的最小体积电阻率约为 6.0Ω·cm。PDDA 改性的 SG 相当于双面胶将 CF 与 PA6 基体黏结在一起，提高了填料与基体的相容性。与 CF/PA6 和 SG/PA6

复合材料相比，C-SG/PA6 复合材料具有更好的力学性能与导电性能。C-SG 与其他聚合物基体也有很好的兼容性，有望作为一种优异的填料来增强聚合物的力学性能。

六、氧化石墨烯改性 MC 尼龙复合材料

1. 制备方法

(1) 氧化石墨烯 (GO)的制备

将 10g $K_2S_2O_8$ 和 10g P_2O_5 加入 50mL、90℃的浓硫酸中，搅拌 30min；缓慢加入 10g 天然石墨，在 80℃下反应 10h，冷却至室温，加入 1L 去离子水，静置过夜，经水洗、干燥后得到预氧化石墨。

将干燥的预氧化石墨继续氧化。冰浴条件下，将 5g 预氧化石墨加入 150mL 浓硫酸和 10mL 浓硝酸混合溶液中，搅拌 1h，再向溶液中慢慢加入 25g 高锰酸钾，继续搅拌 11h；将溶液升温至 39℃，反应 4h；再添加 150mL 蒸馏水，将溶液升温至 90℃，反应 1h。待溶液温度冷却至室温，加入 1.4L 去离子水和 100mL 的 30%过氧化氢溶液，得到亮黄色悬浮液。用 1mol/L 稀盐酸和去离子水洗涤产物，超声剥离 100h，在 10000r/min 下离心 20min 取上层清液，透析至中性，将产物在 40℃下干燥，得到 GO 固体。

(2) MC 尼龙/GO 复合材料的制备

将己内酰胺与 GO 装入干燥的三口烧瓶中，加热熔融，然后超声分散 1h，使 GO 在基质中分散均匀，将混合物体系加热至 135℃，抽真空（保持真空度大于 0.1MPa)脱水，持续 20min，加入一定量氢氧化钠，继续抽真空，反应 15～20min，加热至 170℃左右，加入一定量的 TDI，快速搅拌均匀，然后迅速浇铸到已经预热的模具中，保温 30min，自然降至室温，脱模。

2. 性能

图 3-1 为不同 GO 质量分数（0、0.5%、1.0%)的 MC 尼龙/GO 复合材料的 TG 曲线。MC 尼龙对湿气敏感，所以 100～150℃出现小幅的质量损失，但随着 GO 的加入，可以看出 MC 尼龙/GO 复合材料吸湿性降低。另外，起始分解温度（285～295℃）存在少许的差异，MC 尼龙/GO 复合材料稍低，这可能与 GO 含氧官能团分解温度较低有关（150～250℃）。400℃时 MC 尼龙、含质量分数为 0.5%和 1.0%的 GO 的 MC 尼龙/GO 的残余质量分别为 2.5%、8.7%和 9.3%，即使考虑到 GO 添加导致残渣质量有所增加的情况，也不能否定由于 GO 的加入使复合材料耐热性有所增加，这种增加的耐热性可归因于 GO 表面官能团与尼龙分子链间存在的相互作用。

图 3-2 示出随 GO 含量的增加 MC 尼龙/GO 复合材料拉伸和弯曲强度的变化。由图 3-2 可以看出，随着 GO 的加入，复合材料弯曲强度明显增加，GO 质量分数达到 1%时，复合材料的弯曲强度达到最大 119.4MPa；GO 的微量加入使拉伸性能大幅度下降，但随着 GO 质量分数的继续增加，拉伸性能增加，这个趋势与功能化 GO 的改性效果有所不同，这可能与 GO 加入导致结晶性质变化有关。

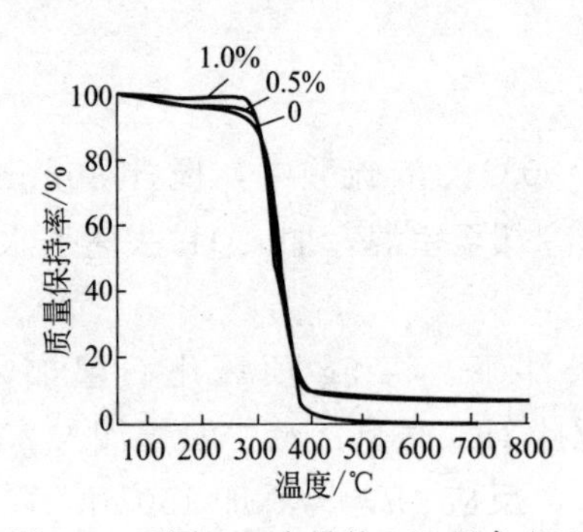

图 3-1 不同 GO 含量的 MC 尼龙/GO 复合材料的 TG 分析

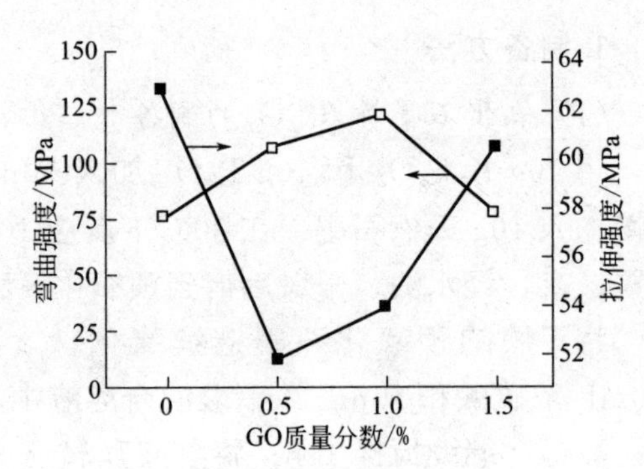

图 3-2 不同 GO 含量的 MC 尼龙/GO 复合材料力学性能

① GO 的加入对 MC 尼龙聚合并未产生严重影响，在 GO 存在下 MC 尼龙顺利聚合，可获得高强度 MC 尼龙/GO 复合材料。

② GO 的加入可使弯曲性能大幅增加，当其质量分数达到 1%时，弯曲性能达到最大；但 GO 的少量加入大幅影响 MC 尼龙的结晶性质，使复合材料拉伸强度呈现先下降后增加的趋势。

③ MC 尼龙/GO 复合材料的初始分解温度大于 280℃，GO 与 MC 尼龙分子量间存在一定程度的相互作用，使得高温下残余物的质量增大，从而使耐热性有所提高。

七、石墨烯改性 MC 尼龙的力学与摩擦性能

1. 制备方法

（1）*石墨烯的制备*

采用改进的 Hummers 法制备氧化石墨。将 3g 石墨、1.5g $NaNO_3$ 和 69mL 浓 H_2SO_4 加入三口烧瓶中搅拌 15min，再缓慢加入 9g $KMnO_4$，冰浴条件下磁力搅拌 2h；然后在 35℃水浴中搅拌反应 30min，缓慢加入 140mL 去离子水；再于 98℃反应 15min，加入 420mL 去离子水和 30mL H_2O_2，趁热过滤，用 5%盐酸洗涤 3 次，再用去离子水洗至中性，将所得产物置于真空干燥

箱中 60℃干燥 24h。称取氧化石墨 100mg 溶于 100mL 的去离子水中，超声处理 2h，制备氧化石墨烯分散液，在所得产物中加入 0.1mL 的水合肼，100℃反应 24h，所得产物过滤干燥，保存备用。

（2）石墨烯/MCPA 复合材料的制备

将己内酰胺（CP）和石墨烯（石墨烯质量分数分别为 0，0.025%，0.05%，0.1%，0.2%）加入三口烧瓶中密封，在 80℃下加热直至熔融，再超声分散 1h。然后移入磁力搅拌器中，开启真空，加热至 120℃，保持 15min，以脱去体系中所含水分和低沸点杂质。加入一定比例的 NaOH（0.3 mol/100mol CP），继续开启真空，加热到 160℃，保持 15min。解除真空，加入一定配比量的 TDI（0.3 mol/100 mol CP），搅匀快速浇铸入已预热至 170℃的模具中。在 170℃恒温聚合 30min，随炉冷却到室温，脱模得到板状样品，再机加工成标准样。

2. 性能

① 氧化石墨烯被还原后，原有的氧化石墨烯特征峰以及表面所含有的大量含氧官能团消失，还原效果理想。

② 添加 0.05%的石墨烯就能起到增强 MC 尼龙的作用，使其拉伸强度、弹性模量、弯曲强度和弯曲模量分别提高了 17.4%、14.7%、17.5%、24.3%。

③ 石墨烯含量为 0.025%时，复合材料的磨损量降低了 63.8%，但对复合材料的摩擦系数影响不大。随着石墨烯含量的增加，复合材料的磨损机理也发生了变化，由黏着磨损转变成为疲劳磨损。

八、氧化石墨烯改性 PA11

1. 制备方法

首先，采用经过改进的 Hummers 法，制备出石墨烯氧化物，采用蒸馏水反复洗涤石墨烯氧化物，待其显示为中性后，对石墨烯氧化物给予超声波分散处理，并在其中加入 $C_{11}H_{23}NO_2$，在高速混合机的搅拌作用下，使其混合均匀，经过抽滤处理后，将其置于真空烘箱保存，烘箱温度需保持在 80℃以下，烘干后将样品放入圆底烧瓶，在真空环境条件下进行高温反应，一般为 240℃，持续时间为 8h，采用双螺杆挤出机进行挤出、造粒，再次将样品置入真空烘箱，温度控制在 80℃以下，进行为期 12h 的干燥处理，将上述反应物质放置于干燥器。

2. 性能（表 3-1～表 3-3）

表 3-1　PA11/石墨烯氧化物纳米复合材料流动速率

配方	熔体流动速率/(g/10min)								
尼龙 11	6.5	5.5	6.1	6.1	5.5	6.7	6.7	6.0	6.073
0.1%	4.7	5.5	4.9	4.7	4.3	5.4	4.9	4.2	4.825
0.2%	4.3	4.3	4.9	4.7	5.5	4.9	4.9	4.1	4.735

表 3-2　PA11/石墨烯氧化物纳米复合材料的非牛顿指数 n

温度/℃	192			195		
石墨烯氧化物含量/%	0	0.1	0.2	0	0.1	0.2
n	0.613	0.593	0.620	0.692	0.662	0.629

表 3-3　PA11/石墨烯氧化物纳米复合材料的黏流活化能

$\Delta E\gamma_w$	PA11	0.05%	0.1%	0.2%	0.4%	0.8%
24.67	0.85735	0.53763	0.86949	0.60048	0.44976	1.48702
36.37	0.99578	0.65947	0.99683	0.79747	0.49758	0.79648
49.52	1.26476	0.74704	1.37683	0.89683	0.59576	0.48704
61.54	1.15738	0.83762	1.49740	0.70658	0.69883	0.38648
73.26	1.10373	0.77497	1.29704	0.68094	0.69783	0.59737

① PA11/石墨烯氧化物纳米复合材料为假塑性流体，石墨烯氧化物纳米复合材料含量的增加能够在一定程度上降低表观黏度，增强剪切应力。

② PA11/石墨烯氧化物纳米复合材料的剪切速率越大，表观黏度越小，呈现出明显的变稀现象。

③ 石墨烯氧化物纳米复合材料会在一定程度上降低表观黏度对温度的敏感性，在同一剪切速率下，石墨烯纳米复合材料含量越高，表观黏度会先增大后减小，有利于加工。

九、石墨烯改性 PA612

1. 制备方法

将干燥完全的 PA612 材料与增韧剂 EPDM-g-MAH、抗静电剂及其他助剂按比例加入高速混合机中，混合均匀后，用同向双螺杆挤出机熔融挤出，同时引入已表面处理的 GF，挤出料条经冷却吹干后通过切粒机造粒得到增强增韧抗静电 PA612 粒料。挤出温度为 220～275℃，机头温度为 260～280℃，喂料螺杆转速为 6～8r/min，挤出螺杆转速为 330～380r/min。然后将制得的粒料经注塑制备标准试样。注射温度为 250～270℃，喷嘴温度为 275℃，注射压力为 80MPa，注射速度为 50mm/s，成型周期为 120s。

2. 性能

不同种类、含量的抗静电剂对 PA612 表面电阻的影响，结果如表 3-4～表 3-6 所示。

表 3-4　不同含量导电炭黑的 PA612 表面电阻

试样	导电炭黑质量分数/%	表面电阻/Ω
纯 PA612	0	1×10^{14}
C-01	5	1×10^{14}
C-02	10	1×10^{11}
C-03	15	1×10^{9}

表 3-5　不同含量石墨烯的 PA612 表面电阻

试样	石墨烯质量分数/%	表面电阻/Ω
纯 PA612	0	1×10^{14}
G-01	1	1×10^{14}
G-02	3	1×10^{11}
G-03	5	1×10^{8}

表 3-6　不同含量碳纳米管的 PA612 表面电阻

试样	碳纳米管质量分数/%	表面电阻/Ω
纯 PA612	0	1×10^{14}
CN-01	1	1×10^{14}
CN-02	3	1×10^{13}
CN-03	5	1×10^{7}

① PA612 材料的抗静电性能测试结果表明，石墨烯、碳纳米管在表面电阻方面的渗流阈值明显小于导电炭黑，即石墨烯、碳纳米管作为 PA612 抗静电剂时，其抗静电效果优于导电炭黑，高用量下，添加碳纳米管的 PA612 材料表面电阻比添加石墨烯的低一个数量级，但其成本较高，故最终确定质量分数为 3%的石墨烯为 PA612 的抗静电剂。

② GF 能大幅提高 PA612 材料的拉伸与弯曲强度，而增韧剂能大幅提高材料的冲击性能，且当增韧剂质量分数不高于 10%时，材料的拉伸与弯曲强度下降幅度较小。

③ 当抗静电剂石墨烯质量分数为 3%、GF 质量分数为 40%、增韧剂 FP-DM-*g*-MAH 质量分数为 10%时，可制得增强增韧抗静电 PA612 材料，其拉伸强度为 120MPa，弯曲强度为 210MPa，常温缺口冲击强度为 10kJ/m^2，−45℃缺口冲击强度为 9.6kJ/m^2，表面电阻为 $1\times10^{11}\Omega$，满足 PA612 材料在储存、运输和使用过程中的抗静电要求。

十、石墨烯改性 PA46 复合材料

1. 复合材料的制备

将一定比例石墨烯（G）与 PA46 机械共混，混合一段时间，使石墨烯与 PA46 混合均匀，然后用双螺杆挤出机对混合料进行挤出造粒，将得到的粒料用注塑机进行注塑，注塑力学性能和摩擦性能试样。

2. 性能（表 3-7～表 3-9、图 3-3）

表 3-7　石墨烯改性 PA46 的 DSC 性能数据

成分	结晶初始温度/℃	结晶结束温度/℃	结晶峰宽/℃	结晶峰/℃	H_m/(J/g)
PA46	256.82	248.18	12.29	252.65	81.39
0.01%G/PA46	259.16	251.43	11.85	256.42	82.07
0.05%G/pA46	260.90	252.41	10.54	257.29	84.69
0.1%G/PA46	262.27	253.28	9.83	259.09	86.75
0.5%G/PA46	263.52	253.15	9.37	260.56	87.65

表 3-8　PA46 及复合材料的热性能

成分	$T_{5\%}$/℃	$T_{50\%}$/℃	T_{max}/℃
PA46	373	428	433
0.01%G/PA46	374	425	431
0.05%G/PA46	371	426	432
0.1%G/PA46	383	431	437
0.5%G/PA46	385	432	438

表 3-9　PA46 及石墨烯/PA46 复合材料的力学性能

成分	拉伸强度/MPa	弯曲强度/MPa	冲击强度/(kJ/m^2)	硬度
PA46	89.0	86.0	3.0	81.6
0.01%G/PA46	85.4	83.8	2.6	81.9
0.05%G/PA46	84.3	84.5	3.8	82.0
0.1%G/PA46	83.1	82.4	3.6	82.3
0.5%G/PA46	84.1	83.1	4.3	82.5

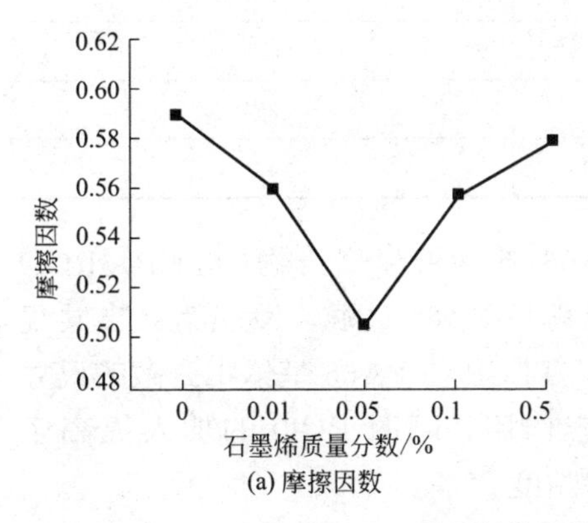

(a) 摩擦因数

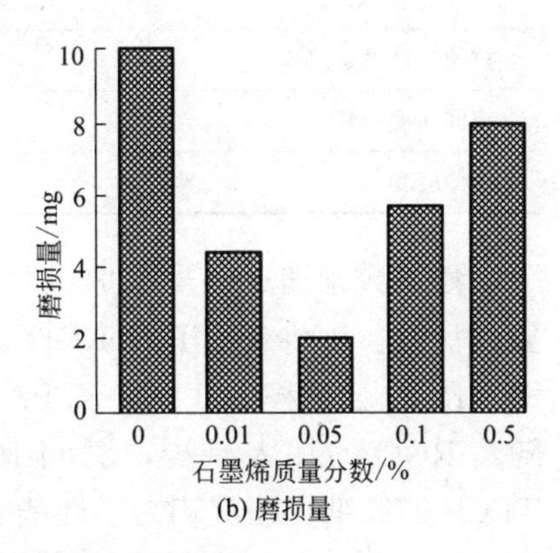

(b) 磨损量

图 3-3　石墨烯的含量对 PA46 摩擦磨损性能的影响

①石墨烯能够显著提高 PA46 的结晶性能及耐热性；②石墨烯的加入会稍微降低材料的力学性能，但是影响不大，当石墨烯含量为 0.1%时，拉伸和弯曲强度分别降低了 6.6%和 4.2%；③石墨烯可以明显改善材料的摩擦磨损性能，当石墨烯的含量为 0.05%时，复合材料具有最低的摩擦因数及磨损量，摩擦因数降低了 14.6%，磨损量只有纯 PA46 的 1/5。

十一、石墨烯改性 PA66 的研究

PA66 抗疲劳强度和刚性较高、耐热性较好、摩擦系数低、耐磨性好，石墨烯改性 PA66 主要集中在力学、导电和热性能等领域。

通过溶液共混法制备 PA66/石墨烯复合材料，发现石墨烯对 PA66 力学性能的影响与 PA6 一致，当石墨烯体积分数达到 1.338%时，复合材料的电导率上升到 9.72×10^{-3}S/cm，热失重速率最快的温度提高 22℃。E. L. Papadopoulou 等利用三氟乙酸和丙酮混合溶剂通过溶液共混制备获得 PA66/石墨烯复合膜。与常用的甲酸溶剂相比，该混合溶剂中两种溶剂之间形成氢键，石墨烯在混合溶剂中的分散性、稳定性更好、材料力学性能大大提高，比较结果见表 3-10。

同时材料具有半导体特性，在石墨烯含量为20%时，复合膜的电导率达到10^{-2}S/cm。利用溶液共混法获得PA6/PA66/PA610/GO三元共聚PA复合材料。研究发现，当GO添加量达到0.6%时，材料的拉伸强度达到最大49.85MPa（纯三元共聚PA为42.53MPa），结晶焓达36.49J/g（纯三元共聚PA为42.53J/g），这主要是由于形成氢键和GO在复合材料中具有成核剂异相成核作用促进材料结晶。

表3-10　不同溶剂制备的PA66/GO复合膜力学性能对比(GO含量2%)

项目	甲酸	混合溶剂
拉伸弹性模量/MPa	28	350
拉伸强度/MPa	0.01	22
拉伸应变/%	1	40

复旦大学通过两步法熔融共混制备PA66/热致液晶聚合物(TLCP)/RGO复合材料。先将TLCP和RGO共混，然后再与PA66共混，发现第二步共混时，RGO会迁移到TLCP和PA66的界面，TLCP在PA66基体中分散的尺寸随着RGO的加入减少，说明RGO有增容作用。同时RGO的加入提高了TLCP的纤维化程度和力学性能、降低了其黏度。

S. H. Bahrami等首先通过静电纺丝法制备出PA66/石墨烯纳米片复合纤维，然后将复合纤维与环氧树脂制备层压板复合材料。石墨烯纳米片含量为1%时，复合纤维力学性能最好，静态压痕测试表明层压板中17.5μm厚度的纳米纤维有最佳的增韧效果。

为了对比不同制备方法对PA66/GO复合材料性能的影响，U. Jorge等比较了静电纺丝法和化学沉积法两种方法制备的PA66/GO复合涂层，两种涂层的性能均优于纯PA66涂层，其中含2% GO的复合涂层性能最佳。V. S. Carlos等则比较了静电纺丝法和熔融共混法制备的一维的纳米碳管，氧化纳米碳管和二维的GO及RGO四种纳米碳材料改性PA66，对比发现在静电纺丝法中碳材料的氧化改性对性能提升有较好效果，增强了填料与基体的作用力和结晶分子氢键作用，提高了分散性和热性能。与PA66/纳米碳管复合材料相比，PA66/RGO复合材料中晶体尺寸最小。由于二维的GO与基体作用面积大，使填料与基体间作用力大和内部自由能减少，PA66/GO复合材料的性能更佳，材料的储能模量提高了139%（与纯PA66相比），玻璃化转变温度（T_g）提高6℃。

第二节　石墨烯改性聚碳酸酯

一、简介

聚碳酸酯（PC）是分子链中含有碳酸酯基化合物的总称，通常可以根据其基团的不同分为脂肪族型、脂肪族-芳香族型、芳香族型等，且以双酚A型PC为主。PC的熔融温度为280～310℃，热分解温度大于400℃，透明性和冲击性能非常优异。目前广泛应用于汽车、电子电气、建筑、办公设备、包装、运动器材、医疗保健等领域。随着PC改性研究的不断深入，其正迅速拓展到航空航天、计算机等高科技领域。PC的改性途径主要有：与其他聚合物共混、用无机材料改性等。而玻璃纤维（GF）短切原丝增强PC是目前比较普遍使用的方法。经GF增强后，材料的耐热性、力学性能、尺寸稳定性能等得到了很大的改善，甚至可替代很多金属材料和其他材料，在工程领域中被广泛应用。目前，该领域主要的工作方向是浸润剂和黏结剂的开发，通过提高GF与被增强基材PC的偶联作用，最大限度地发挥GF的增强作用，体现复合材料的耦合效应。将GF表面进行处理，然后加入PC基体树脂中，复合材料的拉伸强度、弯曲强度有明显的提高，但一般情况下其冲击性能则急剧下降，该问题成为制约GF增强PC材料进一步发展的瓶颈。

石墨烯是单原子厚度 sp^2 原子二维片层材料，被誉为“世界上最薄的材料”，并有着巨大的潜在应用。在制备聚合物/石墨烯复合材料时，石墨烯的良好分散性及其与基体间良好的界面交互作用是保证复合材料优异力学性能的两个主要关键点。目前石墨烯进行修饰的主要方法是在石墨烯表面以化学共价键结合上化学功能团，即先制备表面功能化的石墨烯，通常包括“嫁接从”和“嫁接上”两种方法。研究人员将石墨烯直接与PC熔融共混，它们之间的界面作用得到了提高；还有人熔融共混制备得到石墨烯/PC复合材料，与纯PC相比复合材料的力学性能得到了提升。

二、石墨烯改性高韧性高刚性玻璃纤维增强PC

1. 制备方法

(1) 表面功能化石墨烯（FGS）的制备

将天然石墨粉用改进Hummers法处理得到氧化石墨烯（GO），将得到的

GO 溶于二甲基甲酰胺中，常温搅拌 1h 后与己二胺在 60℃回流反应 12h 后，用乙醇多次洗涤过滤去除杂质，在 80℃真空干燥，得到 FGS。

（2）复合材料的制备

首先，PC 在 120℃下干燥 12h；然后将 0.03 份 FGS 与配方中的其他各组分预先充分混合均匀，在双螺杆挤出机中熔融共混造粒（机筒温度为 250～280℃），得到包含 FGS 的 GF 增强 PC 复合材料。为了便于对比，在不添加 FGS 的前提下，按上述方法制备无 FGS 的 GF 增强 PC 复合材料。在上述复合材料中，PC 与 GF 共为 100 份，GF 的填充量分别取 0 份、3 份、5 份、8 份、10 份、13 份、15 份、20 份、30 份。

共混粒料用注塑机制成标准样条，注射温度 260～280℃，试样放置 24h 后测试。

2. 性能（图 3-4、图 3-5、表 3-11）

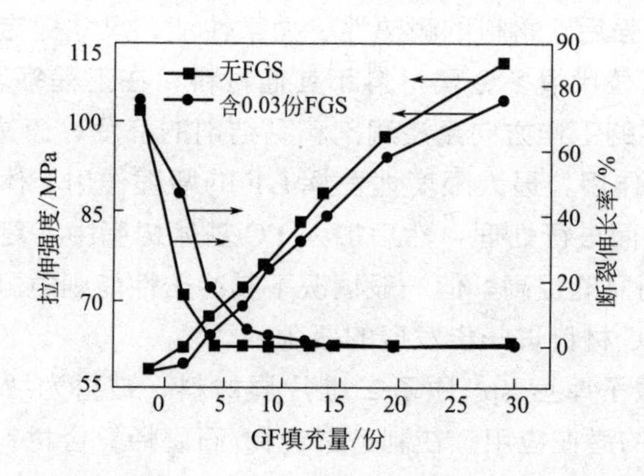

图 3-4　不同 GF 填充量对 PC 材料的拉伸强度、断裂伸长率的影响

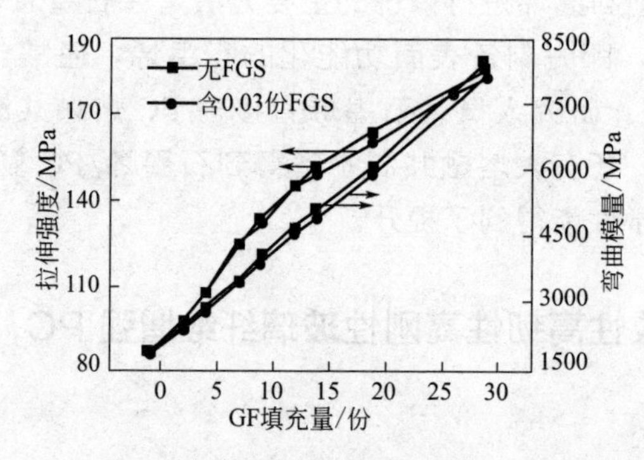

图 3-5　不同 GF 含量对复合材料的弯曲强度、弯曲模量的影响

表 3-11　GF 添加量对增强 PC 的冲击强度的影响

GF 填充量/份	缺口冲击强度/(kJ/m^2)		无缺口冲击强度/(kJ/m^2)	
	无 FGS	0.03 份 FGS	无 FGS	0.03 份 FGS
0	65.7	65.7	560	560
3	9.4	10.9	481.3	490.5
5	7.9	10.1	183.3	358.3
8	8.8	9	84.9	296.7
10	8.1	9.2	63.7	243.8
13	10.4	10	56.9	175
15	10.5	9.6	54.8	83.3
20	12.4	16.5	49.5	54.2
30	13.1	15	44.3	47.2

注：无缺口冲击强度是通过用 2.75J 能量的摆锤重复冲击（摆锤冲击高度设定为 49cm）至无缺口样条断裂所需的总能量，并计算得到的冲击强度。

添加少量的 FGS 后，复合材料的强度、刚性得到提高的同时，其韧性不会急剧下降；与之对比，当体系中没有添加 FGS 时，虽然强度、刚性等力学性能随着 GF 的添加明显提高，但是材料的韧性大大降低，限制了 GF 增强 PC 的使用范围。

三、用旋涂法制备石墨烯改性 PC 复合膜

1. 制备方法

(1) 氧化石墨烯分散液

利用改进的 Hummers 法制备未剥离的氧化石墨烯（记为 u-GO），然后取 0.1g 的 u-GO 样品，倒入 100mL 的 DMF 中，室温下剧烈搅拌 24h，再在 50℃ 下超声 2h，静置，离心取上清液，为 GO 分散液。下层沉淀进行干燥称重，计算 GO 剥离效率。经计算得，GO 剥离效率约为 40%，可以得出所得 GO 分散液的浓度为 0.4g/L。

(2) $NiAl\text{-}LDH\text{-}NO_3$ 分散液

采用共沉淀法制备 $NiAl\text{-}LDH\text{-}NO_3$。称取一定量的硝酸镍和硝酸铝溶于水中，配成 1L 的金属硝酸盐溶液，使得 [Ni^{2+}] 和 [Al^{3+}] 分别为 0.3mol/L 和 0.1mol/L，另配制浓度为 1.5mol/L 的氢氧化钠溶液。在强烈搅拌下，取 500mL 上述盐溶液，并同时向 1L 的三口瓶中等速缓慢滴加上述盐溶液和碱溶液，控制在 2h 滴加完全，并调节 pH 值在 9 左右。室温下，继续搅拌 2h，再

转移至烘箱中 70℃陈化 24h。将得到的乳胶状产物先后用去离子水和乙醇反复洗涤至中性，然后分散到 DMF 中，超声分散 0.5h，得层离的 NiAl-LDH-NO_3 分散液。LDH 分散液要现配现用，不能长时间放置。另外，将上述乳胶状产物在 80°C 下真空干燥 24h，研磨后得到绿色粉末，记为 u-LDH。

（3）旋涂制备复合膜

旋涂之前，先要对玻璃基片进行处理：先用去离子水超声 0.5h，再用乙醇超声 0.5h，再用去离子水超声 0.5h，最后用丙酮超声 0.5h，烘干。将处理后的基片放在如图 3-6 所示的旋涂仪的样品台上，尽量保持其在样品台的中央。称取一定量的 PC 粒料溶于四氯乙烷中，振荡混合，形成 0.1g/mL 的 PC 溶液。然后将一定量的 GO、LDH 分散液加入 PC 溶液中，使无机组分在复合材料样品的质量分数为 1%。然后，将 PC 溶液用注射器滴加到基片上，尽量使得液体铺满整个基片；先设置转速 600r/min 预转 10s，当 PC 平铺开以后，以 2000r/min 的速度旋转 30s。停转后，用吹风机吹干。再滴加分散液，与之前相同的预转速和转速使得分散液平铺，吹风机干燥，以此往复 50 次，最终制备得层层组装的 PC/无机物复合膜，分别为 PG(PC/GO)，PL(PC/LDH) 和 PLG (PC/GO/PC/LDH)。将上述复合膜于 80℃真空干燥 12h，进行测试和表征。

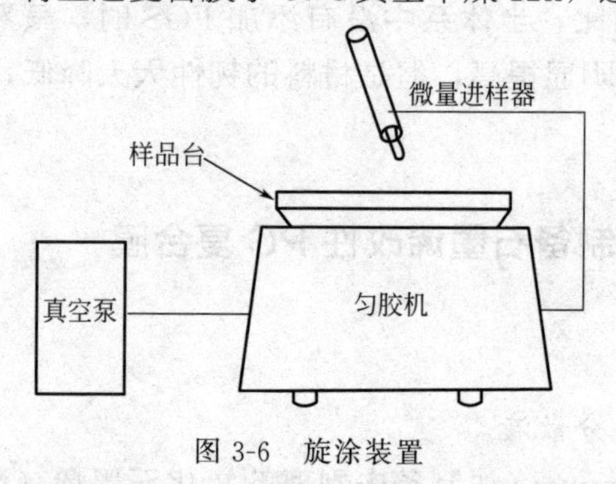

图 3-6 旋涂装置

2. 性能

① 通过 TEM 和 FT IR 等结构和组成分析可知，成功获得了剥离的 GO 和 LDH 分散液并将其与 PC 复合，制备出了复合薄膜。样品中观察不到明显的颗粒团聚，说明 GO 和 LDH 片层在 PC 中呈剥离状态，并且分散良好。

② UV-Vis 分析可知，薄膜透光率和纯 PC 相比略有降低，同时，在紫外区域的一定波长范围内，复合材料对紫外线的吸收率要强于纯 PC，在一定程度上提高了 PC 的抗紫外性能，缓解了 PC 的黄变。

③ 从 MCC 阻燃分析结果可以看出，GO 与 LDH 起到了协同阻燃的作用，尤其是可以使 PC 材料燃烧时的总热释放量 THR 得到较大程度的改善，表现出较高的阻燃效率。

第三节　石墨烯改性聚对苯二甲酸乙二醇酯

一、简介

聚对苯二甲酸乙二醇酯（PET）的力学性能优异，尺寸稳定性好、耐磨损，耐老化、耐疲劳，常用于饮料瓶和服装领域。但 PET 较差的抗静电性能限制了其在服装领域的应用，因此，必须通过改性的方法来提高其抗静电性能。在研究或工业生产中，通常采用抗静电剂来提高 PET 的抗静电性能，但这些抗静电剂的性能及其与 PET 的相容性在一定程度上会影响 PET 纤维的其他性能。

将石墨烯与 PET 复合，可以赋予 PET 纤维抗菌抑菌、远红外以及导电性能。采用熔融共混法制备了 PET/石墨烯复合材料，石墨烯在 PET 基体中均匀分散，石墨烯片层的卷曲和褶皱可以在 PET 基体中形成网络，从而有效提高了复合材料的导电性能。利用原位聚合法制备了 PET/石墨烯改性树脂，改性后树脂展现出一个相当低的导电阈值，赋予 PET 较好的导电性能。但是，PET 作为一种半结晶聚合物，石墨烯的引入与界面性质的改变将影响其结晶行为，从而影响材料最终的使用性能和加工性能。

二、原位聚合制备石墨烯改性 PET

1. 制备方法

对苯二甲酸（PTA）与乙二醇（EG）酸醇比为 1∶1.5，对应质量分别为 700g 和 392g；催化剂（乙二醇锑）0.021%；热稳定剂（磷酸）0.001%；石墨烯的添加量分别为 0.000、0.075%、0.100%、0.300%、0.500%，其中质量分数均以理论所得 PET 为依据。

将石墨烯、KH560 分别在 EG 分散液中超声分散 30min，然后将二者混合再超声分散 150min；其中，KH560 的加入量为石墨烯质量分数的 10%。将石墨烯分散液和 PTA、催化剂、稳定剂在高速剪切乳化机中以转速 1000r/min 搅拌 60min。将上述悬浮液投入 3L 聚合反应釜中，进行酯化、缩聚反应。整个过程在 N_2 保护下进行，设定釜内压力为 0.25MPa（绝对压强），搅拌速度为 68r/min，酯化温度为 240℃，缩聚温度为 285℃，当达到预设的搅拌功率时，缩聚结束，出料并切粒。

采用直接酯化法合成 BHET，经缩聚合成 PET，主要的化学反应式如下：

① 直接酯化反应：

$$HO-\overset{\overset{O}{\|}}{C}-C_6H_4-\overset{\overset{O}{\|}}{C}-OH + 2HO-CH_2CH_2-OH \xrightarrow[-2H_2O]{\text{酯化}}$$

$$HO-CH_2CH_2-O-\overset{\overset{O}{\|}}{C}-C_6H_4-\overset{\overset{O}{\|}}{C}-O-CH_2H_2-OH$$

② 缩聚反应：

$$nHO-CH_2CH_2-O-\overset{\overset{O}{\|}}{C}-C_6H_4-\overset{\overset{O}{\|}}{C}-O-CH_2CH_2-OH \xrightarrow[-(n-1)\ HOCH_2CH_2OH]{\text{缩聚}}$$

$$\left[\overset{\overset{O}{\|}}{C}-C_6H_4-\overset{\overset{C}{\|}}{C}-O-CH_2CH_2\right]_n$$

2. 性能

不同石墨烯含量的石墨烯/PET 切片，其特性黏度值见表 3-12，从表 3-12 中可以看出，在同一搅拌功率下出料，石墨烯的加入使 PET 的特性黏度略有下降，当石墨烯含量增大到 0.500%时，其特性黏度仅降低了 0.006dL/g，即石墨烯对 PET 分子量的影响较小。

表 3-12　不同石墨烯含量样品的特性黏度

石墨烯质量分数/%	0.000	0.075	0.100	0.300	0.500
特性黏度[η]/(dL/g)	0.642	0.641	0.638	0.638	0.636

从表 3-13 中可看出，石墨烯/PET 的外延分解起始温度（失重为 5%）、半寿温度（失重为 50%）、总残留率均大于纯 PET，且随着石墨烯含量的增加，分解温度提高，当石墨烯含量为 0.300%时，石墨烯/PET 的外延分解起始温度比纯 PET 的高 6.61℃。由此可得，石墨烯/PET 的热稳定性高于纯 PET。

表 3-13　纯 PET 和石墨烯/PET 的热重分析比较

石墨烯质量分数/%	0.000	0.075	0.100	0.300	0.500
外延分解起始温度/℃	407.00	411.10	411.90	413.61	413.60
半寿温度/℃	449.63	450.09	451.07	453.01	453.60
总残留率/%	10.79	10.79	10.97	12.97	13.02

从表 3-14 中可看出，石墨烯的加入提高了 PET 的 T_0 和降低了 PET 的 ΔT。当石墨烯含量为 0.075%时，石墨烯/PET 比纯 PET 的 T_0 提高了 5.04℃，ΔT 降低了 29.37℃，且石墨烯含量越大 T_0 越高，ΔT 越小，即石墨烯的加入提高了 PET 的结晶温度和结晶速率。

表 3-14　石墨烯/PET 的 DSC 数据

石墨烯质量分数/%	T_0/℃	T_P/℃	ΔH_m/(J/g)	T_m/℃	X_C/%
0.000	195.00	157.06	31.66	234.20	25.21
0.075	201.04	191.26	32.97	239.03	26.27
0.100	198.10	188.79	34.98	240.17	27.89
0.300	203.31	195.46	39.57	243.68	31.52
0.500	205.17	197.79	36.21	244.99	28.97

① 经 KH560 处理后，石墨烯片层表面褶皱更加明显，分散效果较好。通过原位聚合法制备的石墨烯/PET，在实验范围内，石墨烯/PET 中未检测到石墨烯与 PET 大分子之间的化学结合键。

② 石墨烯的加入使 PET 的特性黏度略有下降，当石墨烯含量增大到 0.500%时，其特性黏度仅降低了 0.006dL/g，即石墨烯的加入对 PET 分子质量的影响较小。

③ 石墨烯的加入提高了 PET 的热稳定性且改善了 PET 的结晶行为，石墨烯在石墨烯/PET 中起到成核剂的作用，结晶曲线中出现了细而窄的结晶峰，熔融曲线中出现了明显的熔融双峰。当石墨烯含量为 0.075%时，石墨烯/PET 比纯 PET 的结晶峰顶温度 T_p 提高了 34.20℃，过冷度 ΔT 降低了 29.37℃，即石墨烯的加入提高了 PET 的结晶度和结晶速度。

三、石墨烯改性 PET 纳米复合材料

1. 制备方法

利用 2.5L 聚合反应釜，采用原位聚合方式合成不同石墨烯含量的 PET/GN 复合材料样品。

2. 性能

石墨烯（GN）改性 PET 的常规性能见表 3-15。

表 3-15　PET/GN 样品常规性能

样号	GN 含量/%	η/(dL/g)	DEG/%
0	0	0.668	1.70
1	0.1	0.664	1.57
2	0.3	0.670	1.83
3	0.5	0.666	1.52
4	0.7	0.671	1.73

表 3-16 是 PET/GN 纳米复合材料的 XRD 数据。

表 3-16 PET/GN 纳米复合材料的 XRD 数据

项目	GN 含量/%	1(0-11)	2(010)	3(−110)	4(100)	5(0-21)
2θ/(°)	0	16.505	17.132	22.588	25.721	32.605
	0.1	16.616	17.353	22.818	25.943	32.541
2θ/(°)	0.3	16.561	17.409	22.873	25.887	32.541
	0.5	16.847	17.584	22.929	26.007	32.826
	0.7	16.902	17.639	23.049	26.062	32.827
d/nm	0	0.543	0.523	0.401	0.355	0.286
	0.1	0.539	0.517	0.398	0.352	0.287
	0.3	0.541	0.515	0.397	0.353	0.287
	0.5	0.532	0.510	0.396	0.352	0.284
	0.7	0.530	0.509	0.394	0.351	0.284
L/nm	0	46.446	46.618	48.232	49.430	52.863
	0.1	38.648	38.823	40.178	41.184	43.931
	0.3	37.530	37.557	39.043	39.985	42.672
	0.5	37.251	37.474	38.711	39.669	42.427
	0.7	32.868	33.319	34.177	35.008	37.425

部分热力学参数见表 3-17。

表 3-17 GN/PET 样品常规性能

样号	GN 含量/%	T_{mc}/℃	T_0/℃	T_e/℃	D/℃
0	0	181.32	201.13	123.71	77.42
1	0.1	202.99	217.35	150.63	66.72
2	0.3	203.66	219.19	149.71	69.48
3	0.5	204.99	219.89	147.94	71.95
4	0.7	208.83	223.12	149.33	73.79

注：T_0 为结晶起始温度；T_e 为结晶结束温度；D 为 T_0-T_e。

从表 3-18 中可以看出，在相同的降温速率下，PET/GN 纳米复合材料的半结晶时间 $t_{1/2}$ 比纯 PET 小，表明石墨烯的加入可以明显提高 PET 的结晶速率，并且随着 GN 含量的增加，半结晶时间 $t_{1/2}$ 呈现先降低后增加的趋势，在 GN 添加量为 0.5%时 $t_{1/2}$ 最小，结晶速率最快。

表 3-18 PET/GN 样品熔融结晶的非等温结晶动力学参数

样号	GN 含量/%	n	Z_c	$t_{1/2}$/min
0	0	3.04	0.77	2.00
1	0.1	2.16	0.82	1.85
2	0.3	2.12	0.83	1.82
3	0.5	2.05	0.85	1.61
4	0.7	1.92	0.82	1.82

① XRD 表明，GN 的加入并没有改变 PET 的晶型结构，但随着 GN 添加量增加，晶面间距随之减小，微晶尺寸也随之减小，GN/PET 纳米复合体系形成了更加紧密的晶体结构。

② PET/GN 纳米复合材料的半结晶时间与纯 PET 相比明显减小，且 $t_{1/2}$ 呈现先降低后增加的趋势，在 GN 添加量为 0.5%时 $t_{1/2}$ 最小，结晶速率最快；Avrami 指数 n 值随着 GN 添加量的增加逐渐减小，加入 GN 后的纳米复合材料结晶速率常数 Z_c 明显大于纯 PET，GN 在 PET 的结晶过程中起到了异相成核的作用，使 PET 的结晶成核机理和生长方式均发生改变。

四、石墨烯改性 PET 抗静电纤维

1. 制备方法

(1) 抗静电 PET 的制备

将 PET 切片加到反应釜中，加热熔融后，加入质量分数分别为 0.5%、1.0%、1.5%、2.0%的石墨烯，搅拌均匀，冷却出料，得到石墨烯掺杂的抗静电 PET，分别记作 PET-0.5、PET-1.0、PET-1.5、PET-2.0。

(2) PET 纤维的制备

先将纯 PET 或抗静电 PET 于 135℃的条件下干燥 24h，然后利用纺牵联合机进行熔融纺丝。纺丝时采用分段控温法，设置螺杆温度分别为 230℃、250℃、250℃，计量泵温度为 266℃，纺丝组件温度为 275℃，纺丝速度为 48km/h。利用平行牵引机在 60℃的牵引温度和 160℃的定型温度，以 18km/h 的牵引速度进行牵引，并拉伸至 3 倍后得到 PET 纤维。

2. 性能

从表 3-19 可以看出，加入石墨烯后，PET 的玻璃化转变温度升高，而且随着石墨烯含量的增加而升高。

表 3-19　纯 PET 及抗静电 PET 的热性能　　单位:℃

试样	玻璃化转变温度	熔点	冷结晶温度	熔融结晶温度	质量损失 50%时的温度
PET	65	256	126	190	290
PET-0.5	78	241	134	198	290
PET-1.0	79	238	142	200	288
PET-1.5	81	236	147	201	289
PET-2.0	82	248	152	202	290

从表 3-20 可以看出：纯 PET 和抗静电 PET 的特性黏数均为 0.623～0.673dL/g，纯 PET 的拉伸强度为 3.05cN/dtex，断裂伸长率为 33.9%。加入石墨烯后，材料的拉伸强度降低，断裂伸长率增大，这是由于石墨烯的存在破坏了 PET 纤维的取向，导致其取向度降低，所以强度下降，韧性提高。随着石墨烯含量的增加，石墨烯的增强作用使抗静电 PET 纤维的拉伸强度提高，因此，与低石墨烯含量的 PET 纤维相比，石墨烯含量较高的 PET 纤维的拉伸强度更高。

表 3-20　纯 PET 及抗静电 PET 纤维的力学性能

试样	特性黏数/(dL/g)	拉伸强度/(cN/dtex)	断裂伸长率/%
PET	0.623	3.05	33.9
PET-0.5	0.673	2.00	44.6
PET-1.0	0.652	2.10	44.5
PET-1.5	0.643	2.20	44.4
PET-2.0	0.655	2.34	44.2

纯 PET 纤维为绝缘材料，其质量比电阻高达 $1.012\times10^{13}\Omega\cdot g/cm^2$，添加石墨烯后其质量比电阻下降了约 5 个数量级，PET-0.5、PET-1.0、PET-1.5、PET-2.0 的质量比电阻分别为 $7.875\times10^{8}\Omega\cdot g/cm^2$、$5.181\times10^{8}\Omega\cdot g/cm^2$、$2.086\times10^{8}\Omega\cdot g/cm^2$、$2.074\times10^{8}\Omega\cdot g/cm^2$，当石墨烯质量分数为 0.5%～1.5%时，随石墨烯含量增加，PET 纤维的质量比电阻逐渐降低。当石墨烯的质量分数大于 1.5%时，PET 纤维的质量比电阻降低不再明显，这是由于质量分数为 1.5%的石墨烯可以在 PET 基体中形成完整的导电通路，有效改善了 PET 的抗静电性能，但进一步增大石墨稀含量，改善效果则不再明显。

第四节　石墨烯改性聚对苯二甲酸丁二醇酯

一、石墨烯改性 PBT 的研究

1. 简介

聚对苯二甲酸丁二醇酯（PBT）具有优良的力学性能、高结晶速率以及良好的耐化学腐蚀性和电性能，被广泛应用于汽车、电子器件和机械零部件等工业领域。但是 PBT 的缺口冲击强度低、高温尺寸稳定性差以及其制品表面电阻率高而易富集静电等，限制了其应用，因此，对 PBT 进行改性具有重要的意义。目前 PBT 的改性方式主要有化学改性和物理改性。化学改性主要是共聚改性，即在 PBT 分子链上引入其他组分，在熔融过程中加入小分子二元醇或二元酸，从而改变分子链的原有结构，以提高 PBT 的柔顺性。物理改性则是指添加其他聚合物或者各种填充改性剂形成共混体系，最常见的就是加入各种无机纳米粒子如纳米 SiO_2；碳纳米管、蒙脱土和石墨烯等。对于 PBT/SiO_2 复合材料，加入微量的 SiO_2 即可使得 PBT 各项力学性能都有所提高，对石墨烯而言，由于其优异性能，PBT/石墨烯复合材料不仅能够提升力学性能，还能够改善 PBT 的热学和电学性能。

2. 石墨烯的功能化修饰

纳米石墨烯片由于其自身的小尺寸效应、表面效应以及强范德华力而极易在聚合物基体中发生团聚，分散不均匀，而石墨烯的疏水性以及化学惰性又令其与聚合物基体相容性差，导致复合材料的界面结合强度低。因而在应用中常要对它进行功能化修饰——主要包括共价键修饰和非共价键修饰两种。

（1）共价键修饰

共价键修饰是指利用石墨烯上的官能团与特定的小分子或者聚合物反应，将小分子或者聚合物接枝到石墨烯上，以改善石墨烯的分散性及其与聚合物基体之间的界面结合强度。一般而言，接枝改性之前需将石墨烯氧化为氧化石墨烯，以便在石墨烯上引入可反应的官能团（如羧基、羟基等）。研究人员先采用氯化亚砜（$SOCl_2$）活化氧化石墨烯上的羧基，再与十八烷基胺进行酰胺化反应，制备了长链烷基接枝的石墨烯。研究表明，经修饰的石墨烯可以很好地分散在四氢呋喃、三氯化碳等溶剂中。研究人员利用氨基四苯基卟啉或富勒烯与石墨烯的羧基酰化反应对石墨烯进行修饰，所制备的复合材料具有优异的非线性光学性质。有人利用石墨烯上的羟基与异氰酸酯反应对其进行修饰，经修饰后的石墨烯可在多种极性溶剂中稳定分散。还有人利用十八胺与石墨烯表面的环氧基团的开环反应，得到了能在有机溶剂中稳定分散的功能化石墨烯。也有人利用叠氮化钠与石墨烯中的环氧基反应，然后用氢化铝锂（$LiAlH_4$）还原，制备了氨基功能化的石墨烯。除了在石墨烯表面接枝小分子，还可以通过接枝聚合物来实现石墨烯的功能化。

通过酯化反应将聚乙烯醇接枝到氧化石墨烯上，结果表明接枝过程并未对石墨烯带来其他缺陷。而采用原子转移自由基聚合法（ATRP），可以成功将聚苯乙烯（PS）接枝到石墨烯表面，接枝后 PS 的玻璃化转变温度明显提高。质量分数 0.9%的石墨烯可使 PS 的拉伸强度提高 70%，杨氏模量提高 57%。也有研究人员通过共聚法制备了两亲性嵌段共聚物修饰的石墨烯，利用自由基引发剂（过氧化苯甲酰 BPO）使苯乙烯与丙烯酰胺（PAM）在石墨烯片层上共聚，得到 PS-PAM 嵌段共聚物修饰的石墨烯，并且在极性与非极性溶剂中都能具有较好的溶解性。

石墨烯的共价键修饰主要就是基团反应形成共价键，目前大部分的改性剂都是带氨基的单体。

(2) 非共价键修饰

石墨烯的非共价键的修饰主要是指利用 π-π 作用、表面静电作用疏水性等将功能化分子引入石墨烯上。对于卟啉、芘结构的小分子或聚合物可以通过 π-π 作用来修饰石墨烯。研究人员通过采用端基带芘的聚合物 PNINAAM 利用 π-π 作用对石墨烯进行修饰，得到了能够在水中良好分散的石墨烯。由于石墨烯表面的含氧基团带负电，可采用带正电的功能单体进行修饰。也有人采用带正电的离子液体聚合物对石墨烯进行功能化修饰，得到了能在水中稳定分散的石墨烯。因为石墨烯表面的疏水性，利用两亲性的分子的疏水部分与石墨烯相互作用，将表面活性剂或者两亲性聚合物引入石墨烯片层中，达到修饰的目的。还有人采用聚苯乙烯磺酸钠对石墨烯进行修饰，得到了可以在水中良好分散的石墨烯。

石墨烯的非共价键修饰，可以避免破坏石墨烯的结构，能够较好地保持石墨烯的性能，但是修饰效果相对较差。且以有机分子修饰，制备复合材料时不利于复合材料性能的提升。

3. 石墨烯改性 PBT 的方法

PBT/石墨烯纳米复合材料的性能不仅取决于石墨烯的添加量，还决定于石墨烯在基体 PBT 中的分散性及其与 PBT 的界面结合情况，而后者受复合材料制备工艺方法的影响。目前广泛报道的 PBT/石墨烯纳米复合材料的制备方法有熔融共混法、原位聚合法。

（1）熔融共混法

熔融共混法是制备PBT/石墨烯纳米复合材料的一种重要方法，此法利用高温和剪切作用将石墨烯分散在聚合物基体中。采用熔融共混法制备了热膨胀石墨（EG）填充的PBT纳米复合材料（PBT/EG），PBT和EG在熔融共混前先在固体状态下搅拌混合3min，然后通过双螺杆挤出机共混挤出，并测试了复合材料的热学和电学性能。研究发现，随着EG含量的增加，熔融峰从196℃移到207℃，热稳定性有明显提升。随EG含量增加，电阻率从$10^{18}\Omega$/cm降到$10^{6}\Omega$/cm。有人先将锰-钴氧化物与石墨烯混合对石墨烯进行修饰，然后采用母料熔融共混法与PBT复合，制备了锰-钴氧化物/石墨烯/PBT复合材料，锰-钴氧化物的加入，使得炭层更加致密，能有效隔绝易燃气体和热量，明显提升了PBT的阻燃性和热稳定性。还有人采用熔融共混法制备了酸接枝聚对苯二甲酸丁二醇酯/多羟基功能化石墨烯复合材料（PBT-*g*-AA/GO-OH），复合材料的抗静电性能明显提高，在石墨烯质量分数为3%时，热性能显著提升。研究人员曾采用微波膨胀氧化石墨烯（MEGONS）为纳米填料，通过与PBT熔融共混，制备了高性能PBT/MEGONS纳米复合材料。红外光谱测试表明，PBT分子链与MEGONS的相互作用改善了复合材料的界面结合，有利于提升材料的力学性能和热性能。复合材料的拉伸强度和模量都有所提升。导电测试表明，复合材料的逾渗阈值在MEGONS质量分数为1%到2%之间。

熔融共混法的优点在于操作简单，便于大规模的生产，在制备时可以避免其他试剂（如表面活性剂）的污染。但熔融共混时，石墨烯的分布不均匀，易发生团聚现象，影响复合材料的性能。

（2）原位聚合法

原位聚合法是制备PBT/石墨烯纳米复合材料的一种有效方法，能有效提高PBT与石墨烯的界面结合强度以及石墨烯的分散效果。这种方法主要是将石墨烯加入聚合物单体中，引发聚合反应，石墨烯上的π键参与到链式反应中。原位聚合的关键就是要保持石墨烯良好的分散性，避免再次堆垛。研究人员采用原位聚合法制备了PBT/石墨烯复合材料，电子显微镜和X射线衍射分析表明，原位聚合能够使PBT分子链有效地插层在石墨烯中，从而使得石墨烯均匀分散在基体材料中，获得导电工程塑料。有人将环状对苯二甲酸丁二醇酯（CBT）溶解到四氢呋喃中，然后将热还原氧化石墨烯（TRGO）分散在溶剂中，利用CBT的开环聚合，原位合成了PCBT/TRGO复合材料，PCBT通过与TRGO表面的环氧基团反应接枝在上面，接枝含量达53%。并且在230℃下测试了复合材料熔体的流变性能，研究发现，随着填料含量增加，临界应变明显下降，复合材料的动态储能模量也随着TRGO含量增加而提高。

原位聚合可以使得石墨烯分散均匀，复合材料有较强的界面相互作用，有利于应力的传导。

4.石墨烯改性PBT纳米复合材料的性能

（1）PBT/石墨烯纳米复合材料的力学性能

石墨烯被认为是世界上最坚硬的材料，作为纳米填料加入PBT中制备PBT/石墨烯纳米复合材料，能有效提高PBT的力学性能。研究人员通过熔融共混制备了PBT/MEGONS纳米复合材料，并进行了力学性能测试，发现随着MEGONS含量的增加，复合材料的拉伸强度明显提升，MEGONS质量分数为4%时效果最好，与纯PBT相比提升了20.4%；拉伸模量线性提升，在MEGONS质量分数为8%时，提升效果达到了201%。

（2）PBT/石墨烯纳米复合材料流变性能

复合材料的流变性能对于材料在实际加工生产有非常重要的指导意义。流变性能与填料的分散状态、比表面积大小、组分之间的相互作用以及复合材料的微观结构有紧密的联系。对于聚合物/石墨烯纳米复合材料，随着石墨烯含量的增加，复合材料的微观网络结构会发生改变从而使得流变性能发生改变。采用动态频率扫描测试对比PBT/MEGONS复合材料和纯PBT材料的流变性能，研究发现，相较于纯PBT，复合材料的储能模量（G'）和损耗模量（G''）都有所提高，随着填料含量的提升，G'显著提升。G'-ω''曲线表明随填料含量增加，复合材料的黏弹性反应从类液体向类固体转变。还有研究发现随着TRGO的含量增加，PBT/TRGO复合材料的临界应变不断下降，当TRGO含量达到临界值时，临界应变急剧下降。对于复合材料的非线性行为，主要是因为TRGO所形成的网络结构被破坏。当TRGO在550℃下还原时，更多的PBT分子链接枝到了TRGO表面，网络结构更稳定，复合材料表现出了更宽的线性黏弹区间。

（3）PBT/石墨烯纳米复合材料的导电性能

石墨烯具有高的电子迁移率，因而可以作为导电填料添加在PBT中从而改善其导电性能。有研究显示，PBT/石墨烯/碳纳米管复合材料随着石墨烯/碳纳米管含量的增加复合材料表面电阻呈下降趋势，导电阈值在石墨烯/碳纳米管质量分数为2%到4%之间。并且石墨烯与碳纳米管有协同效应，比单纯的加入碳纳米管的效果高2～3个数量级。

对PBT/热膨胀石墨烯（EG）复合材料的研究中，EG与PBT分子链有良好的相互作用，石墨烯在PBT基体材料中均匀分布，复合材料的动态储能模量明显增强，复合材料的电阻率明显下降，导电阈值在EG质量分数为3%到5%之间。还有研究人员发现，PBT-*g*-AA/多羟基功能化氧化石墨烯（GO-OH）纳米复合材料，在GO-OH质量分数为3%时复合材料的抗静电性能明显提高，但超过这一含量就会因为两相的相容性变差而性能有所下降。在PBT/MEGONS纳米复合材料中，当MEGONS质量分数增加到1%～2%时，复合材料的导电性出现急剧增加的情况。这是由于填料含量达到逾渗阈值，导电网络形成。石墨烯片层距离足够满足电子跳跃的条件。研究人员利用原位聚合制备PBT/石墨烯复合材料，随着石墨烯含量增加，导电网络形成，复合材料从绝缘体向半金属导体材料转变。石墨烯质量分数0.5%时，复合材料电阻为760MΩ，当分别增加到0.75%、1%时，电阻急剧下降到200MΩ、50MΩ，表现出了半金属导体的特性。对复合材料进行退火处理时测量其电流约10^{-6}A，而在室温下约为10^{-11}A。这是由于在热处理时促进了电子在导电通路中的流动。

(4) PBT纳米复合材料的导热性能

PBT应用于电子电器领域，通常需要有较好导电导热能力，以满足产品的使用要求，目前对PBT导热性能的改善主要是靠与氧化铝（Al_2O_3）、石墨烯、碳纳米管、玻璃纤维等填料复合制备复合材料进行提升。采用石墨烯微片（GNP）、石墨（1000目）、碳纳米管三种碳系填料部分代替PBT/AL_2O_2复合材料中的AL_2O_3，都能对其导热性能的提升起到正面效果，其中PBT/AL_2O_3/GPN复合材料的导热性能提升幅度最大。所制备的PBT-*g*-AA/GO-OH复合材料，其中的GO-OH质量分数为3%时，其导热性能就有了明显的提高。另外，在PBT/玻璃纤维-碳化硅（GF-SiC）复合材料中，复合材料导热性随着GF-SiC含量增加而增强，当填料质量分数达30%时，热导率达到0.6392W/（m·K），相当于纯PBT的160%。另外，在PBT/SiC复合材料中，当SiC的质量分数为24%时，导热网络形成，导热性能迅速提升，当SiC质量分数达40%时，热导率达1.181W(m·K)，是PBT/PP复合材料的4倍。

(5) 发展

石墨烯作为新兴的纳米填料不但具有普通纳米填料对聚合物的增强增韧效果，还能为聚合物材料提供导电导热等特性，是十分理想的新型纳米填料。当前，聚合物/石墨烯纳米复合材料是聚合物科学领域的前沿研究课题，其研究具有很高的科学价值。性能良好的聚合物/石墨烯纳米复合材料的制备以及性能研究是其应用的前提和基础。PBT/石墨烯复合材料目前的研究已经取得一定的进展，但对复合材料低成本复合技术的研究以及性能改善的机理还需要不断探索，这是富有挑战性的课题之一，具有极高的研究价值。另外，如何实现其应用是PBT材料发展的关键所在，具有广阔的研究前景。目前，研究人员致力于探索用于石墨烯功能化修饰的功能性单体、无机粒子或者聚合物，以期促进碳纳米材料的更好分散，提高复合材料的界面结合力，进而提高复合材料的整体性能。

二、溶液共混法制备石墨烯改性 PBT 复合材料

1. 制备方法

将 5g GS 溶于 100g 蒸馏水和无水乙醇的混合溶液（蒸馏水/无水乙醇的体积比 5∶4）中，然后放入反应器中；再将 100g 含有硅烷偶联剂 KH550 质量浓度 5%的无水乙醇溶液缓慢加入反应器中，在温度为 60℃下反应 24h 得到糊状物用无水乙醇洗涤 3 次，去除硅烷偶联剂 KH550，再用蒸馏水洗涤 3 次去除无水乙醇，将产物冻干，即得到表面功能化的 GS，记为 GS-KH550。

将 500g PBT 溶解于苯酚/四氯乙烷混合溶液(苯酚/四氯乙烷质量比为 3/2)抽滤，即得到溶液处理纯 PBT；将 500g PBT 溶解于苯酚/四氯乙烷混合溶液（苯酚/四氯乙烷质量比为 3/2）放入烧杯中，然后将 1.2g GS-KH550、蒸馏水和无水乙醇（GS-KH550/蒸馏水/无水乙醇的质量比为 1/5/4）配成的悬浮液按比例加入烧杯中，磁力搅拌 30min，抽滤，即得 GS-KH550 质量含量为 0.2%的 PBT/GS-KH550 复合材料。

将上述抽滤得到的白色粉末分别装入索氏抽提器中，并加入无水乙醇，抽提 12h，去除 PBT、PBT/GS-KH550 中的苯酚和四氯乙烷，将白色粉末在 120℃条件下干燥 8h，去除无水乙醇，即得到溶液处理 PBT 材料和 PBT/GS-KH550 复合材料。

2. 性能

从图 3-21 可以看出，溶液处理 PBT 的 T_g 和熔融温度（T_m）略低，是由于经过溶液处理的 PBT 分子链排列规整度变差，分子间距离增加；而加入 GS 和 GS-KH550 使 PBT 的 T_g 和 T_m 略有升高。这是由于 GS 在材料中形成的连续网络有关，GS 的分布状态能够有效引导 PBT 分子链的排列，促进其结晶。

表 3-21　PBT 及其复合材料的热力学参数

样品	T_g/℃	T_m/℃
PBT	237.31	248.44
PBT/GS 复合材料	237.91	248.80
PBT/GS-KH550 复合材料	237.41	248.65

从表 3-22 可以看出，溶液处理 PBT 结晶温度略低，这是由于经过溶液处理的 PBT 分子链排列规整度变差，分子间距离增加，分子间作用力弱，难于结晶，因此结晶温度较低；而加入石墨烯和表面功能化石墨烯的结晶温度略有升高。这与石墨烯在材料中形成的连续网络有关，分子间作用力增强，石墨烯

的分布状态能够有效引导 PBT 分子链的排列，促进其结晶，因此温度较高时也能结晶。

表 3-22 PBT 及其复合材料的结晶温度

样品	T_c/℃
PBT	206.33
PBT/GS 复合材料	206.70
PBT/GS-KH550 复合材料	207.62

由表 3-23 可知，PBT/GS 复合材料和 PBT/GS-KH550 复合材料要比纯的 PBT 结晶性能好，由于 GS 或 GS-KH550 的表面活化能和 PBT 的链活化能相似，形成一种模板效应，使晶体在 GS 或 GS-KH550 形成的模版上迅速生长。

表 3-23 PBT 及其复合材料的结晶参数

样品	X_e/%	D/μm
PBT/GS 复合材料	45.90	9.73
PBT/GS-KH550 复合材料	27.78	7.73
PBT	10.30	0.98

从图 3-7 可以看出，GS 和 GS-KH550 均能提高 PBT 的缺口冲击强度，但 PBT/GS 复合材料的缺口冲击强度为 11.5J/m，而 PBT/GS-KH550 复合材料的缺口冲击强度达到 14.8J/m，说明 GS-KH550 与 PBT 表面作用力加强，界面能降低，在 PBT 基体中能够均匀分散，且与 PBT 有较好的相容性，因此使 PBT/GS-KH550 复合材料的缺口冲击强度提高。

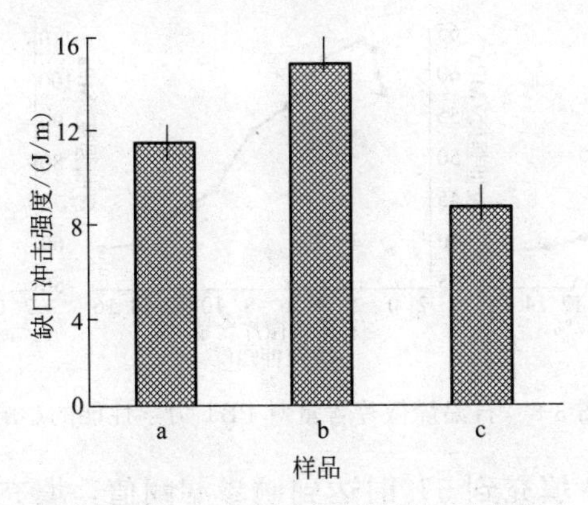

图 3-7 PBT 及其复合材料的缺口冲击强度

a—PBT/GS 复合材料；b—PBT/GS-KH550 复合材料；c—PBT

GS 和 GS-KH550 的加入均使 PBT 的熔融温度和结晶温度均略有升高，促进了 PBT 的结晶，PBT 的结晶度和晶粒尺寸略有增加，使结晶更完善，但并未改变 PBT 结晶的类型；PBT/GS-KH550 复合材料的缺口冲击强度有明显的提高，添加 0.2%GS-KH550 时，PBT/GS-KH550 复合材料的缺口冲击强度达到 14.8J/m。

三、石墨烯微片改性 PBT 复合材料

1. 制备方法

将 PBT 和石墨烯微片、碳纤维、炭黑放在鼓风干燥箱里在 120℃烘干 6h；将干燥好的 PBT 与石墨烯微片、碳纤维、炭黑按一定配比放在密炼机中 250℃密炼 10min，主机转速为 60r/min；将取出的料于 245℃平板硫化机中模压成用于导热测试和力学性能测试的标准样条，压力为 10MPa，热压时间为 4min，冷压时间为 3min。

2. 性能

从图 3-8（a）中可以看出，随着石墨烯微片含量的增加，复合材料的冲击性能先上升后下降。当填料含量为 1%时达到最大值，比纯 PBT 提高了 15%。图 3-8（b）中，复合材料的拉伸强度随着石墨烯微片含量的增加，先上升后下降，填料含量为 1%时，比纯 PBT 提高了 9.6%，从图 3-8（c）中可以看出，随着石墨烯微片含量的提高，复合材料的弯曲强度的变化趋势类似。弯曲强度达到最大值时，石墨烯含量为 1%左右，比纯 PBT 提高了 16%。

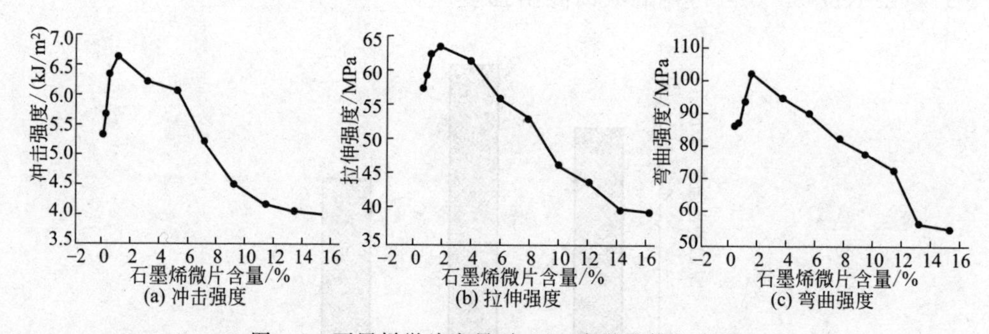

图 3-8　石墨烯微片含量对 PBT 力学性能的影响

① 当石墨烯微片填充到 5%时达到逾渗滤阈值，填充到 13%时，PBT 的热导率达到 1.21W/(m·K)，提高了 6 倍；

② 相比于球形和棒状填料，添加片状填料石墨烯微片时，复合材料的逾

渗滤阈值明显减小；并对此现象运用阈值模型理论进行拟合，发现经过修正后Y Agari 模型与实验数据符合得很好；

③ 当石墨烯微片添加到1%时，PBT/石墨烯微片复合材料的冲击强度、拉伸强度和弯曲强度分别提升了25%、9.6%、16%。

四、石墨烯/次磷酸铝改性 PBT 阻燃复合材料

1. 制备方法

AHP的制备：将25.44g$NaH_2PO_2 \cdot H_2O$溶于30mL蒸馏水中，置于三口瓶，水浴温度为50℃，搅拌至溶液澄清，升温至87℃；0.5h后，将19.27g $AlCl_3 \cdot 6H_2O$溶于30mL蒸馏水，然后用恒压滴液漏斗缓慢将其加入三口瓶中，此时有白色沉淀生成，1h后抽滤，经水洗、乙醇洗涤后，放入烘箱烘干备用；

RGO的制备：氧化石墨烯（GO）的制备按照相关文献程序进行；量取400mL浓度为0.5mg/mL的GO溶液，放入500mL的水热反应釜中，将反应釜移入鼓风烘箱，设置烘箱的反应温度为180℃，反应时间为3h；反应停止后将其冷却至室温，进行抽滤得到黑色滤饼，留下的滤饼依次用蒸馏水，无水乙醇冲洗，最后将得到的物质放入60℃的真空烘箱干燥，得到片层的RGO。

阻燃样品的制备：将AHP、RGO和PBT在真空干燥箱中于80℃隔夜干燥，备用；将干燥的AHP、RGO和PBT按一定的比例混合均匀，PBT/AHP/RGO分别为100/0/0、80/20/0、80/19.5/0.5、80/19.0/1.0、80/17.0/3.0、80/15.0/5.0，在微型锥形双螺杆挤出机上挤出、造粒，机筒一的温度为250℃，机筒二的温度为250℃；在微型注塑机上将制得的粒料注塑成测量所需要的标准样条，注射压力为0.5MPa，熔炉温度为250℃，模具温度为40℃。

2. 性能

表3-24为PBT样品的阻燃性能。

表3-24 PBT样品的阻燃性能

样品编号	组分含量%			阻燃性能			
				极限氧指数%	UL94(3.2mm)		
	PBT	AHP	RGO		滴落	t_1/t_2 ①	等级
1#	100	—	—	21.8	是	—②	无
2#	80	20.0	—	25.4	否	5.3/19.1	V-1

续表

样品编号	组分含量%			阻燃性能			
	PBT	AHP	RGO	极限氧指数%	UL94(3.2mm)		
					滴落	$t_1/t_2$①	等级
3#	80	19.5	0.5	24.5	否	2.1/6.2	V-0
4#	80	19.0	1.0	23.6	否	3.0/4.3	V-0
5#	80	17.0	3.0	23.2	否	3.0/6.5	V-0
6#	80	15.0	5.0	23.0	否	4.0/5.6	V-0

① t_1—第一次点火后的平均燃烧时间，t_2—第二次点火后的平均燃烧时间；
② 燃烧到夹具。

从表3-24中可以看出，添加20%的AHP后，PBT的阻燃及抗滴落性能明显改善，极限氧指数提高到25.4%，UL94能达到V-1级。将RGO与AHP协同添加到PBT中，当AHP∶RGO=19.5∶0.5时，极限氧指数达到最大值24.5%，虽然极限氧指数在一定程度上有所降低，但是不同比例的AHP与RGO阻燃样品，垂直燃烧均能达到V-0级，说明AHP与RGO有效提高了PBT的抗滴落性，而AHP的相对比例下降，会使极限氧指数有所下降。

阻燃PBT的TG和DTG相关数据如表3-25所示。

表3-25 阻燃样品的TG和DTG数据

样品	$T_{-5\%}$/℃	T_{max}/℃	R_{max}/(%/min)	750℃残炭量/%
1#	380.8	397.4	26.8	5.5
2#	348.3	392.4	20.2	18.9
3#	339.9	382.5	21.3	20.7
6#	344.5	387.5	22.6	21.2

注：T_{max}—最大失重速率温度；R_{max}—最大失重速率。

① 将AHP和RGO以一定的比例混合添加到PBT中，当RGO的含量为0.5%时，样品体现出了较好的阻燃性能，极限氧指数达到24.5%，随着RGO含量的进一步增大，虽然极限氧指数在一定程度上有下降的趋势，但是添加RGO的阻燃PBT样品的UL94均能达到V-0级；

② 适量RGO的加入可以促使样品燃烧时在残炭外表面形成较多蜂窝状的囊泡，有效隔离热量的进入，抵制小分子的逸出，改善材料的阻燃性能。

五、多层石墨烯/碳纳米管改性 PBT 导电复合材料

1. 制备方法

（1）多层石墨烯分散体的制备

石墨烯分散体制备方法主要利用水溶液或有机溶液体作分散介质，采用大功率超声波分散氧化石墨或石墨片，这种方法每次仅能制备十几克石墨烯，难以实现批量化制备。近年也有批量制备石墨烯粉体的报道，但该法是利用金属钠作为催化剂，而金属钠难以保存，这也限制了该法的工业应用。与单层石墨烯相似，多层石墨烯结构中每层石墨烯的电子和空穴的能量满足线性色散关系。利用多层石墨烯代替单层石墨烯，可以显著改善光电子器件的性能。与石墨烯一样，碳纳米管本身具有非常优异的性能，如果能通过利用膨化石墨作为制备碳纳米管催化剂的载体，在化学气相沉积法（CVD)同时制备出碳纳米管与多层石墨烯片，就可原位制备出多层石墨烯和碳纳米管的复合粉体材料。CVD 法是工业化制备碳纳米管的传统技术，研究该技术制备多层石墨烯/碳纳米管复合粉体工艺，有望为批量制备石墨烯材料奠定基础。

（2）多层石墨烯/碳纳米管复合粉体的制备

首先利用氧化石墨制备膨化石墨，将其放入 900℃ 的马弗炉中，保温 10min 则得到膨化石墨。随后修饰膨化石墨，即将膨化石墨浸入 0.5mol/L 碳酸铵的水溶液中，再在搅拌条件下将含 0.2mol/L 硝酸铁的水溶液逐滴滴入含膨化石墨的上述溶体中，搅拌静置老化 3h，过滤，烘干，550℃焙烧 1h，研磨成细粉；最后将上述细粉置于化学气相沉积炉中，利用常规化学气相沉积工艺在膨化石墨上沉积碳纳米管，得到多层石墨烯/碳纳米管复合粉体。具体流程如下：先通入氩气，当炉温达 450℃时切换成氢气，还原氧化铁、当炉温达到 750℃时再通入乙炔，反应若干时间，关闭氢气，通入氩气自然降温则得到石墨烯/碳纳米管复合粉体。

（3）导电复合材料的制备

首先将物料在真空干燥箱中于 80℃ 干燥 24～30h，而后，按比例配制物料，利用双螺杆挤出机在 250℃下，混合造粒，备用，或注射成型制品或样品测试。

2. 性能

利用膨化石墨原位气相沉积制备多层石墨烯/碳纳米管复合粉体。以膨胀石墨为基体，以硝酸铁、碳酸铵等物质对其进行修饰，结合化学气相沉积工艺，原位制备出多层石墨烯/碳纳米管复合粉体材料；探讨不同的修饰液相对

复合粉体比例，微观形貌及分散性的影响。利用扫描电镜对复合粉体进行表征。研究发现：多层石墨烯/碳纳米管复合粉体材料可批量制备；其中多层石墨烯为透明薄片，其厚度为10～30nm；通过控制工艺参数，可以实现多层石墨烯的质量比为15%～50%；复合粉体中碳纳米管的分散性明显优于一般化学气相沉积方法制备的碳纳米管；加入质量分数5%复合粉体的聚对苯二甲酸丁二醇酯（PBT)的表面电阻显著降低。

六、石墨烯/碳纳米管改性 PBT 导电复合材料

1. 制备方法

（1）石墨烯/碳纳米管复合粉体的制备

首先利用氧化石墨制备膨化石墨，将烘干的氧化石墨放入900℃的马弗炉中，制得膨化石墨；随后修饰膨化石墨，即将膨化石墨浸入碳酸铵的水溶液中，在搅拌条件下将含硝酸铁的水溶液逐滴滴入上述溶体中，搅拌、静置、过滤、烘干，焙烧1h后研磨成细粉，最后把上述细粉放入化学气相沉积炉中，利用常规化学气相沉积工艺在膨化石墨上沉积碳纳米管。

（2）PBT/复合粉体复合材料的制备

首先将复合粉体和PBT母粒放入干燥箱中于100℃烘干6h备用；然后将PBT母粒和一定比例的复合粉体放在干混机中混合均匀，再放入混炼机中熔融混炼(混炼工艺参数为：混炼温度300℃，转子转速110r/min，混炼时间15min)；最后将混炼后的复合材料用单螺杆挤出机挤出成型，测试其表面电阻。

2. 性能

石墨烯和碳纳米管是综合性能非常优异的纳米材料，石墨烯的理论比表面积高，具有优异的导热性能、力学性能以及室温下高速的电子迁移率。石墨烯的特殊结构使其具有完美的量子隧道效应、半整数的量子霍尔效应等。碳纳米管具有优良的电学性能和力学性能，它的拉伸强度达到50～200GPa，是钢的100倍，密度却只有钢的1/6，其弹性模量最高值达600GPa。

① 用化学气相沉积方法制备出石墨烯/碳纳米管复合粉体材料，其中石墨烯的最小厚度达到10nm，碳纳米管的分散性能显著增强。

② 用熔融混炼法制备出PBT/石墨烯/碳纳米管三元复合材料。在一定的范围内，随着复合材料中石墨烯/碳纳米管复合粉体用量的增加，复合材料的表面电阻呈下降的趋势，其导电组分的逾渗阈值在2%～4%之间。

③ 石墨烯/碳纳米管复合粉体在同等条件下比纯净碳纳米管加入PBT中的导电性能要好，平均提高了2～3个数量级。

第五节　石墨烯改性聚甲基丙烯酸甲酯

一、氧化石墨烯改性 PMMA 复合材料

1. 制备方法

(1) 氧化石墨烯的制备

采用改进的 Hummers 方法制备氧化石墨。将 0.2g 石墨粉和 0.1g $NaNO_3$ 在搅拌下缓慢加到 5mL 0℃ 的浓硫酸中，搅拌均匀后缓慢加入 0.6g 的 $KMnO_4$，在 30℃下保温 1.5h，然后缓慢加入 10mL 去离子水稀释，过程中保持溶液不沸腾，再加入 10mL 30% H_2O_2 以中和未反应的 $KMnO_4$，室温搅拌 2h，离心分离洗涤 5 次，滤饼于 100℃下真空干燥，得氧化石墨烯。

(2) 氧化石墨烯表面偶氮引发剂的锚固。

将 0.2g 氧化石墨烯和 5mL 亚硫酰氯（$SOCl_2$）依次加入 10mL 反应瓶中，70℃下保温 24h，反应结束后，减压蒸馏除去过量的 $SOCl_2$，得到酰氯化的石墨烯（graphene-COCl)，再加入 10mL 乙二醇，100℃下保温 48h，离心分离，并依次用四氢呋喃（THF)和二氯甲烷洗涤两次，40℃下真空干燥，得乙二醇功能化的石墨烯（graphene-OH)。

制备 4,4′-偶氮二（4-氰基戊酸）(ACVAC)，具体过程如下：把 5g 4,4′-偶氮二（4-氰基戊酸）加入一盛有 30mL 二氯甲烷中，冰水浴，然后将 10mL 亚硫酰氯逐滴加入反应液中，生成的 HCl 用 NaOH 水溶液吸收，滴加完后，磁力搅拌反应 10h，然后抽滤，环己烷洗涤产品，室温真空干燥，得酰氯化的 4,4′-偶氮（4-氰基戊酸）。

将 0.2g 乙二醇功能化的石墨烯、16mL 二氯甲烷和 0.05g ACVAC 依次加入 50mL 三口烧瓶中，20℃磁力搅拌 24h，抽滤，依次用水/乙醇（体积比 1∶1)，乙醇，乙醚洗 2 次，室温下真空干燥，得偶氮引发剂锚固的石墨烯 (graphene-N=N)，避光条件下冷藏。

(3) 石墨烯表面聚合物膜的制备

依次称（量）取 0.1g 带有偶氮引发剂的石墨烯，6mL 甲基丙烯酸甲酯 (MMA）和 6mL 环己酮于反应瓶中，N_2 置换三次，70℃保温一定时间，反应结束后，用四氢呋喃稀释反应液，离心分离，上清液和离心产物(杂化材料)分别用甲醇溶液沉淀，40℃下真空干燥，所得的杂化材料用四氢呋喃索氏提取除去未接枝的聚甲基丙烯酸甲酯（PMMA）后 40℃下真空干燥，GO-*g*-PMMA

杂化材料的制备过程如图 3-9 所示。

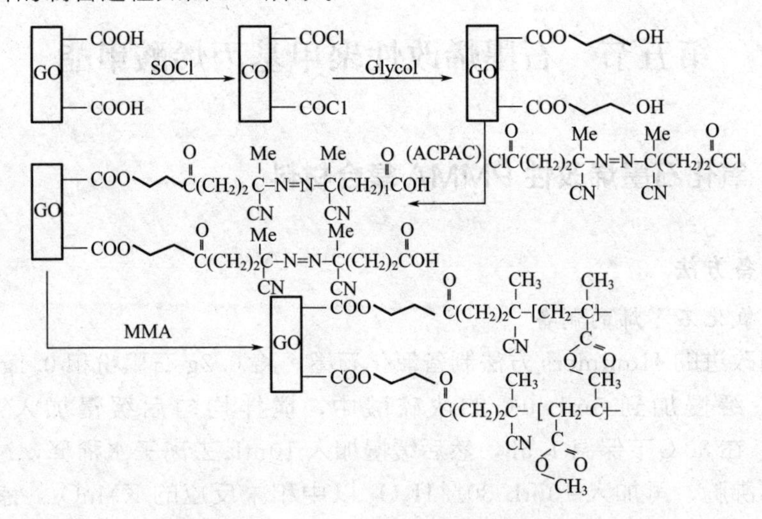

图 3-9 GO-*g*-PMMA 杂化材料的合成路线图

2. 性能

石墨烯-聚甲基丙烯酸甲酯杂化材料的电导率及介电常数较氧化石墨烯分别降低了 0.098 S/cm 和 34000。

二、表面修饰氧化石墨烯纳米带改性 PMMA

研究人员以 MWNTs 为原料，使用纵向氧化切割法制备了氧化石墨烯纳米带（GONR）。同时通过物理吸附作用制备了聚醚型苯并咪唑（OPBI）非共价修饰 GONR（FGONR）作为聚合物填充材料。因 GONR 的边缘和表面带有含氧官能团而 OPBI 长链中存在质子给体和受体及苯环结构，因此可以利用氢键和 π-π 堆积等相互作用将 OPBI 涂覆在 GONR 二维平面上。同时也利用 π-π 堆积作用，制备了 OPBI 改性 MWNTs（FCNTs）作为比较。为了验证所制备的新型纳米材料是否对聚合物有增强效果，使用 PMMA 作为基体制备了复合材料，并对复合材料的性能及结构进行了研究。

1. 制备方法

（1）OPBI 的合成

在 100mL 三口烧瓶中加入 45g 甲磺酸（MSA）及 4.5g P_2O_5 溶解均匀后，在氮气氛围下往混合物中添加等摩尔比的 4,4-二羧基二苯醚（DCDPE）和 3,3′-二氨基联苯胺（DABz）（5mmol）。当混合物搅拌均匀时，体系升温到 140℃反应 1h。当反应完成后，将溶液倒入去离子水中，得到深蓝色沉淀物。

过滤沉淀物，产物在5%的碳酸氢钠溶液于60℃下浸泡洗涤36h，并用去离子水于80℃浸泡洗涤6h，最终在120℃真空下干燥6h得到目标产物OPBI。

（2）GONR的制备

在150mL三口烧瓶中加入50mL的浓硫酸及1g的MWNTs，搅拌2h直至得到均匀的黑色溶液。然后在冰浴条件下缓慢加入4.0g $KMnO_4$ 使温度控制在10℃以下，在室温下搅拌1h，再升温至70℃反应1h。反应结束后，将所得的反应混合液倒入1L冰水混合物的去离子水中，并加入3.0mL的过氧化氢以反应未消耗掉的 $KMnO_4$，将混合物离心沉淀后，用稀盐酸和去离子水多次洗涤，产物在60℃下真空干燥。

（3）FGONR的制备

将100mg的GONR超声分散在50mL的二甲亚砜（DMSO）的溶剂中形成均匀的黑色溶液，再将制备好的4mg/mL的OPBI/DMSO的溶液加入GONR/DMSO分散液中，得到有棕色絮状物的混合溶液。超声10min后，将所得的混合物在4000r/min下离心10min去除未涂覆上的OPBI。得到的沉淀物用DMSO洗涤并离心数次，以彻底洗涤掉未涂覆上的OPBI。得到的产物用水洗涤以除去DMSO，在真空烘箱中80℃下干燥6h。

（4）FCNTs的制备

将一定量的MWNTs加入2g/L的OPBI/DMSO溶液中，超声2h得到均匀的黑色分散液。然后将混合物于4000r/min离心10min去除掉未涂覆上的OPBI，得到的产物用DMSO洗涤离心数次以彻底去除未涂覆上的OPBI，将产物用水洗涤去除DMSO在真空烘箱中于80℃干燥6h。

（5）复合材料薄膜的制备

采用溶液浇注法制备复合材料薄膜。将一定量的纳米填料超声分散于10mL的*N*-甲基-乙-吡咯烷酮（NMP）溶液中，得到分散均匀的黑色溶液，然后加入1.0g的PMMA，用磁力搅拌直至完全溶解后得到稳定均匀的溶液，将混合物继续超声处理30min后，浇注到光滑的玻璃基板上，于80℃下干燥12h，为确保薄膜中完全除去NMP溶剂，再在真空烘箱中80℃下干燥12h。

2. 性能（表3-26）

表3-26　复合材料的力学性能

试样	填料质量分数/%	杨氏模量/GPa	拉伸强度/MPa	断裂伸长率/%
PMMA	0	1.51	30.53	3.40
PMMA/FGONR	0.1	1.72	37.41	4.42
	0.3	1.76	41.49	4.65
	0.5	2.27	49.50	4.85
	0.7	2.20	45.69	4.31
	1.0	1.84	42.69	4.30

续表

试样	填料质量分数/%	杨氏模量/GPa	拉伸强度/MPa	断裂伸长率/%
PMMA/GONR	0.1	1.69	36.21	4.29
	0.3	1.77	37.96	3.96
	0.5	1.90	42.02	4.16
	0.7	1.89	40.03	4.29
	1.0	1.90	41.62	2.92
PMMA/FCNTs	0.1	1.62	37.66	4.90
	0.3	1.65	39.51	5.11
	0.5	1.73	42.77	4.91
	0.7	1.71	39.03	4.50
	1.0	1.636	38.43	4.39
PMMA/MWNTs	0.1	1.59	33.62	3.70
	0.3	1.60	34.73	4.01
	0.5	1.70	40.21	4.10
	0.7	1.65	34.72	3.67
	1.0	1.53	27.02	3.02

从表 3-26 可以看出，FGONR 对聚合物的力学性能有明显的增强效果，如在 FGONR 添加质量分数 0.1%时，复合材料的拉伸强度和杨氏模量分别达到 37.41MPa 和 1.72GPa，比纯 PMMA 分别提高了 22.0%和 13.9%；当 FGONR 添加质量分数为 0.5%时，复合材料的拉伸强度和杨氏模量都达到了最大值，分别为 49.50MPa 和 2.27GPa，相当于比纯 PMMA 的提高了 62.1%和 50.1%。当 FGONR 的质量分数超过 0.5%时，由于产生部分的团聚，从而产生应力集中点，因而限制了增强效果。

由表 3-26 还可以看出，FGONR 的增强效果明显要比 GONR 的要好。如在纳米填料质量分数为 0.5%时，PMMA/FGONR 的拉伸强度和杨氏模量分别比 PMMA/GONR 的高 17.8%和 19.7%。

FGONR 在 PMMA 中具有良好的分散性能；在 PMMA/FGONR 复合材料中，当 FGONR 的质量分数为 0.5%时，复合材料的拉伸强度达到 49.50MPa，杨氏模量达到 2.27GPa，其增强效果比 MWNTs、GONR、FCNTs 的要好，FGONR 有望作为制备高性能复合材料的一种良好的纳米填料。

三、氧化还原石墨烯改性 PMMA 导电复合材料

1. 制备方法

(1) RGO 的制备

按照相关方法制备氧化石墨烯（GO），然后称取 600mg GO 于烧杯中，加入 600mL 的去离子水，超声分散 2h（240W），得到 1mg/mL 的 GO 分散液。

之后，加入 10mL 氨水，搅匀。再加入 1.2mL 的水合肼，混合物搅拌 30min 后，移入 95℃的油浴锅中继续搅拌反应 2h，反应完毕后，混合物由黄棕色变为黑色。将产物冷却，用孔径为 1.2μm 的尼龙过滤膜过滤，去离子水洗涤多次，乙醇洗 3 次，将得到的产物在空气中室温干燥，制得水合肼还原的石墨烯，记为 RGO-N。称取一定量的 RGO-N 放于瓷舟内，将此瓷舟置于管式炉中，在 500℃下真空退火 30min，所得产物记为 RGO-V。

（2）PMMA/RGO 复合材料的制备

采用溶液复合的方法制备 PMMA/RGO 纳米复合材料，具体过程如下：首先，将一定量的 RGO 纳米片超声分散在 DMF 中，得到浓度为 1mg/mL 的 RGO 分散液；同时，将一定量的 PMMA 也溶解在 DMF 中并机械搅拌至 PMMA 完全溶解；然后，将 RGO 分散液倒入 PMMA 溶液中混合，并在室温下高速搅拌 12h；最后，将混合物在甲醇中沉淀，粗产物过滤，热水洗，甲醇洗涤数次。将所得产物在 60℃的真空干燥箱中干燥 12h，以去除其中残留的溶剂，然后在 200℃、15MPa 下热压成型为片材。

2. 性能

上述两种 RGO 都为单层或少数几层的片状结构，其中 RGO-V 的导电性高于 RGO-N，且其厚度低于 RGO-N。通过扫描电子显微镜对 PMMA/RGO 复合材料的断面形貌进行了表征，发现 RGO 能均匀地分散在 PMMA 中并且与 PMMA 有明显的界面相互作用。进一步研究了不同 RGO 含量下制备的 PMMA/RGO 复合材料介电性能的变化。研究发现，两种 RGO 均能提高复合材料的介电常数；且随着 RGO 含量的增加，复合材料的介电常数明显增大，而介电损耗变化不大。在室温及 1000Hz 下，当 RGO-V 体积分数为 2.75%时，PMMA/RGO-V 复合材料的介电常数为 20.5，是纯 PMMA 的 5 倍，是相同 RGO 含量下 PMMA/RGO-N 复合材料的 2.5 倍，而介电损耗仅为 0.80。

四、聚苯胺化石墨烯改性 PMMA 复合材料

目前，正温度系数（PTC）复合材料的导电填料大多以导电炭黑为主，而石墨烯作为一种新兴优良导电材料在这方面的研究比较少。这主要是因为石墨烯在聚合物中分散性较差，易于团聚。常规的表面改性手段会引入其他官能团，进而破坏石墨烯的导电性。现在常用制备 PTC 复合材料的方法主要有粉末混合、熔融共混和溶液混合法 3 种。其中熔融共混法（MM）使用最为广泛，而溶液混合法（SM）研究得比较少。

研究人员用 SM 法制备了改性石墨烯/PMMA（聚甲基丙烯酸甲酯）复合

材料，并对其 PTC 特性进行了研究。

1. 制备方法

(1) 改性石墨烯的制备

采用石墨粉为原料，以改进的 Hummers 法制备氧化石墨。称取一定量的氧化石墨放入装有 250mL 去离子水的烧杯中，用超声机超声至溶液无颗粒状物质，得到氧化石墨烯(GO)溶液。将自制的 PANI(聚苯胺)加入 GO(1mg/mL)的水溶液中，超声分散 1h。将一定量的水合肼加入该溶液中，在 90℃下冷凝回流 24h，趁热过滤、用去离子水清洗，于 40℃真空干燥，密封保存待用。

(2) SM 法制备改性石墨烯/PMMA 复合材料

先将 PMMA 和 DMF（*N*，*N*-二甲基酰胺）以合适的比例加入三口瓶中，在 90℃下水浴 1h。然后，将在 DMF 溶液中超声分散 1h 的改性石墨烯加入该三口瓶中冷凝回流 2h。最后，将混合均匀的溶液倒入经过预热铺好铜网的模具中。先缓慢地挥发溶剂，然后真空干燥至溶剂挥发完全，将所得块状样品于压片机上热压成片，模压温度 180℃。

2. 性能

未经改性的石墨烯/PMMA 材料的正温度系数现象不明显，且不稳定。而利用 SM（溶液混合）法将经 PANI（聚苯胺）改性后的石墨烯与 PMMA 复合，制备出改性石墨烯/PMMA 导电复合材料，其石墨烯在 PMMA 中的分散程度比未经改性的石墨烯在 PMMA 中分散地更加均匀，并且经 PANI 改性后的石墨烯/PMMA 材料的 PTC 强度比未经改性的体系提高了 4.6 倍，PTC 稳定性提高了 50%。分析认为，PTC 现象产生的原因是应力模型和隧道导电理论共同作用的结果。

五、氧化石墨烯改性 PMMA 义齿修复材料

1. 制备方法

(1) GO 的制备

参考 Hummers 法，利用 99.9%的高纯石墨为原材料制备出氧化石墨烯。Hummers 法作为最常用的石墨烯合成方法，步骤如下：把高纯度石墨粉和无水 HNO_3 混合放入适量浓 H_2SO_4 中，以 $KMnO_4$ 作为氧化剂经过氧化处理后，用 30%的 H_2O_2 还原剩下的氧化剂。然后经过过滤、洗涤、脱水得到 GO。

(2) 试样制备

按照 GO/PAAM 质量分数为 0、0.5%、1%、1.5%、2%、2.5%、3%加入自凝粉中，经高速混合机混合均匀，按厂家建议粉液比混合面团期充填，

70℃水浴恒温 90min 升温至沸腾保持 60min。取出试样后，依次用 100 目、600 目、1000 目砂纸在水流下磨平试样表面，使其表面光滑。制作出相应测试试件大小，每组 10 个。

2. 性能

在一定的浓度范围内，随着 GO 添加量的增加，义齿基托的强度呈升高逐渐平稳趋势。当 GO 的添加量为 2.5%时，基托强度最好（$P<0.05$），随着 GO 添加量的逐步增加，当 GO 添加量达到 3%时，基托强度无明显变化（$P<0.05$）。

第六节 石墨烯改性氟塑料

一、氧化石墨烯改性 PTFE 纳米复合材料

1. 制备方法

室温条件下往玻璃烧杯中加入无水乙醇和聚四氟乙烯（PTFE），搅拌 10min 后，加入 kOG（氧化石墨烯）和（或）纳米 Al_2O_3，继续搅拌 15min，然后再超声分散 10min。过滤除去无水乙醇，固体则在 100℃烘 4h 得干燥粉体，干燥粉体在 38MPa 压强下模压成型，然后按照图 3-10 所示升温曲线烧结，烧结后复合材料再经切割、打磨和性能测试。

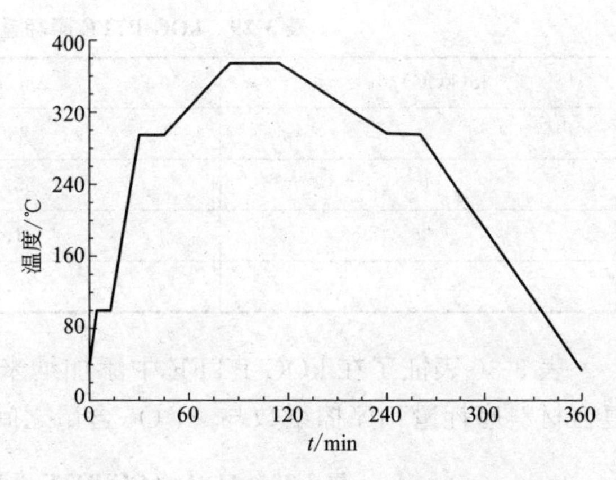

图 3-10 kOG-PTFE 纳米复合材料的烧结曲线

制备的复合材料分成 2 组，第 1 组：kOG 填充 PTFE 复合材料，其中 kOG 的质量分数分别为 1%、3%、5%；第 2 组：质量分数 3%的 kOG 和纳米 Al_2O_3 共填充 PTFE 复合材料，其中 Al_2O_3 质量分数分别为 1%、3%、5%。

2. 性能

表 3-27 是 kOG-PTFE 拉伸强度 σ_M 和断裂伸长率 A_1 与 kOG 含量之间的关系。

表 3-27　kOG-PTFE 拉伸强度和断裂伸长率

w(kOG)/%	σ_M/MPa	A_t/%
0	33.52	297.3
1	34.67	304.5
3	30.18	296.5
5	28.89	274.3

表 3-28 表征了 kOG-PTFE 邵尔硬度 HS 和密度 ρ 与 kOG 含量之间的变化关系。

表 3-28　kOG-PTFE 邵尔硬度和密度

w(kOG)/%	HS	ρ/(g/cm^3)
0	57.3	2.14
1	57.4	2.14
3	57.8	2.15
5	58.8	2.18

表 3-29 表征了 kOG-PTFE 磨耗量 Δm 和摩擦系数 f 与 kOG 含量的变化关系。

表 3-29　kOG-PTFE 磨耗量和摩擦系数

w(kOG)/%	Δm/mg	f
0	850	0.18
1	85.4	0.15
3	31.4	0.15
5	10.2	0.17

表 3-30 表征了在 kOG-PTFE 中添加纳米 Al_2O_3（kOG 质量分数为 3%），复合材料磨耗量和摩擦系数与 Al_2O_3 含量之间的变化关系。

表 3-30　Al_2O_3/kOG-PTFE 磨耗量和摩擦系数

$w(Al_2O_3)$/%	Δm/mg	f
0	31.4	0.16
1	15.7	0.15
3	5.2	0.16
5	1.0	0.17

氧化石墨烯能提高PTFE的耐磨损性能并使PTFE保持低的摩擦系数；在氧化石墨烯-PTFE复合材料中添加纳米Al_2O_3，能使复合材料的耐磨损性能继续提高1个数量级；氧化石墨烯的填充会降低PTFE的拉伸强度和断裂伸长率，但会增加其硬度。

二、石墨烯/碳纳米管改性PTFE

1. 制备方法

(1) 碳纳米管、石墨烯的表面功能化

碳纳米管和表面功能化操作如下：取400mg碳纳米管（记作r-CNT），加入300mL混酸溶液中（硫酸：硝酸体积比为3：1）、超声15min后室温下磁力搅拌24h，再用去离子水反复清洗、抽滤，直到pH值为7，烘干滤饼，得到羧基化碳纳米管，记作c-CNT。

随后在c-CNT上接枝氨基。取一定量的二环己基碳二亚胺溶于150mL无水乙醇后，加入80mg c-CNT，超声10min后，50℃水浴20min，向体系加入150mL饱和对氨基苯磺酸水溶液，50℃水浴24h，再用乙醇、去离子水反复洗涤、抽滤，直到pH值为7，烘干滤饼，得到氨基化碳纳米管，记作a-CNT。

平行工艺表面功能化石墨烯（r-GN），所得羧基化石墨烯与氨基化石墨烯分别记作c-GN和a-GN。

(2) CNT/PTFE和GN/PTFE复合材料的制备

制备r-CNT、c-CNT、a-CNT以及r-GN、c-GN、a-GN含量各为1%、2%、3%的PTFE基复合材料，并以纯PTFE作为对照。PTFE复合材料的制备流程如下：碳纳米管或石墨烯于丙酮中超声分散30min后，加入PTFE，并用高速搅拌机分散20min，于通风橱中，待溶剂挥发殆尽后，真空干燥箱中50℃下烘干，得到混合粉体。在50MPa压力下混合粉体压制成型，成型生坯静置24h，后于烧结炉中自由烧结，365℃下保温3h，随炉降温，制得复合材料。

2. 性能

图3-11为不同种类、不同含量碳纳米管/PTFE复合材料的磨损率对比图。从图3-11可以看出，添加碳纳米管后复合材料的磨损率相对于纯PTFE(4.6mg)均有不同程度的下降，从2.2%(4.5mg)到59.6%(1.4mg)不等。

图3-12为不同种类、不同含量的石墨烯/PTFE复合材料的磨损率对比图。

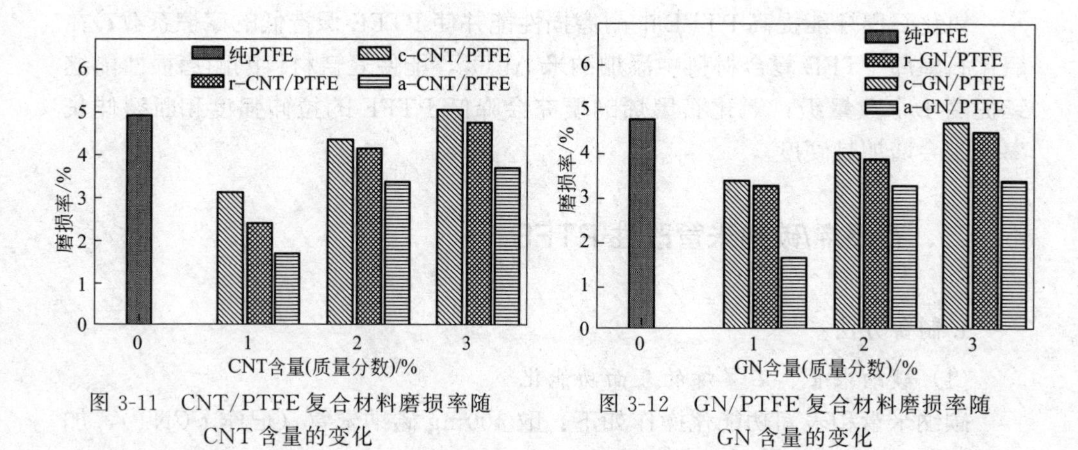

图 3-11 CNT/PTFE 复合材料磨损率随 CNT 含量的变化

图 3-12 GN/PTFE 复合材料磨损率随 GN 含量的变化

含量为 1%（质量分数）3 种石墨烯/PTFE 复合材料的摩擦系数及纯 PTFE 的摩擦系数示于图 3-13。

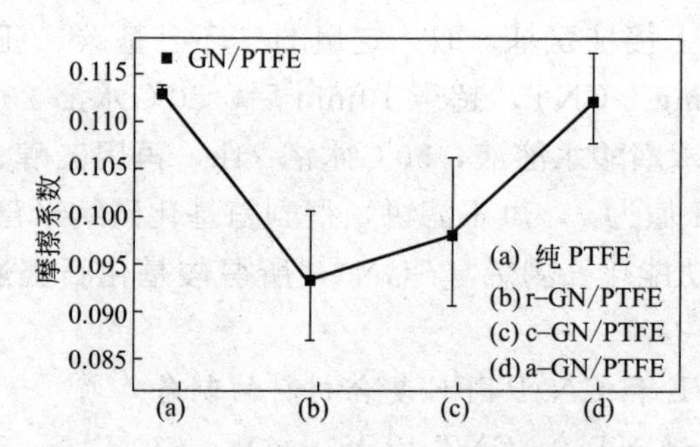

图 3-13 含量为 1%（质量分数）的不同 GN/PTFE 复合材料的摩擦系数

① 碳纳米管和石墨烯表面官能团的供电效应与 PTFE 表面氟原子的静电匹配作用，有效地改善了碳纳米管和石墨烯在 PTFE 中的分散，且表面的氨基化改性效果优于羧基化改性。

② 碳纳米管的强韧化作用有效地防止了 PTFE 分子的带状破坏，对疲劳裂纹的钉扎阻止了裂纹的扩展，从而改善了 PTFE 的耐磨性，其中以 1%（质量分数）的 a-CNT 的效果最好，从纯 PTFE 的 4.6mg 降低到 1.4mg，降低了 59.6%。石墨烯则凭借其大长径比的平面状结构，在低填充量的情况下，可以有效地形成转移膜，从而在降低复合材料的摩擦系数的同时，降低磨损率。

③ 随碳纳米管含量的增多，复合材料的组织不均匀性增加，碳纳米管对复合材料的强韧化效应削弱，磨损机理从疲劳磨损变成疲劳磨损、黏着磨损共存，最后变成黏着磨损和磨粒磨损共存。低填充量的石墨烯复合材料的磨损机制则以黏着磨损为主，随着石墨烯含量的增多，复合材料的组织不均匀性也增加，石墨

烯对基体的强韧化效应相应减弱，磨损机制演化为黏着磨损和磨粒磨损共存。

三、石墨烯改性 PTFE

1. 制备方法

称取一定量的石墨烯并加入一定量的去离子水，在超声波分散仪中超声处理 10min 后与 10％的过氧化氢溶液混合，然后在超声波分散仪中继续超声处理 30min，用去离子水洗涤至中性，经干燥制得过氧化氢预处理石墨烯。

将过氧化氢预处理石墨烯与硅烷偶联剂 KH550 无水乙醇溶液混合（硅烷偶联剂用量为石墨烯质量的 1％），在超声波分散仪中分散 1h，经去离子水和丙酮洗涤及干燥后，制得 KH550 改性石墨烯。

将 PTFE 及一定量的 KH550 改性石墨烯或未改性石墨烯在高速混合机中混合 10min，然后放入模压机中冷压成型，成型压力为 40MPa，冷压时间为 10min；脱模后放入烧结炉中烧结，烧结温度为 380℃，升温 5h，保温 4h，出炉冷却，制得石墨烯改性 PTFE 复合材料。

2. 性能

图 3-14 为改性前后石墨烯用量对 PTFE 复合材料体积电阻率的影响。图 3-15 为对 PTFE 复合材料热导率的影响。

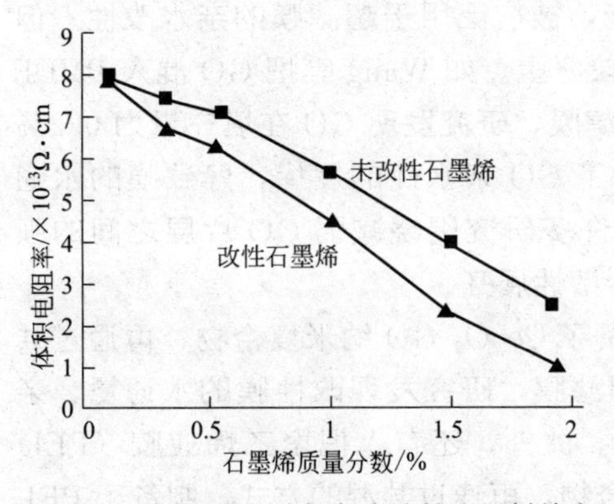

图 3-14　不同用量的改性与未改性石墨烯填充 PTFE 复合材料的体积电阻率

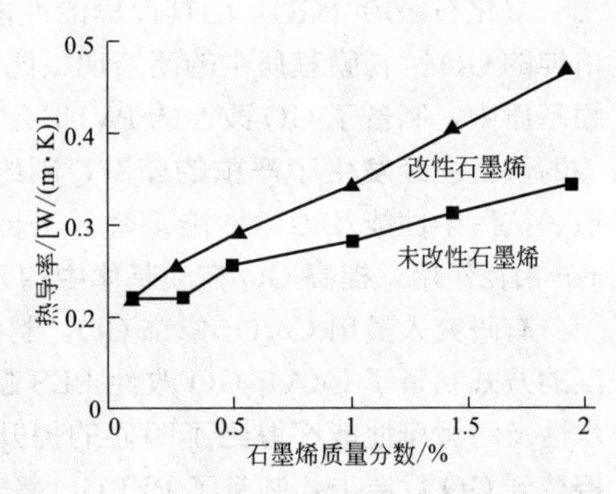

图 3-15　不同用量的改性与未改性石墨烯填充 PTFE 复合材料的热导率

① 随着石墨烯用量增加，PTFE/石墨烯复合材料的体积电阻率逐渐下降，在石墨烯质量分数为 0～2％时，体积电阻率下降幅度较小，基本处于同一数量级，复合材料仍为绝缘材料。

② 随着石墨烯用量增加，PTFE/石墨烯复合材料的热导率明显提高、磨

损量明显下降，而摩擦系数先升高后降低，但变化幅度较小。

③ 石墨烯经 KH550 改性后，其填充的 PTFE 复合材料的热导率和摩擦磨损性能明显高于未改性石墨烯填充的复合材料（图 3-16、图 3-17）。

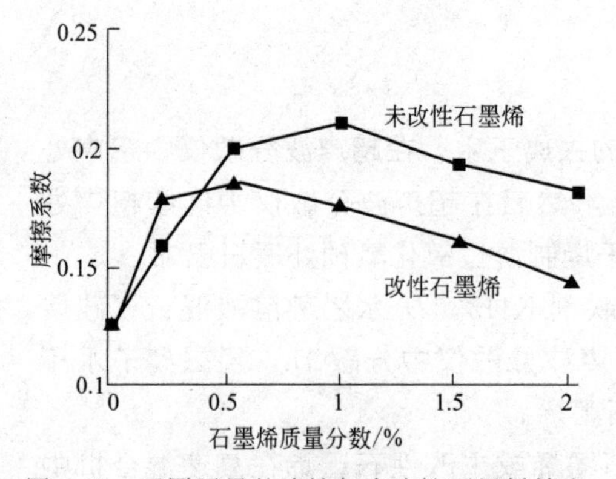

图 3-16 不同用量的改性与未改性石墨烯填充 PTFE 复合材料的摩擦系数

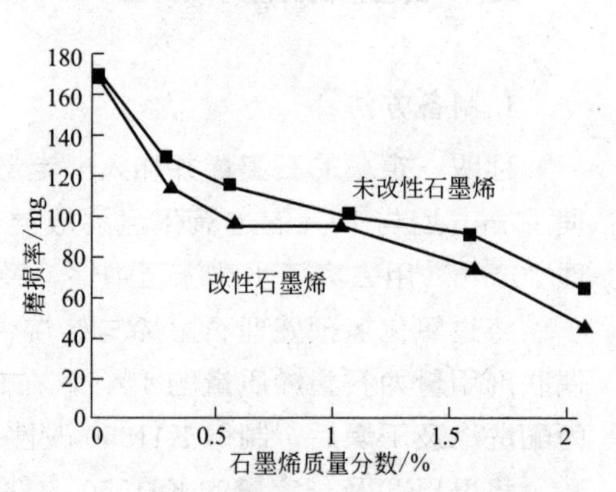

图 3-17 不同用量的改性与未改性石墨烯填充 PTFE 复合材料的磨损率

四、氧化石墨烯改性聚偏氟乙烯超滤膜

1. 简介

氧化石墨烯（GO）因其优异的性能，被广泛用于超滤膜的亲水改性。但单纯的 GO 片在膜基质中的团聚现象比较严重。如 Wang 等把 GO 混入 PVDF 膜基质中，制备了 GO 改性的 PVDF 超滤膜，研究发现 GO 在填充量为 0.2% 的时候就已经发生了严重的团聚，制约了 GO 亲水性的发挥，导致膜的水通量、抗污染性能及力学性能下降。于是许多研究围绕减弱 GO 片层之间的强 π-π 相互作用，提高 GO 在膜基体中的分散性展开。

有研究人员用 Co_3O_4 修饰 GO，制备了 Co_3O_4-GO 纳米复合物，再通过共混的方式制备了 Co_3O_4-GO 改性 PES 超滤膜，研究发现改性膜的水通量、亲水性及耐污染性能都得到了明显的提升。此外，还有人把聚乙烯亚胺（PEI）接枝到 GO 片层上，制备了 PEI-GO 复合物，再通过共混的方式，制备了 PEI-GO 改性 PES 膜，改性 PES 膜的亲水性和抗污染性能均得到改善。

N-（三甲氧基硅丙基）乙二胺三乙酸钠（EDTS）是一种带有羧酸根离子的硅烷偶联剂，结构式见图 3-18。用 EDTS 对 GO 进行修饰，一方面 EDTS 的硅氧基可以发生水解生成硅醇，硅醇再与 GO 片上的羟基发生缩合反应，破坏 GO 片层之间的规则累积，提高 GO 的分散性能；另一方面 EDTS 中的羧酸根又可以进一步增强 GO 的亲水性。因此，研究人员通过 EDTS 对 GO 进行亲水

修饰，合成 EDTS-GO 纳米复合物，然后通过共混的方式制备 EDTS-GO 改性 PVDF 超滤膜。

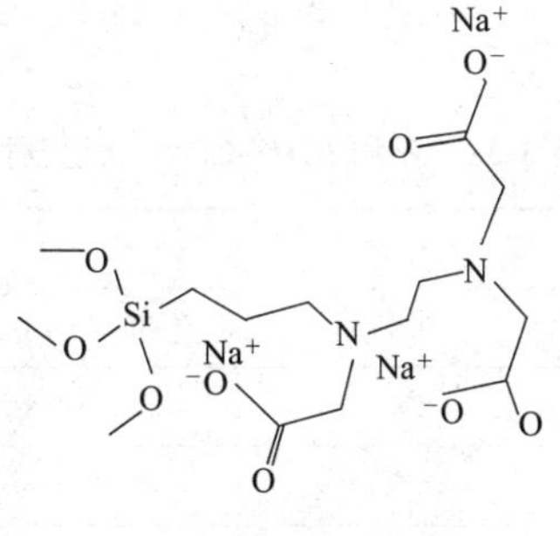

图 3-18　EDTS 结构式

2. 制备方法

（1）EDTS-GO 纳米复合材料的制备

根据改进的硅烷水解缩合反应制得 EDTS-GO 纳米复合材料，具体的制备过程如下：称取 0.7g GO 粉末，加入 350mL 去离子水，超声 1h 制得 GO 分散液；再称取 20g 35%EDTS 水溶液，加甲醇至 140g，室温搅拌 1h，制得 5%（质量）的 EDTS 甲醇水溶液。然后将 GO 分散液转移至 75℃油浴，再慢慢地加入 EDTS 甲醇水溶液，让其反应 12h。待反应完成后，冷却溶液至室温，用甲醇离心洗涤数次，再用去离子水洗涤数次，直至洗涤液的 pH 接近中性。最后于 60℃真空干燥箱中干燥 24h，制得 EDTS-GO 纳米复合物。

（2）EDTS-GO 修饰的 PVDF 超滤膜的制备

采用浸没沉淀相转化法制备超滤膜。称取一定量的 EDTS-GO 粉末加入二甲基乙酰胺（DMAc）中，超声分散 1h 制得 EDTS-GO 分散液。将其置于 60℃油浴，施加搅拌，再慢慢地分批次加入 PVP 和 PVDF，搅拌反应 24h，让其熟化均匀，再 60℃恒温静置 24h 让其充分脱泡。待脱泡完成后，把此透明的铸膜液用刮刀刮于干净的玻璃板上，立刻浸入去离子水中，待膜完全固化后，把膜从玻璃板上剥落，之后继续浸泡在去离子水中，不断换水，脱除残余的溶剂。

3. 性能

图 3-19 为膜表面的水接触角分析结果。从图 3-19 中可以看出，随着 EDTS-GO 添加量的增加，膜表面接触角减小，然而当添加量超过 0.5%的时候，接触角又开始增加。这表明在低添加含量时，EDTS-GO 增强了膜表面的亲水性，在高添加量情况下，膜表面的疏水性又开始增加。

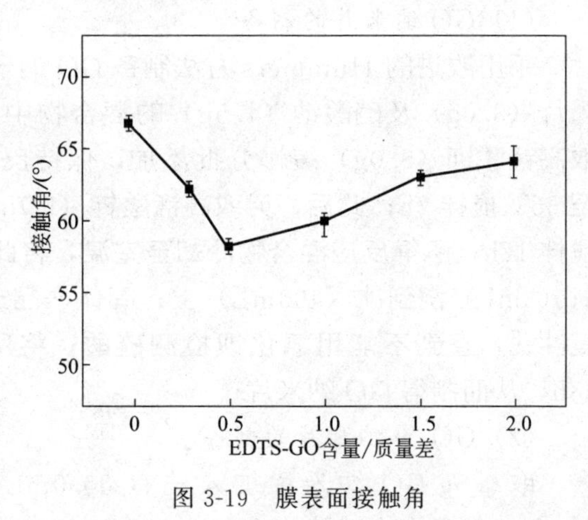

图 3-19　膜表面接触角

在相转化过程中，亲水性的 EDTS-GO 会自发转移至膜表面，增加膜表面的亲水性。但在较高添加量的情况下，EDTS-GO 由于自身不同程度的聚集，使膜表面的微观粗糙度增加（通过 AFM 分析的膜表面粗糙度见表 3-31），所以疏水性增加。

表 3-31　不同 EDTS-GO 添加量改性 PVDF 膜的孔隙率、平均表面孔尺寸、铸膜液黏度及膜表面粗糙度

EDTS-GO 含量/%	孔隙率/%	平均表面孔尺寸/nm	黏度/mPa·s	平均粗糙度/nm
0	87.74±0.77	10.81±0.83	4960±20	16.6±0.8
0.3	89.30±0.68	13.36±0.72	5050±25	15.0±0.9
0.5	91.27±0.74	15.80±0.94	5120±25	12.6±1.0
1.0	90.01±0.84	12.78±0.56	5375±30	14.2±0.8
1.5	89.56±0.65	11.66±0.74	5675±35	16.2±1.1
2.0	88.08±0.80	11.23±0.68	5985±30	18.0±0.7

随着 EDTS-GO 添加量的增加，膜的孔隙率和水通量先增大后降小，当 EDTS-GO 添加量为 0.5%时，膜的水通量达到最大值 711.2L/(m^2·h)，抗污染实验表明通过 EDTS-GO 修饰，PVDF 膜的抗污染性能明显增强。此外，稳定性测试研究表明 EDTS-GO 改性 PVDF 膜具有较好的稳定性能。

第七节　石墨烯改性聚酰亚胺

一、氧化石墨烯改性 PI 耐高温复合材料

1. 制备方法

（1）GO 纳米片的制备

采用改进的 Hummers 方法制备 GO 纳米片。将浓硫酸（69mg）添加到石墨片（3.0g）及硝酸钠（1.5g）的混合物中；将上述混合物冰浴冷却至 0℃；取高锰酸钾（9.0g）缓慢分批添加，保持反应温度低于 20℃；然后加热升温至 35℃搅拌 7h；此后，另取高锰酸钾（9.0g）加入上述混合溶液中，在 35℃搅拌 12h；所得反应混合物冷却至室温，将此混合物浇到冰上，把 30%过氧化氢（3mL）浇到冰（400mL）上；固体产品通过离心分离，用 5%盐酸溶液反复冲洗，直到不能用氯化钡检测硫酸；将所得产物在真空烘箱中 50℃干燥 48h，从而制得 GO 纳米片。

（2）GO-Si 纳米片的制备

取 0.5g GO 纳米片加入已有 50.0mL 乙醇的单口烧瓶中，水浴超声 30min；然后在上述溶液中加入 2.0g KH550，在 75℃下冷凝搅拌反应 24h；将

溶液过滤，用乙醇和蒸馏水洗涤，最终产物在50℃的真空烘箱中干燥48h，得到GO-Si纳米片。

(3) 复合材料的制备

将2种纳米填料分别用来制备复合材料：① GO纳米片；② GO-Si纳米片。首先，将2g的PI粉末分散在一个含有20mL乙醇的大烧杯中，超声处理10min，搅拌30min；其次，将一定量的纳米填料加入含有10mL乙醇的小烧杯中，通过超声波分散30min；将上述分散的纳米填料和聚酰亚胺(PI)混合，搅拌，干燥，最后在100℃真空烘箱干燥24h，从而得到具有不同质量分数填料的PI复合材料粉末；将上述粉末制成1g薄片，然后在320℃的马弗炉退火处理12h。

2. 性能

图3-20为典型的摩擦和磨损试验结果。分别比较了空白PI与添加不同含量GO、GO-Si后制备的聚酰亚胺复合材料的摩擦系数和磨斑直径变化情况。显而易见，这两种添加剂均能改善减摩和抗磨能力。相较于GO增强PI复合材料，GO-Si作为改性添加剂，PI复合材料拥有较低的摩擦系数和较高的耐磨寿命。

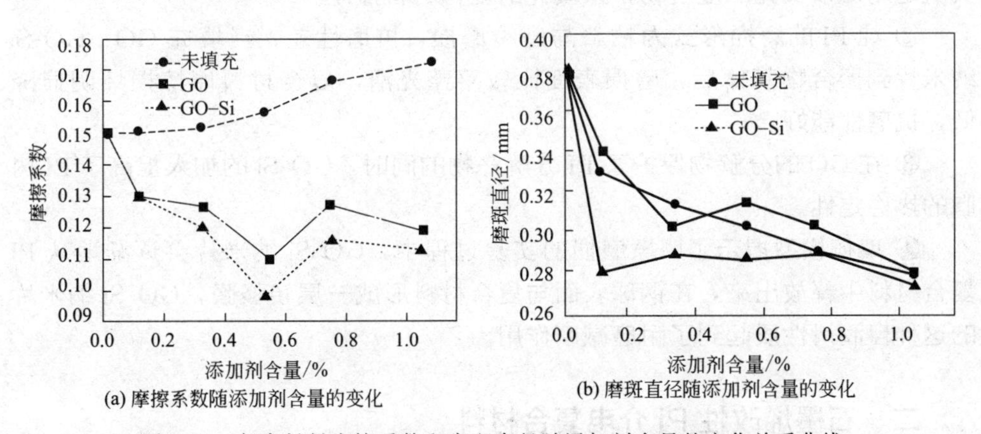

图3-20 复合材料摩擦系数和磨斑直径随添加剂含量的变化关系曲线

GO-Si对PI的热稳定性的影响可使用PGA进行分析。曲线是样本在纯氮气保护下以10℃/min的速度加热到1000℃获得的。如图3-21所示，纯聚酰亚胺在约506.8℃开始降解，715.0℃时完全分解；而0.5%GO-Si填充的PI复合材料约在521.8℃开始降解，800℃是完全被分解。此外，当温度低于570℃，由于GO的分解，相对于纯PI，0.5%GO-Si填充的PI复合材料热稳定性略有下降。当温度高于570℃，0.5%GO-Si填充的PI复合材料的热稳定性高于纯PI。究其原因可能是因为GO在经高温分解后的剩下的主体碳结构能够很好地阻止PI的主链分解，因此提高了PI的热稳定性。

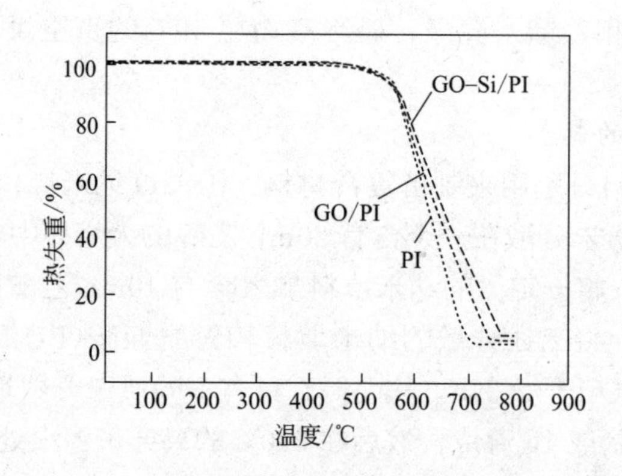

图 3-21　空白 PI、0.5%GO 和 0.5%GO-Si 填充的 PI 复合材料的热失重分析

① 由 KH550 接枝的 GO 纳米片能够均匀分散在 PI 中，其较大的表面积增强了 GO 纳米片与 PI 基体间的界面相互作用，能够有效传递载荷。摩擦磨损的实验结构表面，GO-Si 填充的 PI 复合材料，其减摩和抗磨性能是最佳的，其次是用 GO 填充的复合物，未填充的复合材料最差。

② 纯 PI 的磨损形式为粘着与磨粒磨损，抗磨性差；当填充 GO、GO-Si 纳米片到聚合物基体后，磨损表面比较平整光滑，复合材料摩擦损坏明显降低，抗磨性能好。

③ 在 GO 的分解物保护了 PI 分解产物的同时，GO-Si 的加入提高了 PI 树脂的热稳定性。

④ 摩擦模型揭示了摩擦磨损的实验过程中，GO-Si 纳米片会逐渐地从 PI 复合材料中释放出来，在钢球表面与复合材料形成一层转移膜，GO-Si 纳米片的这种自润滑性质起到了耐磨减摩作用。

二、石墨烯改性 PI 介电复合材料

1. 制备方法

(1) 氧化石墨的制备

将 0.6g 冷却到 0℃的石墨粉、3.0g 高锰酸钾和 30mL 浓硫酸依次加入特氟龙反应釜胆中，将反应釜密闭后置于冰箱中冷藏 1h，使原料在低温下混合均匀。取出反应釜，置于 80℃鼓风干燥箱中反应 2h。将釜胆中的物料缓慢倒入 200mL 蒸馏水中，加入 2.5mL 的 30%双氧水，剧烈搅拌 2h，静置沉淀。沉淀物用 10%（体积分数）的稀盐酸水溶液洗涤 3 次，再用去离子水离心洗涤至 pH 为 6～7，得到凝胶状的棕色氧化石墨。将氧化石墨胶体置于真空干燥箱中 45℃温度下干燥 48h，然后充分研磨，得到棕黑色的氧化石墨粉。

(2) 石墨烯/PI 复合薄膜的制备

以制备氧化石墨烯质量分数为 0.5%的 RGO/PI 复合薄膜为例。将氧化石墨粉加入 DMF 中，配成 ρ(GO)为 0.74g/L 的溶液，充分搅拌 2h，随后超声分散 2h 充分剥离氧化石墨，得到氧化石墨烯。取 5mL 该溶液，加入 0.01g 的 PVP 作为保护剂，充分搅拌 4h，再加入 0.01g 的还原剂 Vc，搅拌均匀，然后在 100℃温度下搅拌还原 30min。还原反应过程中溶液由棕色逐渐转变为深黑色，表明 GO 逐步还原成为石墨烯(RGO)。随后超声分散 1h，加入 0.307g 的二氨基二苯醚(ODA)，在氩气保护下搅拌溶解，然后缓慢加入 0.506g 的 BT-DA，继续反应 24h，得到黑色黏稠的 RGO/PAA 复合溶液。最后采用流延成膜法制备 RGO/PAA 复合膜，具体过程为：将 RGO/PAA 复合溶液在 60℃放置一夜挥发大量溶剂后，从 80℃、120℃、140℃、180℃、220℃和 250℃逐级升温，其中在 80℃、120℃、140℃和 220℃分别保温 1h，在 180℃和 250℃分别保温 2h。

用同样的方法制备石墨烯质量分数分别为 0.1%、0.2%、0.3%、0.4%、0.5%、0.6%和 0.7%的一系列 RGO/PI 复合膜。

2. 性能

① 石墨烯/PI 复合薄膜中，RGO 在聚酰亚胺内分布均匀。由于 RGO 的含量较少，不会对聚酰亚胺的结构以及热力学性能造成影响，石墨烯与聚酰亚胺基体间以弱的相互作用力结合在一起，形成层片状结构。

② 石墨烯/PI 复合膜的介电常数随 RGO 含量的变化规律符合逾渗阈值模型，拟合得到的逾渗阈值浓度（体积分数）$f_0=0.461\%$，临界指数 $q=0.523$。极低的逾渗阈值浓度表明 RGO 是一种高效的填料粒子，当石墨烯的体积分数为 0.453%（质量分数为 0.7%)时，薄膜的介电常数为 35.1，是纯聚酰亚胺的 8.4 倍。

三、石墨烯/纳米 TiO_2 改性 PI 混合基质膜

1. 制备方法

(1) TiO_2-GO 复合物的制备

将 0.5g GO 放入圆底烧杯中，加入 200mL EtOH，超声分散，于 40℃水浴中磁力搅拌，保持均匀分散，标记为 GO/EtOH 悬浮液；将一定质量的钛酸四丁酯加入 GO/EtOH 悬浮液中，于 80℃缓慢滴加 50mL 去离子水，搅拌反应 5h；停止加热，待反应溶液自然冷却至室温后，用无水乙醇和去离子水对产物进行多次洗涤过滤，于 60℃真空干燥 24h，研磨成粉，得到 TiO_2 纳米粒子掺杂质量分数 $[m_{TiO_2}/(m_{TiO_2}+m_{GO})]$ 分别为 5%、15%和 30%二氧化钛纳米粒

子-氧化石墨烯（TiO_2-GO）复合物，分别标记为 TiO_2-GO（Ⅰ）、TiO_2-GO（Ⅱ）和 TiO_2-GO（Ⅲ）。

在不加 GO 的情况下，采用浸渍-沉淀法制备 TiO_2 纳米粒子作为对照。

（2）TiO_2-GO/PI 混合基质膜的制备

在 TiO_2-GO/PI 混合基质膜的制备中，控制 GO 与 6FDA 和 ODA 的质量比［$m_{GO}/(m_{6FDA}+m_{ODA})$］为 1∶100，分别称取一定量的 TiO_2-GO 复合物粉末放入圆底烧瓶中，加入 13mL DMAc，超声分散 40min 得到 TiO_2-GO 复合物分散液；在磁力搅拌下向 TiO_2-GO 复合物分散液中加入 0.9014g ODA，待其完全溶解后缓慢加入 2.0g 6FDA；将圆底烧瓶封口，进行聚合反应，体系黏度达到 300mPa·s 左右时停止搅拌，得到掺杂有 TiO_2-GO 的黏稠液体；将黏稠液体倒在玻璃板上用匀胶机进行涂膜，将涂过膜的玻璃板于 70℃ 处理 1h，再于 350℃ 处理 2h，自然冷却至室温，制得 TiO_2-GO/PI 混合基质膜，根据 TiO_2 纳米粒子掺杂量不同的 TiO_2-GO 复合物，所制得的混合基质膜分别标记为 TiO_2-GO/PI（Ⅰ）、TiO_2-GO/PI（Ⅱ）和 TiO_2-GO/PI（Ⅲ），膜厚度控制在（10±2）μm。

2. 性能

在 TiO_2 掺杂量较低（30%以下）时，TiO_2-GO 复合物中 TiO_2 纳米粒子粒径较小，且能均匀地沉积在 GO 片层上，在原位聚合成膜的过程中，这些小粒径 TiO_2 纳米粒子可以有效阻止 GO 片层间的团聚，从而保持 TiO_2-GO 复合物在混合基质膜中均匀分散性，由于 TiO_2-GO 复合物对 GO_2 优异的吸附性能，TiO_2-GO/PI 混合基质膜的 CO_2 渗透性及 CO_2/N_2 渗透选择性均显著提高。另外，加入的 TiO_2-GO 纳米复合物也将与聚酰亚胺形成界面空隙，进一步提升了混合基质膜的气体渗透性能，然而过多 TiO_2 掺杂（大于 30%），将导致大粒径的 TiO_2 形成，进而发生团聚，使 TiO_2-GO 纳米复合物在混合基质膜中的分散性变差，使混合基质膜的气体渗透性及 CO_2/N_2 的渗透选择性下降，在 TiO_2 掺杂量为 30% 时，TiO_2-GO/PI 混合基质膜的 CO_2 渗透系数为 360Barter，CO_2/N_2 的渗透选择性可达 31。

四、氧化石墨烯/Ag 纳米粒子改性 PI 混合基质膜

1. 制备方法

（1）氧化石墨烯的制备

氧化石墨烯制备过程：在 0℃ 的恒温环境下，缓慢将 5g 石墨粉加入盛有 115mL 浓硫酸的大烧杯中并持续搅拌，随后缓慢加入 20g $KMnO_4$ 和 2.5g$NaNO_3$ 的混合物反应 15min，随后将恒温水浴锅升温至 35℃，将烧杯放

置其中搅拌并反应 30min，再往混合溶液中缓慢加入 230mL 去离子水，使其在 98℃的恒温水浴中维持 15min 后，用去离子水将混合液稀释至 700mL，最后用浓度为 5%的盐酸和 30%的过氧化氢反复洗涤过滤直到滤液中 SO_4^{2-} 消失，并放置在 60℃烘箱 24h，得到氧化石墨烯（GO）。

（2）氧化石墨烯/银纳米粒子复合物的合成

将一定量 $AgNO_3$ 溶于去离子水，配制浓度为 0.1mol/L 的 $AgNO_3$ 水溶液，并将 3%的氨水逐滴滴入 $AgNO_3$ 水溶液中直到 AgOH/Ag_2O 白色沉淀恰好消失，从而获得相应浓度的银氨溶液。

将制备好的氧化石墨烯粉末 0.5g 分散于 500mL 去离子水中，超声 1h 使其剥离完全，得到氧化石墨烯分散液。将该分散液与制备的银氨溶液混合搅拌均匀后，同时逐滴加入 5mL PEG-400，50℃下在磁力搅拌下反应 1h。再在 95℃水浴中反应 2h，待反应溶液自然冷却后，用无水乙醇和去离子水对产物进行多次洗涤过滤，直至洗涤液中没有 Ag 检出。将所得产物放置于 60℃真空烘箱中干燥 24h。获得 Ag 纳米粒子掺杂量[$m_{Ag}/(m_{Ag}+m_{GO})$]分别为 5%、10%、15%、20%、30%的氧化石墨烯/银纳米粒子 GO-AgNP 复合物，分别标记为 GO-$AgNP_5$、GO-$AgNP_{10}$、GO-$AgNP_{15}$、GO-Ag-NP_{20}、GO-$AgNP_{30}$。

（3）氧化石墨烯/银纳米粒子/聚酰亚胺混合基质膜的制备

在氧化石墨烯/银纳米粒子/聚酰亚胺混合基质膜的制备中，将混合基质中 GO 掺杂量定为 1%（质量分数）。分别取一定量的 GO-AgNP 复合物粉末溶于 3mL 的 DMAC，超声 40min，得到 GO-AgNP 复合物分散液，之后加入 10g 聚酰亚胺液体，搅拌 12h 后，将黏稠液倒置在玻璃板上，用匀胶机以一定转速旋转刮膜，然后将玻璃板放入 70℃高温烘箱处理 1h，之后继续升温至 300℃处理 2h，制得氧化石墨烯/银纳米粒子/聚酰亚胺混合基质膜，分别标记为 GO-Ag-NP_5/PI、GO-$AgNP_{10}$/PI、GO-$AgNP_{15}$/PI、GO-$AgNP_{20}$/PI、GO-$AgNP_{30}$/PI，膜厚度在（10±2）μm 左右。

2. 性能

Ag^+ 被还原形成 AgNP 的同时，GO 失去了部分含氧官能团；Ag 掺杂破坏了 GO 的结构，使其无序度增加，但改善了 GO-AgNP 复合物在混合基质膜中的分散性，提升了 GO-AgNP/PI 混合基质膜的苯/环己烷渗透汽化性能。然而过量的 Ag 掺杂将使 GO 片层上产生 Ag 粒子团聚，从而降低混合基质膜的渗透汽化性能。当 Ag 掺杂量为 15%时，GO-AgNP/PI 混合基质膜渗透汽化性能最佳，渗透通量为 1404g/(m^2·h)，分离因子可达 36.2。

五、石墨烯改性 PEI 吸附材料

1. 制备方法

利用改良后的 Hummers 法制备 CO。将 GO 溶液配制成 20mL 2mg/mL 的 GO 溶液，并超声分散 2h，得到分散均匀的 GO 溶液，在搅拌下，向 100mL 圆底烧瓶中依次加入 50mL 蒸馏水、50mgKOH，然后按事先准备好的质量比（GO：PEI＝1：2，1：4，1：6），即加入 PEI 的质量分别为 80mg、160mg 和 240mg，搅拌均匀后，缓慢加入超声后的 GO 溶液，加热（90℃）回流 18h 后，加入 10mL 2mol/L 硼氢化钠进行还原，继续反应 2h。反应完成后，经过离心、干燥即得到聚乙烯亚胺（PEI）改性的氧化石墨烯材料（GP-2、GP-4、GP-6）。

2. 性能（表 3-32）

表 3-32 GO/PEI 纳米复合材料的孔隙结构参数

样品	配比(GO：PEI)	比表面积/(m^2/g)	总孔容/(cm^3/g)	平均孔径/nm
GO	—	17	0.054	128.8
GP-2	1：2	37	0.064	69.1
GP-4	1：4	25	0.057	93.0
GP-6	1：6	31	0.078	98.8

当 GO/PEI 的比例为 1：6 时，比表面积达到最大值 37m^2/g，总孔容为 0.064cm^3/g，平均孔直径为 69.1nm，CO_2 吸附量在 273K、3MPa 下最高达到 645mg/g。

六、石墨烯改性 PI 复合膜

1. 制备方法

（1）石墨烯烷基化改性

把预先干燥过的 GO（300mg）、十八烷基异氰酸酯（3.5g）和 30mL 的 DMF 置于 100mL 的烧瓶中，在氮气保护下超声混合 2h，再室温搅拌 24h。将反应后的产物倾入三倍于反应液的甲苯中，离心分离，再用甲苯离心洗涤两次，80℃真空干燥得烷基化改性的氧化石墨烯（iGO）。

（2）石墨烯/聚酰亚胺复合材料的制备

向带有电动搅拌装置、冷却水循环装置的 5L 聚合釜中通入氮气，将

332.34g 的 ODA 加入聚合釜中，再加入 2L 的 DMAc 溶液，通冷却水循环，待 ODA 完全溶解后，再将 325.83g 的 PMDA 单体加入聚合釜中，并加入少量 DMAc 溶液进行冲洗溶解，继续搅拌待 PMDA 单体完全溶解后，再加入 48.83g BPDA 单体并同时加入剩余的 DMAc 进行冲洗溶解，继续搅拌充分反应，黏度逐渐上升。约 0.5h 后黏度明显上升，此时溶液呈现浅黄色，继续搅拌约 2h 后得到结构组成为 ODA-PMDA-BPDA 三元共聚体的聚酰胺酸（PAA）溶液。

称取一定量干燥后的 GO，溶于 DMAc 中，超声 2h，得到 GO 在 DMAc 中的分散液，将一定比例的 GO 溶液与质量分数为 15%的 PAA 溶液及 DMAc 溶剂混合搅拌 4h，制备得到不同 GO 质量分数的 PAA 溶液。将以上制备的 GO/PAA 溶液流延至玻片上，置于烘箱中 70℃抽真空加热 10h 得到 GO/PAA 复合薄膜，将复合薄膜置于高温烘箱中，在 100℃、200℃、300℃下各恒温处理 1h，得到氧化石墨烯聚酰亚胺（GO/PI）复合薄膜，采用同样的方法制备 iGO/PI 复合薄膜。样品名称后缀数字为添加 GO 或 iGO 的质量分数，如：GO/PI/1.0 是指 GO 质量分数为 1.0%的 GO/PI 复合薄膜，iGO/PI-3.0 是指 iGO 质量分数为 3.0%的 iGO/PI 复合薄膜。

2. 性能（表 3-33、表 3-34）

表 3-33　GO/PI 和 iGO/PI 复合膜的力学性能数据

GO,iGO 质量分数/%	拉伸强度/MPa		断裂伸长率/%		弹性模量/GPa	
	GO/PI	iGO/PI	GO/PI	iGO/PI	GO/PI	iGO/PI
0	52.0±2.3	52.0±2.3	7.74±0.31	7.74±0.31	1.64±0.15	1.64±0.15
0.2	65.2±3.0		8.90±0.49		1.79±0.17	
0.5	57.2±2.1	69.6±2.8	5.73±0.34	8.24±0.35	1.91±0.13	2.00±0.11
1.0	44.7±3.0	93.2±3.5	5.63±0.24	13.36±0.42	1.46±0.20	2.50±0.16
3.0	43.7±2.2	90.4±2.2	3.17±0.27	9.58±0.34	2.10±0.18	2.71±0.19
5.0	47.7±3.2	59.1±3.0	2.86±0.35	6.03±0.41	2.23±0.14	1.91±0.13

注：3 处数据缺失因试验条件限制从而没有得到相应数据。

表 3-34　iGO/PI 复合膜的 α 和 β 转变温度表

样品	α 转变温度 T/℃	β 转变温度/℃
PI	386	−81.6
iGO/PI-0.5	372	−82.2
iGO/PI-1.0	368	−88.3

续表

样品	α转变温度 T/℃	β转变温度/℃
iGO/PI-3.0	355	−80.1
iGO/PI-5.0	359	−72.5

由表3-34可以看出，iGO/PI的 T_g 随着iGO质量分数的增加向低温方向移动，但当iGO质量分数达到5.0%时，因石墨烯片层在PI基体中发生大量团聚，限制了PI分子链段的运动，故 T_g 不再向低温继续偏移而有所回升。

七、石墨烯改性PI高介电常数复合膜

1. 制备方法

(1) 氧化石墨烯/聚酰亚胺复合薄膜的制备

以含质量分数1%GO的复合材料薄膜为例，将氧化石墨在DMAc中超声分散12h，获得GO分散液。将GO分散液（0.2%，28g)加入配有氮气保护和机械搅拌的烧瓶中，加入ODA（2.430g，12.0mmol)，搅拌至完全溶解。分批加入联苯四甲酸二酐BPDA（3.570g，12.0mmol)和DMAc（26g)，持续搅拌24h后，形成均匀的GO/PAA溶液。将上述溶液涂布于玻璃基板表面，并按如下梯度加热进行亚胺化处理：70℃，7h；100℃，1h；200℃，1h；300℃，1h；350℃，2h；400℃，2h。亚胺化后，将玻璃板浸泡在60℃热水中2h，使薄膜从玻璃基板表面剥离，即为GO-1.0/PI。含1.5%GO的复合材料薄膜(GO-1.5/PI）以及纯PI薄膜，均采用类似原位聚合的方法制备。

(2) 石墨烯/聚酰亚胺复合薄膜的制备

将GO分散液（0.2%，28g）加到配有氮气保护的机械搅拌的烧瓶中，加入ODA（2.430g，12.0mmol)，搅拌至完全溶解。分批加入BPDA（3.570g，12.0mmol）和DMAc（16g)，持续搅拌24h后，形成均匀的GO/PAA溶液。向此溶液中加入溶解于10g DMAc的TBAB（0.24mmol)。搅拌2h后，涂布于玻璃基板表面，并按如下梯度加热进行亚胺化处理：70℃，7h；100℃，1h；200℃，1h；300℃，1h；350℃，2h；400℃，2h。亚胺化后，将玻璃板浸泡在60℃热水中2h，使薄膜从玻璃基板表面剥离，即为石墨烯/聚酰亚胺复合材料薄膜BGO-1.0/PI，其他石墨烯/聚酰亚胺复合薄膜（BGO-1.5/PI，IGO-1.0/PI和IGO-1.5/PI）均采用类似方法制备，其中加入季铵盐TBAl制备的石墨烯/聚酰亚胺复合薄膜记为IGO-1.0/PI。

(3) 原位还原反应制备还原氧化石墨烯/聚硫亚胺复合材料（图 3-22）

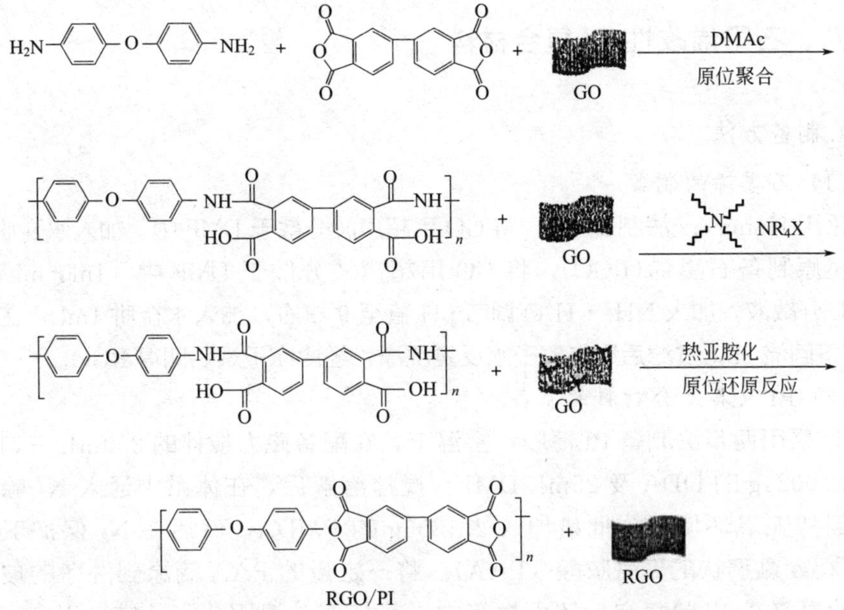

DMAc
原位聚合

NR_4X

热亚胺化
原位还原反应

RGO/PI
RGO

图 3-22 原位还原反应制备还原氧化石墨烯/聚硫亚胺复合材料

2. 性能（表 3-35）

表 3-35 纯 PI、GO 改性 PI 和还原 GO 改性 PI 复合膜的热性能与力学性能

样品	w_{GO}/%	NR_4X(摩尔分数)/%	$T_{4.5\%}$/℃	T_g/℃	拉伸强度/MPa	拉伸模量/GPa	断裂伸长率/%
PI	0	0	567.6	279.9	106±2.0	2.0±0.2	23.0±7.0
GO-1.0/PI	1.0	0	571.3	280.1	138±4.0	2.2±0.2	23.9±6.6
BGO-1.0/PI	1.0	2.0(TBAB)	575.8	285.3	144±4.2	2.3±0.3	25.2±9.7
IGO-1.0/PI	1.0	2.0(TBAl)	575.9	286.8	140±3.8	2.2±0.2	28.8±9.9
GO-1.5/PI	1.5	0	563.6	286.8	154±5.1	2.3±0.2	21.1±6.4
BGO-1.5/PI	1.5	3.0(TBAB)	561.7	289.5	159±4.0	2.3±0.2	26.3±5.0
IGO-1.5/PI	1.5	3.0(TBAl)	560.7	277.9	167±6.7	2.3±0.2	19.7±11.0

采用四丁基溴化铵和四丁基碘化铵作为还原剂，利用原位化学还原方法所制备的石墨烯/聚酰亚胺复合材料的介电常数超过聚酰亚胺薄膜 40 倍以上，复

合材料的热稳定性和力学性能也优于聚酰亚胺薄膜，热重分析研究表明，在复合材料高温亚胺化过程中，季铵盐发生热分解，未残留在复合材料中。

八、石墨烯改性 PI 复合材料

1. 制备方法

（1）*石墨烯的制备*

采用 Hummers 法制备 GO。将 GO 用超声波分散于 DMF 中，加入水合肼进行化学还原制备石墨烯(RGO)。将 GO 用超声波分散于 DMF 中（1mg/mL)，取 100mL 分散液，加入 $NH_3 \cdot H_2O$ 调节 pH 值至 9 左右，加入水合肼 1mL，在 95℃±3℃下回流 2h，过滤后用去离子水反复洗涤，经冷冻干燥后即得 RGO。

（2）*PI 及其复合材料的制备*

① 采用两步法制备 PI 薄膜。室温下，在配备磁力搅拌的 250mL 三口瓶中加入 2.0024g 的 ODA 及 25mL DMF。搅拌溶解后，在体系中通入 N_2 除氧且一直保持无氧环境。分批量加入 2.1856g 的 PMDA，然后在 N_2 保护下反应 24h，得到黏稠状的聚酰胺酸（PAA)。将一定量的 PAA 滴涂到洗净的玻璃板上，抽真空 0.5h 除气泡后转入烘箱中进行梯度升温固化，从室温以 3℃/min 的升温速率升温至 80℃保温 2h，然后以同样的升温速率至 100℃、150℃、200℃和 300℃，各保温 0.5h，得到 PI 固化膜。

② 原位聚合法制备复合材料。室温下，在 250mL 三口瓶中加入 2.0024g 的 ODA 及 25mL DMF，搅拌溶解后，加入一定量的 RGO，经超声波分散 2h，分批加入与 2.1856g 的 PMDA 进行聚合。其余步骤与制备 PI 过程相同。

③ 溶液混合法制备复合材料。将一定量的 RGO 用超声波分散于 DMF 中后加入 PAA 中，再用超声波分散 2h，得到 RGO/PAA 酸混合物。固化过程与制备 PI 的过程相同。

2. 性能

在原位聚合法制备的复合材料中，RGO 在其中分散更均匀，团聚现象较少，相比溶液混合法制备的复合材料表现出更优越的性能。前者的拉伸模量达到 132.5MPa，比纯 PI 的 78.5MPa 增加了 68.8%。而后者的拉伸强度为 113.6MPa，仅增加了 44.7%（图 3-23)。

如图 3-24 所示，纯 PI 的电导率为 10^{-12}S/m 左右。而采用原位聚合法制备 RGO 含量为 1.0%的复合材料的电导率达到 10^{-6}S/m 左右，提高了 6 个数量级。添加量继续增加到 3.0%时，其电导率达到 10^{-4}S/m 左右，提高了 8 个数量级。相比之下，溶液混合法对复合材料电导率增强的效果则较弱，RGO

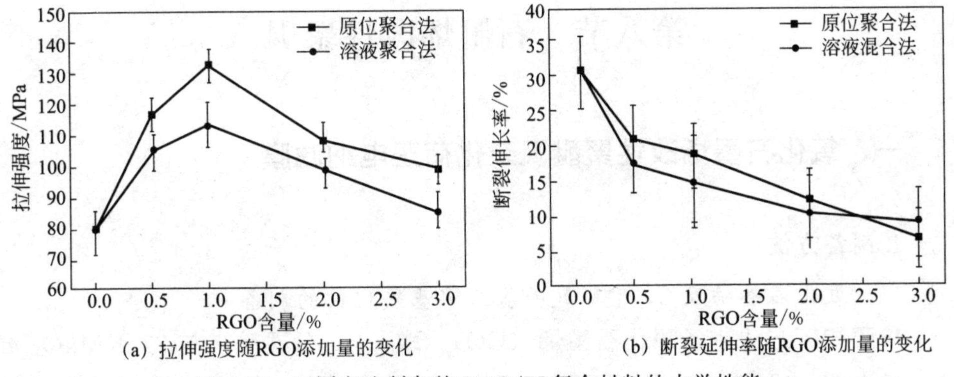

(a) 拉伸强度随RGO添加量的变化　(b) 断裂延伸率随RGO添加量的变化

图 3-23　不同方法制备的 RGO/PI 复合材料的力学性能

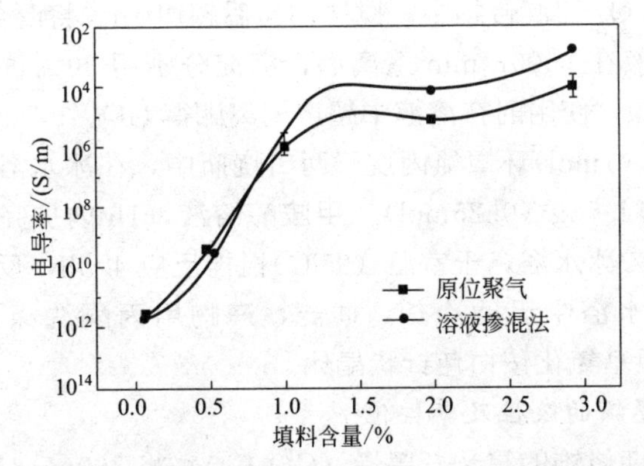

图 3-24　不同方法制备的 RGO/PI 复合材料的电导率

含量为 3.0%时，电导率仅达到 10^{-6}S/m 左右。复合材料的电导率在很大程度上取决于 RGO 在聚合物基体中的分散状态。RGO 均匀的分散状态能够使其片层之间互相有效地搭接，从而形成有效的电子传输通道，导致复合材料的电导率得到较大程度的提升。

所制 RGO 是单层或寡层的二维材料，表面残存少量的含氧官能团。研究发现，RGO 的加入能够有效地增强 PI 的力学性能。采用原位聚合法制备的复合材料，当 RGO 含量为 1.0%时，拉伸模量达 132.5MPa，与纯的 PI 相比增加了 68.8%。RGO 含量为 3.0%时，电导率达到了 6.87×10^{-4}S/m，相比纯的 PI 提高了 8 个数量级。与采用溶液混合法制备的相比，在采用原位聚合法制备的石墨烯/聚酰亚胺复合材料中，RGO 的团聚得到了更好的抵制，分散更均匀，因此对聚酰亚胺性能的增强作用更强。

第八节　石墨烯改性聚砜

一、氧化石墨烯改性聚醚砜杂化荷正电纳滤膜

1. 制备方法

(1) 氧化石墨烯及2，3-环氧丙基三甲基氯化铵的制备

参照如下方法制备氧化石墨烯（GO）。取4.5g石墨粉末与27g$KMnO_4$混合，加入600mL浓H_2SO_4/H_3PO_4混合液（体积比9：1）中置于50℃搅拌反应20h。反应结束后，将混合物冷却至室温，倒入1200mL冰块和20mL体积分数为30%的H_2O_2的混合物中，搅拌均匀后超声4h。将混合物在1000r/min下离心，取上清液在8000r/min下离心，沉淀分别用30% HCl和无水乙醇洗涤数次，真空干燥，使用时在溶液中超声剥离即得GO。

称取92.52g（1mol）环氧氯丙烷于两口烧瓶中，在冰水浴中机械搅拌反应0.5h，然后加入44.78g（0.25mol）三甲胺醇溶液，1h内加完，继续在冰水浴中反应0.5h，撤去冰水浴，于室温（25℃）搅拌反应4.5h，反应结束后，立即减压蒸馏，在冰水浴中迅速冷却，抽滤，产物用丙酮洗涤后真空干燥，得2,3-环氧丙基三甲基氯化铵白色针状晶体。

(2) 氧化石墨烯的改性及季铵化

① 制备壳聚糖修饰的氧化石墨烯（GO-Cs）。将200mg GO超声分散于去离子水中，然后加入400mg EDC·HCl和200mg NHS，持续搅拌1h，通过加入0.1mol/L NaOH溶液使体系的pH值保持在7.0，将60mL壳聚糖（Cs）溶液（质量分数为1%的乙酸溶液）通过恒压漏斗缓慢滴入GO分散液中，于60℃反应30min，冷却至室温后，离心，分别用质量分数为1%的NaOH溶液和去离子水洗涤数次，真空干燥得到GO-Cs。

② 对GO-Cs进行季铵化、将一定量的GO-Cs超声分散于去离子水中，然后分别加入一定量的2mol/L KOH和2,3-环氧丙基三甲基氯化铵，在机械搅拌下于65℃反应4h，反应结束离心收集下层沉淀，并用无水乙醇洗涤至中性，然后于60℃充分真空干燥，得到季胺化的GO-Cs（QAGO-Cs）。

(3) QAGO-Cs/聚醚砜杂化荷正电纳滤膜的制备

取一定量的QAGO-Cs加入*N*，*N*-二甲基乙酰胺（DMAc）中，超声分散2h，得到均匀的QAGO-Cs分散液，称取一定量的聚醚砜（PES）和聚乙烯吡咯烷酮（PVP）加入上述QAGO-Cs分散液中，机械搅拌24h使其完全溶解，

用滤布过滤铸膜液，去除不溶解的杂质并真空脱泡，得到略有金属光泽的铸膜液，用自制的刮刀在平整的玻璃板上刮出一薄层液膜，在空气中蒸发一定时间后将其迅速浸入20℃的水凝胶浴中相转化成膜。

反应过程示意如图3-25所示。

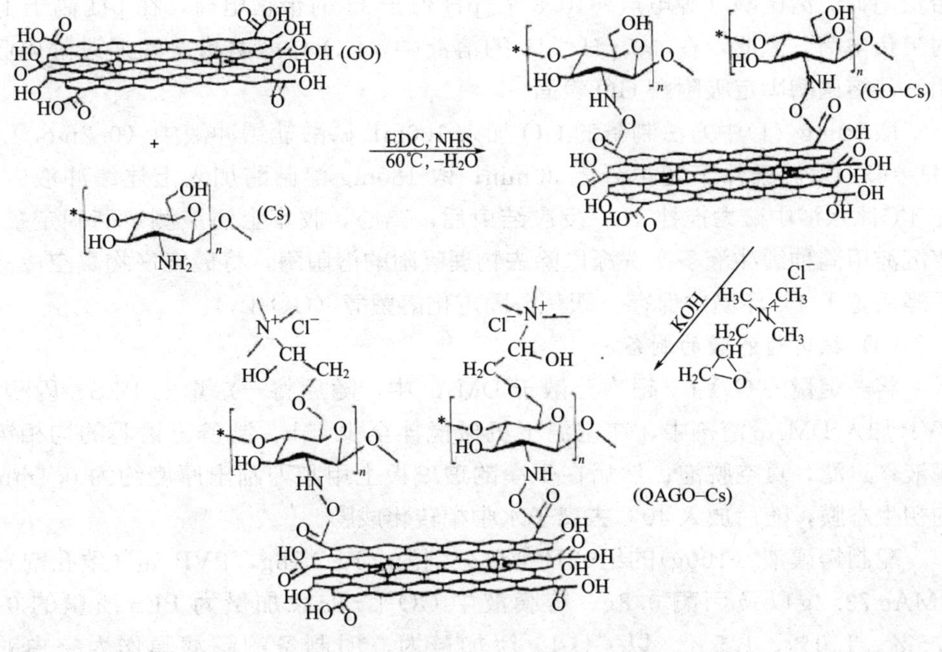

图3-25 反应过程示意

2. 性能

随着改性氧化石墨烯含量的增加，荷正电纳滤膜的断面形态结构并未发生明显改变，但杂化膜的纯水通量、分离选择性明显增加。改性氧化石墨烯的最佳添加质量分数在0.5%左右。

二、固定化溶菌酶/氧化石墨烯改性聚醚砜杂化超滤膜

1. 制备方法

(1) GO的制备

取4.5g石墨粉末加入烧瓶中，添加体积比为9∶1的浓H_2SO_4/H_3PO_4混合液，在磁力搅拌条件下缓慢加入25g高锰酸钾，油浴温度50℃下搅拌24h。反应结束后自然冷却，加入1000mL碎冰，搅拌中加入30%H_2O_2直至混合物变成金黄色，超声2～3h。通过超声降解法将其剥离成GO片层；将剥离后的

混合液低速离心去沉淀，再高速离心。下层沉淀用30%盐酸洗涤并磁力搅拌12h，离心并用无水甲醇离心洗涤3遍，真空干燥24h。

（2）GO固定溶菌酶

GO表面含有大量含氧官能团，当4<pH<11时，水溶液中GO纳米片层带负电荷。溶菌酶（等电点≈10.8)在pH低于11时带正电荷，在pH高于11时带负电荷。因此，在4<pH<11的溶液中，GO与溶菌酶之间通过静电吸引，使溶菌酶固定吸附在GO表面。

取50mg（1)中方法制备的GO加入100mL磷酸盐缓冲液中（0.2mol/L、pH=6.2)室温条件下超声分散30min；取180mg溶菌酶加入上述缓冲液中，在4℃冰水浴中磁力搅拌1h；反应结束后，离心，收集上清液测定酶固定量；将沉淀用同种缓冲液多次洗涤以除去物理吸附的溶菌酶，将最终产物真空冷冻干燥后置于4℃环境中保存，即获得固定化溶菌醇（GO-Ly）。

（3）抗菌超滤膜的制备

将一定量的GO-Ly超声分散于DMAc中，随后将一定量的PES、丙酮、PVP加入DMAc溶剂中，在室温下机械搅拌至少15h，制备出透明的均相铸膜液；过滤，真空脱泡；然后在干净的玻璃板上用刮刀刮出厚度约为0.1mm的初生态膜，随后放入40℃去离子水中相转化成膜。

配制铸膜液（100g)的组分及含量分别为：PES 18g，PVP 8g（致孔剂），DMAc 73.2g以及丙酮0.8g。铸膜液中GO-Ly的添加量为PES质量的0、0.5%、1.0%、1.5%。以GO-Ly添加量为0时制备的超滤膜作为空白对照组。

2. 性能

GO-Ly的加入能较大程度地改善杂化膜的亲水性；另外，随着GO-Ly含量的增加，杂化膜的纯水通量显著增大，虽然对PEG20000的截留率降低，但是对PVA30000～70000的截留率仍维持在99%以上，同时对大肠杆菌的抑菌率可达68%，并表现出了一定的抗菌持久性。

三、石墨烯/纳米TiO_2改性聚醚砜超滤膜

1. 制备方法

（1）GO的制备

采取改良的Hummers法制备GO，通过严控低温、中温、高温3个阶段，实现石墨粉的完全氧化过程，经超声剥离，即得到GO。

(2) 共混改性超滤膜的制备

依据不同比例，称取 PES、PVP、GO、nano-TiO_2、DMAc 于玻璃容器中，70℃下搅拌 4h，脱泡 1h，然后在玻璃板上刮膜，凝固浴中成膜，保存待用。

铸膜液的组成如表 3-36 所示。

表 3-36 改性 PES 铸膜液的组成

膜编号	PES/%	PVP/%	DMAc/%	GO/%	nano-TiO_2/%
PES	15	5	80	0	0
M1	15	5	79	0	1.0
M2	15	5	79	0.2	0.8
M3	15	5	79	0.5	0.5
M4	15	5	79	0.8	0.2
M5	15	5	79	1.0	0

注：以上均为质量分数。

2. 性能（图 3-26 与表 3-37～表 3-39）

表 3-37 AFM 测试的共混改性超滤膜的表面粗糙度

膜编号	粗糙度/nm		
	R_a	R_q	R_z
PES	28.7(±1.0)	35.7(±2.2)	140.7(±23.1)
M1	12.5(±0.5)	15.9(±2.2)	85.1(±14.5)
M2	11.1(±1.6)	15.1(±0.9)	38.4(±4.1)
M3	10.4(±1.3)	12.1(±0.6)	39.7(±10.7)
M4	10.5(±0.2)	14.3(±1.5)	48.2(±7.6)
M5	11.3(±1.4)	15.4(±1.0)	82.0(±10.1)

注：R_a 表示取样测量的平均粗糙度；R_q 表示取样测量的均方根粗糙度；R_z 表示取样测量的最大粗糙度。

表 3-38 共混改性超滤膜的质量损失

膜编号	PES	M1	M2	M3	M4	M5
质量损失率/%	59.8	53.2	60.2	48.7	52.7	53.8

表 3-39 共混改性超滤膜的孔径和孔隙率

膜编号	孔隙率/%	平均孔径/nm
PES	47.80	32.35
M1	53.48	36.45

续表

膜编号	孔隙率/%	平均孔径/nm
M2	59.24	36.42
M3	68.43	36.28
M4	68.56	36.21
M5	55.96	36.66

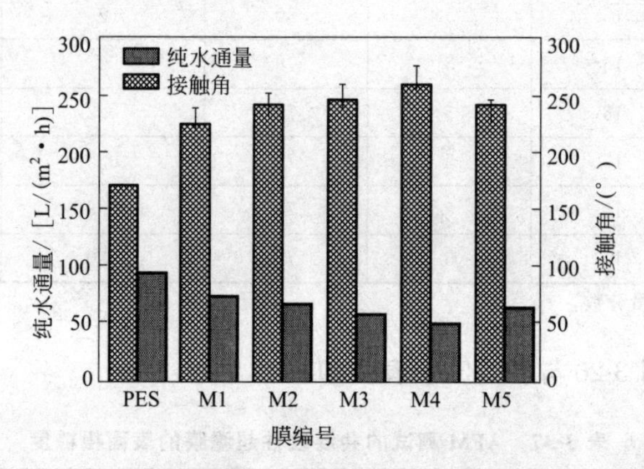

图 3-26　共混改性超滤膜的水通量和接触角

① AFM 分析表明，经共混改性后的超滤膜，粗糙度减小，表面变得更加平滑；所制备的超滤膜具有典型的指状多孔结构，膜片经 GO 和 nano-TiO_2 改性后，指状空穴结构变大，有助于减小膜阻力。

② 共混改性膜的热稳定性、纯水通量、截留率、耐污染性和抗压缩性均优于纯 PES 膜。其中，GO 和 TiO_2 共同共混改性超滤膜（M4，0.8%GO+0.2%nano-TiO_2）的性能最优，纯水通量可达 260L/(m^2·h)，截留率可达 99%以上，抗污染性最好。

第九节　石墨烯改性聚醚醚酮与聚苯硫醚

一、石墨烯改性碳纤维/PEEK

1. 制备方法

首先将碳纤维（CF)/聚醚醚酮（PEEK）预浸料裁成和模具大小相应的尺寸，之后将相应质量分数（0.1%、0.3%、0.5%）的石墨烯（GR）在超声辅助下分散于无水乙醇中，利用喷枪将该分散液喷涂于裁好的 CF/PEEK 预浸料表面，为了保证石墨烯在预浸料表面的均匀分布，喷涂操作在加热板上进行，控制温度在 80℃以保证溶剂乙醇的快速蒸发，该过程在空气气氛中进行。然后将 16 层喷涂有石墨烯的 CF/PEEK 预浸料放置在模具中，于 400℃、30MPa 条件下热压 1h，之后保压 1h 制得 GR/CF/PEEK 复合材料。

2. 性能

图 3-27 为不同复合材料的弯曲强度和弯曲模量。

表 3-40 为复合材料的 DSC 数据，表 3-41 为复合材料的热导率数据。

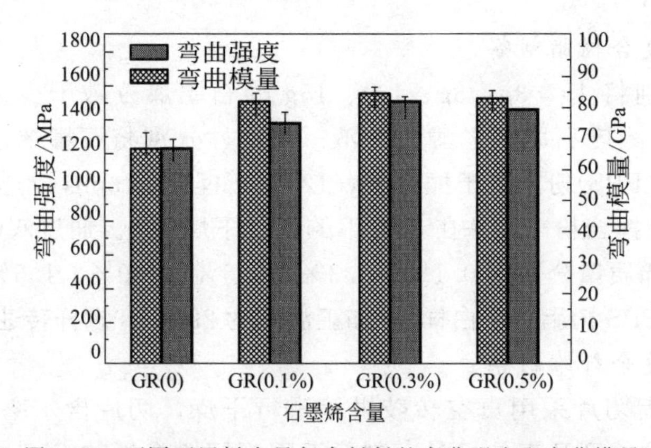

图 3-27　不同石墨烯含量复合材料的弯曲强度和弯曲模量

表 3-40　不同石墨烯含量复合材料的 DSC 数据

GR 含量/%	T_c/℃	T_m/℃	X_m/%
0	302.5	345	29.87
0.1	296.0	343	31.67
0.3	298.5	344	37.44
0.5	299.0	344	35.33

表 3-41　不同石墨烯含量复合材料的热导率数据

项目	GR(0)	GR(0.1%)	GR(0.3%)	GR(0.5%)
厚度方向热导率/[W/(m·K)]	0.97	1.00	1.10	1.12
增量/%	0	3.1	13.4	15.5

少量石墨烯的加入就能够改善纤维和基体树脂的界面结合作用，从而使复合材料的层间剪切强度和弯曲性能得到显著提高。同时，由于石墨烯的诱导结

晶作用，加入少量石墨烯能够提高该复合材料体系基体的结晶度。此外，少量石墨烯的加入，可以在复合材料内部形成连通的网络，能够使复合材料的热导率以及电导率得到明显的提高。因此，GR/CF/PEEK 复合材料与 CF/PEEK 相比具有更优良的综合性能（如力学性能、热学性能和电学性能），有望作为多功能材料得到更广泛的应用。

二、石墨烯改性 PPS 纤维

1. 制备方法

（1）纳米复合树脂制备

首先，分别将 1g、3g、5g、10g、15g 的石墨烯分散于少量乙醇中超声 60min，制备高浓度石墨烯乙醇分散液。其次，分别将石墨烯乙醇分散液和 1kg 聚苯硫醚（PPS）粉末置于捏合机，120℃下捏合 60min，制备聚苯硫醚-石墨烯（PPS-G）捏合粉末，并在 80℃下的真空干燥 12h。通过双螺杆共混挤出机，制备石墨烯质量分数为 0.1%、0.3%、0.5%、1.0%、1.5%的 PPS-G 纳米复合树脂和 PPS 树脂（空白样）。加工温度为 290℃，螺杆转速为 180r/min。

（2）纳米复合纤维制备

首先将树脂切片采用真空转鼓烘箱进行干燥，切片含水率小于 0.01%。其次，通过熔纺成型及牵伸设备，制备不同石墨烯含量的 PPS-G 纳米复合纤维。其中：纺丝温度为 320℃，卷绕速度为 600m/min；牵伸温度为 85℃，热定型温度为 180℃，牵伸倍率为 3.6。制备的 PPS-G 纳米复合纤维和树脂分别命名为 PPS-G-*n*，其中 *n* 为添加石墨烯的质量分数。

2. 性能

填充质量分数为 1.0%的石墨烯可显著提高 PPS-G 纳米复合纤维的光稳定性。老化处理 192h 后，PPS-G-1.0 纳米复合纤维的断裂强度和断裂伸长保持率分别为 80.2%和 90.6%；相比纯 PPS 纤维分别提高了 23.8%和 26.1%。石墨烯对 PPS 纤维的光稳定性具有很好的增强效果。其光稳定性增强机制主要有 3 点：①低质量分数的石墨烯可吸收紫外-可见光波长的光线，降低光降解反应效率；②石墨烯与 PPS 分子链具有较强 π-π 相互作用，可通过能量转移猝灭和形成非荧光聚集体等方式，实现静态荧光猝灭，降低光生电子与 O_2 的反应生成超强氧化基团的效率；③由于石墨烯具有大比表面积、吸电子特性和高含量的羟基，可通过阻隔 O_2 和活性自由基，提高 PPS 抗氧性。

第十节　石墨烯改性环氧树脂塑料

一、研究现状

1. 简介

环氧树脂塑料又称环氧树脂复合材料。

环氧树脂是目前树脂基复合材料中常用的热固性树脂基体之一，具有黏结强度高、固化收缩率小、无小分子挥发物、工艺成型性好、耐热性好、化学稳定性好及成本低等优点，但是，固化后交联密度大，导致三维网状结构存在内应力大、质脆、抗冲击性差等缺点。而石墨烯，新型纳米碳材料领域的新宠，因其长程有序的 π-π 共轭结构，具有优异的力学、电学及热学等性能，适合作为树脂基复合材料的增强体，在改善树脂基复合材料的综合性能上具有巨大的潜力。因此，兼具两者优点的石墨烯/环氧树脂复合材料具有潜在的应用价值，成为研究的热点。

2. 力学性能方面

环氧树脂固化物具有抗冲击性差的问题，需对其进行增韧来提高抗冲击能力。一般采用添加有机填料、制作半互穿网络或引入柔性链段等方式来增韧。具有高比表面积、高强度、高模量的石墨烯作为增强体可增韧、增强环氧树脂基复合材料，使其具有良好的综合性能。

研究人员研究了石墨烯类材料对环氧树脂的增韧效果。用断裂韧性参数（K_{IC}）、临界弹性应变能释放速率（G_{IC}）和断裂伸长率（ε）表征复合材料的断裂韧性，表明石墨烯具有较好的增韧性能，随添加量的增加，增韧效果明显；同时，还研究了复合材料的拉伸强度，当石墨烯质量分数为 1.0%时，其拉伸强度达到最大值(约 62.7MPa)，较纯环氧树脂(53MPa)提高了 18.3%。

有人采用超声共混法和原位还原法制备了石墨烯/环氧树脂复合材料，研究其力学性能。研究发现：随石墨烯添加量的增加，两种方法制备的复合材料拉伸强度和弯曲强度均呈现先增大后减小的趋势。当石墨烯质量分数为 0.3%时，超声共混法制备的复合材料的拉伸强度和弯曲强度分别最大提高约 29.2%和 1.4%，原位还原法制备的复合材料的拉伸强度和弯曲强度分别最大提高约 40.5%和 9.4%。同时，XPS、XRD、SEM 及光学显微镜测试结果表明原位还原法制备的复合材料，氧化石墨烯已还原为石墨烯，并具有良好的分散性。

研究人员采用超声和化学修饰相结合的方法制备出两种不同界面强度的石墨烯片/环氧树脂（GNS/EP）纳米复合材料，研究界面强度对其形态、断裂韧性、增韧机制及热性能的影响。研究发现：虽然 m-GNS/EP 纳米复合材料中存在 m-GP 的团簇，但是，每一个团簇体内均可观察到石墨烯的高度分散和剥离；氰酸酯改性的石墨烯片与环氧树脂基体具有更好的界面结合。当石墨烯片添加量为 4%时，m-GNS/EP 纳米复合材料的临界弹性应变释放速率（G_{IC}）为 613.4J/m^2，GNS/EP 纳米复合材料的 G_{IC} 为 417.3J/m^2，较纯环氧树脂的 G_{IC}（204.2J/m^2）均提高。

3. 电性能方面

石墨烯满足吸波材料对“薄、轻、宽、强”的要求，极有可能成为一种新型有效的电磁屏蔽或微波吸收材料，具有重要的研究价值。研究人员采用溶液共混法制备功能化石墨烯纳米片/环氧树脂（SPFG/EP）复合材料，研究其电导率和电磁屏蔽性能。复合材料具有低的逾渗阈值（体积分数 0.52%）。SPFG 质量分数为 15%（体积分数 8.8%）时，复合材料的电磁屏蔽效能在 8.2～12.4GHz（X 波段）的频率范围内达到 21dB，表明是一种轻质、高效的电磁屏蔽材料。

有人采用超声共混法制备石墨烯/环氧树脂复合材料，研究其介电性能。当石墨烯添加量为 0.25%时，复合材料的介电常数为 25、介电损耗为 0.11，较纯环氧树脂（介电常数为 6）提高。还有人以硅烷偶联剂 KH560 为改性剂，采用超声共混法制备石墨烯纳米片/环氧树脂（GNS/EP）复合材料，研究其介电性能。随 GNS 添加量的增加，复合材料的介电常数先增大后减小，GNS 含量为 0.3%时，介电常数最大；介电损耗变化趋势与其相反；偶联剂改性石墨烯纳米片（m-GNS）使 m-GNS/EP 的介电常数升高而介电损耗降低。表明石墨烯/环氧树脂复合材料是一种具有应用潜力的介电材料。

也有人以氧化石墨烯为前驱体，采用溶胶-凝胶法和超临界干燥法制备石墨烯气凝胶（GA），高温热还原法制备热还原 GA，超声共混法制备热还原 GA/环氧树脂（EP）复合材料，研究其热性能和导电性能。结果表明，随热还原 GA 质量分数的增加，热还原 GA/EP 复合材料的玻璃化转变温度先升高后降低，而其电导率逐渐增加，逾渗阈值在 0.05%～0.3%之间。

4. 热性能方面

树脂基复合材料作为导热材料，具有耐腐蚀、密度小、成型加工性好及可设计性强等优点，但环氧树脂的热导率一般较低［0.2W/(m·K) 左右］，需添加高热导率的填料制备复合材料，研究人员将石墨烯与环氧树脂结合制备导热复合材料，研究其热性能。

有人研究了石墨烯片与多壁碳纳米管协同效应对石墨烯片/多壁碳纳米管/环氧树脂（MGPs/MWCNTs/EP）复合材料的力学和热学性能的影响。MGPs与MWCNTs之间桥接作用，使MGPs/MWCNTs与EP的接触面积增加，避免了填料的团聚。MGPs/EP复合材料的热导率为0.161W/(m·K)，MGPs/GD400-MWCNTs/EP复合材料的热导率为0.321W/(m·K)，较纯环氧树脂[0.13W/(m·K)]分别提高了23.9%、146.9%。

还有人研究了不同界面强扶的石墨烯片/环氧树脂（GP/EP）纳米复合材料的热性能。当石墨烯片添加量为2.5%时，m-GP/EP纳米复合材料的玻璃化转变温度为108.6℃，较纯环氧树脂（94.7℃）提高了14.7%。

研究人员采用溶液共混法制备氧化石墨烯/四官能环氧树脂（GOs/EP）复合材料，研究GOs添加量对其固化行为和热稳定的影响。研究发现：复合材料的初始反应温度和放热峰温度随GOs添加量的增加而降低；GOs的引入增加了复合材料的固化反应焓、降低了热稳定性能。

5. 抗原子氧剥蚀性能方面

应用于航天器上的环氧树脂基纳米复合材料易受原子氧的剥蚀，性能退化，使用寿命降低，需对其采取原子氧防护措施。添加抗原子氧的成分是一种有效延长复合材料使用寿命的方法。研究表明石墨烯具有抗原子氧剥蚀的潜力，采用溶液混合法制备石墨烯/环氧树脂纳米复合材料，在地面模拟设备中对其进行原子氧效应试验，并对实验前后材料的质量损失、表面形貌及表面成分等进行了分析，结果表明：当石墨烯添加量为0.01%～0.5%时，试样的抗原子氧剥蚀性能随石墨烯添加量的增加而提高。同时，热稳定性能提高对复合材料的空间耐久性是有利的。

6. 发展

随着现代科技的发展，航空航天、国防军事及微电子等领域对树脂基复合材料的性能要求越来越高，各国研究人员需要不断地研发出高性能的树脂基复合材料来满足实际应用。石墨烯，新型纳米炭材料的新成员，具有优异的力学、电学及热学等性能，在改善环氧树脂基复合材料的综合性能上的潜力是巨大的，因此，关于石墨烯及其环氧树脂基复合材料的基础研究是必要的，其应用前景是光明的。

目前，石墨烯及其环氧树脂基复合材料的研究中，如何制备出层数可控、性能稳定、成本低廉、可规模化生产的石墨烯材料；如何实现石墨烯的可控表面功能化，使其在环氧树脂基复合材料中达到良好的纳米级分散，并充分发挥其优异的力学、电学及热学等性能，提高复合材料的综合性能，是实现石墨烯/环氧树脂复合材料工业应用的先决条件，因此已成为研究的焦点。

二、石墨烯/环氧树脂复合材料

1. 制备方法

(1) 氧化石墨烯（GO）与改性氧化石墨烯（MGO）的制备

GO 制备：于 4℃取 1g 石墨和 120mL 浓硫酸和 13.3mL 浓 H_3PO_4 混合液，再缓慢加入 6g $KMnO_4$，缓慢升温至 40℃，再加热至 50℃反应 12h。结束后缓慢加入 400mL 水中稀释，滴加 30%双氧水直到出现棕黄色，过滤洗涤，干燥后保存。

MGO 的制备：将 0.2g GO、50mL 乙醇超声分散，在另一烧杯中加入一定量偶联剂和 50mL 去离子水，调节 pH 值为 3，搅拌水解 30min，然后缓慢加入 GO 的均匀分散液中，60℃反应 4h，离心分离，多次洗涤，80℃下干燥 24h，研磨后保存备用。

(2) MGO/环氧复合材料的制备

分别取质量分数 0.010%、0.025%、0.050%、0.100%、0.250% 的 MGO 加入 50mL DMF 中超声 1h 后，转入预热环氧树脂中，60℃搅拌 2h，80℃真空过夜，继续超声 2h 后，冰水浴中加入质量分数 12%的 DETA，真空脱气 5min，取出后倒入玻璃模具中，60℃下固化 6h，脱模并进行切割加工制得标准样条进行力学性能的测试。

2. 性能

① KH570 成功接枝到 GO 表面，使其表面褶皱更多，提升其热稳定性，降低了亲水性，提高了亲油性。

② 添加了 MGO 后，复合材料的力学性能好于纯环氧树脂的，且相比于 GO/环氧树脂复合材料，MGO/环氧树脂复合材料表现出更佳的力学性能。当质量分数为 0.050%时，拉伸强度、拉伸模量、断裂伸长率、冲击强度均达到了最大值，分别比纯环氧树脂提高了 104.32%、14.46%、118.89%、89.84%，性能大幅提升。

③ 通过分析 MGO/环氧树脂复合材料的吸水率发现，GO 的片层效果可以有效地降低吸水率，减缓腐蚀进度。当质量分数为 0.050%时，复合材料的吸水率达到最低 0.375%。

三、氨基改性氧化石墨烯、改性环氧树脂

1. 制备方法

(1) 氧化石墨的制备

采用改进的 Hummers 法制备氧化石墨：于冰水混合物中，将 10g 鳞片石

墨加入 230mL 浓硫酸中，采用电动搅拌器搅拌的同时，缓慢加入 30g 高锰酸钾，控制反应温度始终小于 5℃，并保存 96h；将所得墨绿色液体加入 460mL 的去离子水中；所得溶液在 35℃下搅拌反应 1.5h，然后升温 95℃，反应 1h；趁热加入 30mL 的 30%过氧化氢，静置 12h，过滤，并用 1000mL 5%盐酸洗涤，3000mL 去离子水洗涤至无硫酸根离子，所得样品 70℃烘干。

(2) 三乙烯四胺改性氧化石墨烯（GO-TETA）和乙二胺改性氧化石墨烯（GO-EDA）的制备

将 200mg 氧化石墨加入 200mL DMF 中，超声处理 2.5h，得氧化石墨烯悬浮液，然后加入 30g 三乙烯回胺（TETA）或 EDA、5g 二环己基碳酰亚胺，超声 5min，在 120℃反应 48h，加入 60mL 无水乙醇，静置过夜；除去上层清液，用聚四氟乙烯膜过滤下层沉淀，并用乙醇、去离子水洗涤，所得样品 70℃下烘干，得到 GO-TATA 和 GO-EDA。

(3) 环氧树脂复合材料的制备

分别将 20mg 的 GO-TETA、GO-EDA 及氧化石墨加入 20mL DMF 中，超声处理 2h，得到均匀的悬浮液；将悬浮液加入 70℃预热 2h 的 20g 环氧树脂中，保温并高速搅拌 5h，所得混合物在 70℃下真空干燥 4h，以 4∶1 的比例加入固化剂，然后注入模具中抽真空脱除气泡，常温固化。

2. 性能

① 利用缩合剂法，用 TETA 和 EDA 对氧化石墨烯进行氨基改性，可成功地将氨基接入氧化石墨烯，且改性官能团对氧化石墨烯有一定的还原作用，并显著提高了氨氧化石墨的热稳定性。

② 添加氨基改性氧化石墨烯能够显著提高环氧树脂的热学和力学性能，环氧树脂/GO-EDA 复合材料的拉伸强度较纯环氧树脂提高约 60%，环氧树脂/GO-TETA 复合材料的拉伸强度提高了约 15%。

四、氧化石墨烯改性环氧树脂复合材料

1. 制备方法

(1) 改性 GO 的制备

首先向干燥的三口烧瓶中依次加入 GO 200mg、DMF 200mL，用超声波清洗机超声处理约 2.5h，得到 GO 悬浮液。在搅拌条件下向该悬浮液中依次加入二乙烯三胺 30g，DCC 5g，超声处理 5min，混合均匀。将三口烧瓶置于数显恒温油浴锅中加热搅拌，控制温度 120℃，约 48h 反应完毕。向三口烧瓶中加入无水乙醇 60mL，超声处理 5min 混合均匀，转入烧杯中静置分层，约 12h

分层完毕，去除上层清液，用聚四氟乙烯膜过滤下层沉淀并用乙醇、去离子水洗涤，将固体放入干燥箱中70℃烘干至恒重，得到改性GO。

（2）GO增强EP复合材料的制备

向烧杯中加入EP 60g，磁力搅拌，预热至60℃，向干燥的三口烧瓶中依次加入一定量的改性GO及50 mL DMF超声处理约1h，混合均匀，转入烧杯中与EP混合，继续搅拌2h，放入真空烘箱中抽气12h，继续超声2h，冰水浴中加入10%的二乙烯三胺固化剂，放入真空烘箱中抽气脱气5min，注入玻璃模具并放入烘箱中固化，约6h，脱模切割加工成标准样条。复合材料试样中改性GO质量分数分别为0，0.025%，0.05%，0.1%，0.2%，0.5%。

2. 性能

① 利用二乙烯三胺在GO表面引入氨基基团，可以改进GO与EP的相容性。

② 当改性GO含量小于0.2%时，其在复合材料中分散较为理想，能够均匀分散于体系中；当含量大于0.2%时，含量越大，分散效果越差。

③ 随着改性GO的加入，复合材料的吸水率大幅下降，当改性GO含量为0.2%时，复合材料的吸水率最低，疏水性能最优，浸泡3d吸水率都为0，浸泡12h后吸水率为0.125%，与纯EP相比吸水率降低了81.48%；当含量继续增加，由于复合材料界面局部的空隙增加，吸水率反而大幅上升。

④ 随着改性GO的加入，复合材料的力学性能先提高后降低，当改性GO含量为0.05%时，复合材料的力学性能最好，拉伸强度为50.94MPa，冲击强度为5.78kJ/m^2，相比纯EP分别提高了104%和90%；当含量继续增加，改性GO在复合材料中聚集严重，复合材料的力学性能开始大幅下降。

五、石墨烯改性碳纤维增强环氧树脂复合材料

1. 制备方法

（1）石墨烯的混酸前处理

称取600 mg的石墨烯置于100mL的单口烧瓶中，加入30mL的浓硫酸，磁力搅拌6h后，在超声波清洗器中超声振荡4h，再向烧瓶中加入10mL的浓硝酸，磁力搅拌30min后，移入140℃的恒温油浴中，回流1h，取出反应混合物，用1000mL的去离子水进行稀释，然后用孔径为220nm的混纤微孔滤膜进行减压过滤，并用去离子水反复冲洗直至滤液的pH值为7，最后将所得黑色粉末放在真空烘箱中50℃干燥。

（2）硅烷偶联剂KH560接枝石墨烯

取一定量无水乙醇，加入数滴稀盐酸，调节pH值为4.5～5.5，再加入一

定量的硅烷偶联剂 KH560，配制成质量分数为 2%的混合溶液。用玻璃棒将溶液搅拌均匀，水解 5min。加入 100mg 混酸处理后的石墨烯，超声分散 1h；将反应物于 60℃水浴中恒温，再机械搅拌 6h，转速为 600r/min。取出反应物冷却至室温，用丙酮洗去未反应的硅烷偶联剂 KH560，用孔径为 220nm 的混纤微孔滤膜进行真空抽滤，并用乙醇反复冲洗直至滤液的 pH 值为 7，最后置于 80℃真空干燥。

（3）*石墨烯悬浮液的制备*

将石墨烯和乙醇溶液配成 100mL 0.1mg 的混合液，在 100Hz/min 的超声波清洗器中，超声 30min，制得石墨烯悬浮液。同样的方法制备接枝硅烷偶联剂 KH560 的石墨烯悬浮液。

（4）*上浆剂的制作工艺*

将聚乙二醇 1000、环氧树脂 E-51 按摩尔比 1.5∶1 的比例混合在一起，加入 HCl 的质量是聚乙二醇和环氧树脂质量总和的 0.2%，在 60℃的条件下加热搅拌 3h。在搅拌的溶液中滴加氨水，使溶液呈中性，在 70℃的条件下加热搅拌 2h。然后数次加入 70℃的去离子水，搅拌并分散均匀，直至溶液发生自乳化，制得改性环氧树脂溶液即上浆剂。

（5）*环氧树脂/碳纤维复丝的制备*

① 取一定量的环氧树脂在 60℃下预热，取质量分数为 0.5%的石墨烯加入预热的环氧树脂中搅拌 2h，然后在超声波振荡条件下分散混合若干时间；再加入固化剂，并搅拌均匀，置于真空烘箱真空除去气泡。将碳纤维浸在配置好的环氧树脂中 5min，然后放入鼓风干燥箱内进行干燥，温度为 120℃，时间为 10h，则制得环氧树脂/碳纤维复丝试样 2#。按相同方法制备未添加石墨烯的环氧树脂/碳纤维复丝和添加接枝 KH560 的石墨烯改性的环氧树脂/碳纤维复丝，分别为试样 1# 和 3#。

② 在自制的上浆剂中加入质量分数为 0.5%的石墨烯，超声 2h 使其很好地分散在上浆剂中。将碳纤维分别固定在玻璃框架上，尽量使复丝保持平直绷紧。浸入配好的上浆剂中，静置 5min，然后放入真空干燥箱内进行干燥，温度为 80℃，时间为 8h，在室温下至完全干燥，然后将碳纤维浸在已配好的环氧树脂中 5min，之后放入鼓风干燥箱内进行干燥，则制得试样 5#。按相同方法制备上浆剂中未添加石墨烯的环氧树脂/碳纤维复合材料和添加接枝硅烷偶联剂 KH560 的石墨烯改性的环氧树脂/碳纤维复合材料，制得试样分别为 4#、6#。

2. 性能

表 3-42 为环氧树脂/碳纤维复丝的力学性能。

表 3-42　环氧树脂/碳纤维复丝的力学性能

试样	断裂强力/N	拉伸强度/MPa	断裂伸长率/%
1#	2 012.48	4 589.13	4.95
2#	2 278.89	4 899.19	5.50
3#	2 834.15	5 639.49	6.95
4#	2 208.78	4 789.34	5.65
5#	2 569.37	5 278.89	6.50
6#	2 990.67	5 984.35	9.45

① 用混酸 H_2SO_4/HNO_3 的方法处理石墨烯，成功地在其表面引入了羟基和羧基；酸化后的石墨烯和硅烷偶联剂 KH560 进行反应，成功制备了硅烷偶联剂表面化学修饰的石墨烯。

② 改性后的石墨烯的分散稳定性明显提高。

③ 接枝硅烷偶联剂 KH560 的石墨烯改性的环氧树脂/碳纤维复丝的拉伸性能优于未经接枝的石墨烯改性的环氧树脂/碳纤维复丝。

④ 上浆法制得的环氧树脂/碳纤维复丝的拉伸性能优于分散法制得的复丝拉伸性能。接枝硅烷偶联剂 KH560 石墨烯改性的碳纤维复丝断裂强力比未经过改性未上浆的复丝提高了 48.6%，拉伸强度提高了 30.4%，断裂伸长率提高了 90.9%，改性石墨烯的增强增韧效果显著。

六、氧化石墨烯改性碳纤维增强环氧树脂复合材料

1. 制备方法

(1) 氧化石墨烯的制备

采用改进的 Hummers 法制备氧化石墨烯，46mL 98%的浓硫酸冰水冷却至 4℃以下，加入 2g 石墨粉、1g 硝酸钠和 6g 高锰酸钾，在冰水浴中搅拌反应 4h（始终在 4℃以下），升温至 35℃继续反应半小时，加入 92mL 水，升温至 98℃，保持 15min，停止反应。温水稀释至 280mL，加入 10mL 双氧水（30%）和 73mL 盐酸（5%）酸洗，离心洗涤至 pH 值为中性得到氧化石墨。将其超声 2h，使其片层充分剥离得到氧化石墨烯。

(2) 氧化石墨烯修饰碳纤维

裁剪出长宽分别为 20cm 的碳纤维布料，把氧化石墨烯的水溶液超声分散 1h 后装在喷壶中，均匀喷洒在碳纤维布料的表面。将其在 90℃左右的温度下烘干得到氧化石墨烯修饰的碳纤维。

（3）氧化石墨烯改性碳纤维/环氧树脂复合材料的制备

在两片模压板上涂上一层脱模剂晾干，准备干燥好的12片碳纤维布，在一片模压板上每铺一层碳纤维布就涂一层环氧树脂，然后将另一片模压板盖在碳纤维布上。将模压机的温度升温至160℃，把准备好的带有布料的模压板放置好，进行模压，模压时间为2h，冷却时间为1h。

2. 性能

针对碳纤维和环氧树脂结合的界面问题，采用氧化石墨烯改善碳纤维的表面结构，增强其与环氧树脂结合的界面效果，提高其复合材料的层间剪切强度。当氧化石墨烯的浓度逐渐增大时，其复合材料的力学性能也逐渐增强，并且在氧化石墨烯浓度为0.3%时的碳纤维复合材料的层间剪切性能最佳，当氧化石墨烯浓度超过最佳值时，其层间剪切性能开始下降。

七、石墨烯改性碳纤维增强环氧树脂复合材料的压缩性能

1. 制备方法

（1）石墨烯的制备

采用Hummers法制备氧化石墨，称取50mg氧化石墨溶于100mL的二次水中，置于超声波清洗器中振荡30min，然后将其离心30min去除未剥离的氧化石墨以得到均质、单层结构更加突出的氧化石墨烯胶状悬浮液，将10mL上述悬浮液和40mL二次水加入100mL容量瓶中混合均匀，再加入60mg柠檬酸钠，在100℃下回流搅拌反应3h，溶液由棕色渐渐变为黑色。对产品进行反复水洗，最后将黑色粉末置于真空干燥箱中60℃干燥得石墨烯。

（2）石墨烯的酸化处理

称取600mg的石墨烯，倒入烧杯中，慢慢加入30mL的浓硫酸后，轻轻晃动，使其混合均匀。经过6h的磁力搅拌和4h的超声振荡后，在烧杯中加入10mL浓硝酸，磁力搅拌30min后，放入140℃的恒温油浴锅中，1h后取出烧杯，得到混合非常均匀的黑色溶液。加入去离子水稀释后，用真空泵抽滤，反复水洗，直至溶液的pH值达到7左右，然后放入60℃的真空干燥箱中，最后得到黑色的粉末。

（3）酸化石墨烯接枝硅烷偶联剂

称取90mg的无水乙醇，往里面滴加稀盐酸（质量约为10mg），直到pH值为5左右，再加入质量为2mg的硅烷偶联剂，配制成质量分数为2%的混合液。在混合液中加入100mg酸化石墨烯，超声振荡1h，使其分散更加均匀。然后将反应物放入恒温水浴中，磁力搅拌6h。取出反应物，加入适量丙酮，

用混纤微孔滤膜进行真空抽滤，并用无水乙醇多次冲洗直至滤液呈中性，最后将黑色粉末放入真空干燥箱中60℃真空干燥。

(4) 复合材料的制备

先配制3个树脂体系：称取一定质量的环氧树脂（EP），放于真空干燥箱中抽真空脱泡，在1#树脂体系中不加石墨烯，2#树脂体系中加入质量分数2%的原石墨烯，3#树脂体系中加入质量分数2%的硅烷偶联剂处理的石墨烯，超声振荡2h。然后分别在3个树脂体系中加入体积分数为25%的短切碳纤维（CF），混合均匀，再加入聚酰胺树脂（作固化剂）、丙酮和邻苯二甲酸二丁酯。搅拌均匀后，超声振荡20min，然后再次放于真空干燥箱中抽真空脱泡，最后将脱泡后的混合物进行装模固化成型，固化制度为室温/2h＋95℃/2h＋120℃/1h。固化结束后，自然降温至80℃左右，脱模取样，打磨处理。

2. 性能

① 自制石墨烯经过混酸处理后，其表面的羟基、羧基等活性基团数量明显增加；酸化处理后的石墨烯和硅烷偶联剂发生缩合反应，成功将硅氧烷偶联剂接枝到酸化石墨烯上。

② 在EP/CF复合材料中加入接枝硅烷偶联剂KH570的石墨烯后压缩强度提高了4.6%，压缩弹性模量提高了6.4%。这是因为加入接枝硅烷偶联剂KH570后，石墨烯具有了优异的连接性能，可与EP和CF形成交互连锁，使应力转移到高强度CF上。

③ 接枝硅烷偶联剂KH570的石墨烯通过改善复合材料的界面性能进而提高了其压缩性能（表3-43）。

表3-43 复合材料的压缩性能

试样	压缩弹性模量/MPa	压缩强度/MPa	最大压缩力/kN
1#	640	115.43	10.97
2#	642	115.87	10.99
3#	681	120.73	11.05

八、石墨烯/SiO_2杂化材料增强增韧环氧树脂复合材料

1. 制备方法

(1) 石墨烯/SiO_2杂化材料的制备

① 石墨烯的酸化　称取一定量的石墨烯微片，采用浓硫酸/浓硝酸（体积比3∶1）混酸酸化，在140℃的恒温油浴中回流1h后，取出反应混合物；经过稀释，过滤，用去离子水清洗至滤液的pH值为7，最后将产物置于50℃干

燥，得到产物 f-GNS。

② 酸化石墨烯表面接枝聚丙烯酸　将一定量 f-GNS、PAA、DCC 和四氢呋喃超声混合 30min，接着在氮气保护下 60℃磁力搅拌 48h。收集所得的固体产物，用四氢呋喃洗涤，干燥，产物标记为 PAA-GNS。

③ KH550 与 PAA-GNS 反应　将一定量 PAA-GNS、DCC 于四氢呋喃中超声分散 1h，接着在氮气保护下，逐滴加入 KH550，于 60℃磁力搅拌 24h。将所得产物进行过滤、洗涤，再置于 80℃干燥，产物标记为 KH550-PAA-GNS。

④ 石墨烯/SiO_2 杂化材料的制备　将一定量制备得到的 KH550-PAA-GNS 加入去离子水中，于室温下磁力搅拌 24h 充分水解。在水解完成以后，加入一定量的正硅酸乙酯、氨水和乙醇搅拌一定的时间。最后，对所得黑色杂化材料进行抽滤、洗涤、干燥，得到石墨烯/SiO_2 杂化材料。在 SiO_2 的整个生长过程中，主要分为两个步骤：第一步，先水解成带羟基的产物及醇；第二步，在 Si—OH 与 Si—OH 之间，Si—OH 与 Si—OR 之间发生脱水或脱醇反应，最终形成 Si—O—Si 键，这些 Si—O—Si 键之间不断交联，形成颗粒聚集体，最后在石墨烯片层表面生成 SiO_2 球体。

（2）树脂基复合材料的制备

按照国际样条测试标准 GB/T 2568—1995，在一定的工艺条件下制备标准环氧树脂基复合材料的样条。将环氧树脂、固化剂、促进剂按照比例 100：70：1 配制环氧树脂体系；先用清洁剂清洗模具 3 遍，再用脱模剂清洗模具 3 遍，然后将模具放入 80℃的烘箱中预热 30min；同时，将配制好的树脂体系放入 80℃的真空烘箱中对其进行真空抽滤，除尽树脂体系中的空气；接着，将经过抽滤的树脂体系倒入之前预热的模具中，使其在 80℃固化 1h；再令树脂体系在 120℃固化，在固化程度恰当的情况下，将样条从模具中取出，使样条在 160℃固化 1h，得到所需的复合材料样条。

2. 性能

① 当添加 0.3%杂化材料时，最大应力值和断裂伸长率都要比添加 0.1%、0.5%两种比例的杂化材料高，说明材料的强度和韧性最佳。表明杂化材料的含量为 0.3%时，对环氧树脂基复合材料的增强增韧效果最佳。

② 添加不同种类填料的复合材料的拉伸性能要优于纯树脂，且二氧化硅粒径为 0.13μm 的石墨烯/SiO_2 杂化材料的最大应力值和断裂伸长率都高于添加其他两种填料的复合材料。说明杂化材料的增强增韧作用要优于加入纯石墨烯和纯二氧化硅的复合材料。其原因可能是：杂化材料特殊的三维立体结构能有效传递和承担拉伸过程中的载荷，从而阻止应力集中的现象。

③ 添加 0.3%杂化材料的复合材料断面相对于其他两种比例更加细碎，添

加杂化材料的复合材料断面相对于其他两种填料截面更加粗糙，鳞片状断裂沟槽更加明显。

九、酸化石墨烯/碳纳米管杂化材料改性环氧树脂复合材料的拉伸性能

1. 制备方法

(1) 混酸氧化碳纳米管、石墨烯

分别称取一定量碳纳米管及石墨烯微片，采用浓硫酸/浓硝酸(3∶1)混酸酸化，过滤、真空干燥，得到混酸氧化的碳纳米管(f-MWCNTs)、石墨烯(f-GN)。

(2) 碳纳米管/酸化石墨烯杂化材料的制备

取一定量混酸氧化石墨烯分散于去离子水中，100Hz 超声 4h，于 4000r/min 离心 20min。离心后取上层清液分散等量的原碳纳米管，酸化碳纳米管，再将水溶胶状的石墨烯微片下层液倒入上清液中，于 50Hz 条件下超声 3h，将悬浮液在 4000r/min 离心条件下离心 30min 来移除不稳定的碳纳米管。倒掉上层清液加等量蒸馏水离心 2 次，得到碳纳米管/酸化石墨烯 1∶1 杂化样品（MWCNTs/f-GN），于真空条件下干燥。用同样方法制得酸化碳纳米管/酸化石墨烯 1∶1 杂化材料样品（f-MWCNTs-f-GN）。

(3) 复合材料样条的制备

取适量环氧树脂于 60℃预热 30min，加入反应得到的杂化样品，机械搅拌 2h，超声 4h 使其均匀分散。以 2∶1 比例加入固化剂，搅拌超声使其分散均匀。倒入预热的模具中于 120℃固化成样条。将样条打磨光滑，制成尺寸大小一致的待测样条，最终测量样条长度为长 60mm、宽 11mm、高 2mm。

2. 性能

① 经过混酸氧化，成功在碳纳米管和石墨烯上引入了羟基和羧基，酸化后分散性能变好；

② 经过超声和离心作用可以成功制备碳纳米管/石墨烯杂化材料。选用酸化碳纳米管和酸化石墨烯的效果更好；

③ 环氧树脂中加入杂化材料后，能有效增加环氧树脂的韧性和强度，且加入碳纳米管/石墨烯直接混合杂化材料、超声作用混合杂化材料时增强增韧效果逐渐增加，加入酸化超声作用混合杂化材料的增强增韧效果最显著（表 3-44）。

表 3-44 环氧树脂复合材料样条的拉伸性能

试样	弹性模量(自动杨氏)/MPa	拉伸强度/MPa	断裂伸长率/%
a(纯树脂)	5048.599	56.87864	7.739

续表

试样	弹性模量(自动杨氏)/MPa	拉伸强度/MPa	断裂伸长率/%
b(直接混合)	4547.662	77.26045	10.031
c(超声混合)	3772.694	98.80091	13.318
d(酸化超声)	2625.853	110.7309	13.884

十、石墨烯/碳纳米管杂化材料改性环氧树脂的力学性能

1. 制备方法

(1) 混酸氧化石墨烯

称取一定量的石墨烯微片，采用浓硫酸与浓硝酸比例为 3∶1 的混酸酸化，经过回流、过滤、真空干燥得到混酸氧化的石墨烯（f-GN）。

(2) 碳纳米管/石墨烯杂化材料的制备

采用相关方法，将一定量的酸化石墨烯按照 1mg/mL 分散于去离子水中，在超声波清洗器中以 100Hz 超声 4h，分入几个离心管中并在 4000r/min 的条件下离心 20min，然后取上层清液按照 1∶1、1∶2、2∶1 比例分散一定量的碳纳米管，再将下层液倒入上清液中，于 50Hz 超声 3h，将悬浮液在 4000r/min 的条件下离心 30min 来移除不稳定的多壁碳纳米管，倒掉上层清液加等量蒸馏水 2 次，于相同条件下离心除去不稳定的物质，得到碳纳米管/石墨烯杂化材料，于真空条件下干燥，则可制得不同配比的碳纳米管/石墨烯杂化材料。

(3) 复合材料样条的制备

将环氧树脂、固化剂、促进剂按照比例 100∶70∶1 配制环氧树脂体系，同时用清洁剂、脱模剂清洗模具 2～3 遍，将模具放入 80℃ 的烘箱中预热 30min，在一定温度下对树脂体系进行真空抽滤，将抽滤好的树脂倒入模具中，在 80℃、120℃和 160℃的条件下分步固化，制备出纯树脂样条。复合材料树脂样条的制备还需增加如下操作：在杂化材料添加量为 0.3%的条件下，将 1∶1、1∶2、2∶1 的碳纳米管/石墨烯杂化材料加入环氧树脂体系，并将该体系在恒速搅拌器的作用下机械搅拌 8h，再将该体系在超声波清洗器中超声 4h，然后进行真空抽滤、分步固化，则可制得纯树脂样条以及碳纳米管/石墨烯复合材料样条。

2. 性能

① 经过超声共混、离心、干燥成功制备出不同的碳纳米管/石墨烯杂化材料，杂化材料为三维结构，且在树脂体系中的分散性能很好。

② 杂化材料能有效改善树脂的力学性能，在添加量为 0.3%的条件下，石

墨烯与碳纳米管之比为 2∶1 时合成的 2∶1 碳纳米管/石墨烯杂化材料对环氧树脂强度和韧性的改善效果最佳（表 3-45）。

表 3-45　不同杂化材料加入环氧树脂时复合材料样条拉伸性能

试样	拉伸强度/MPa	弹性模量/MPa	断裂伸长率/%
纯树脂	19.82	3577.67	2.01
1∶1 杂化材料	48.30	922.71	7.49
1∶2 杂化材料	47.88	735.60	5.64
2∶1 杂化材料	55.78	971.37	7.67

十一、石墨烯/碳纳米管杂化材料改性环氧树脂

1. 制备方法

（1）*石墨烯微片的酸化处理*

称取一定量的石墨烯微片，首先将石墨烯微片置于 3 份浓硫酸中，磁力搅拌 6h，再超声 4h，此时再将 1 份浓硝酸添加进去并将混合液磁力搅拌 30min，再将混合液油浴 140℃回流 1h，静置 24h，再过滤洗涤直至 pH 值＝7 为止，在真空烘箱中 60℃烘燥 12h。氧化石墨烯即可制备成功。

（2）*碳纳米管/石墨烯杂化材料的制备*

取少量丙烯酰氯放在烧瓶中抽真空充氮气 60℃油浴反应 48h 制备聚丙烯酰氯，同时将石墨烯和碳纳米管按照一定比例称取，按照比例 1mg/mL 置于 1,4-二噁烷溶液中磁力搅拌 6h，超声 4h，制得碳纳米管和石墨烯分散液。将聚丙烯酰氯慢慢滴入碳纳米管和石墨烯分散液中，再将混合液于 80℃油浴反应 48h，用四氢呋喃洗涤至产物的 pH 值＝7 为止，置于烘箱中 60℃烘燥 12h。调整分散液中碳纳米管和石墨烯的比例即可制备出不同比例的杂化材料。其反应机理如图 3-28 所示。

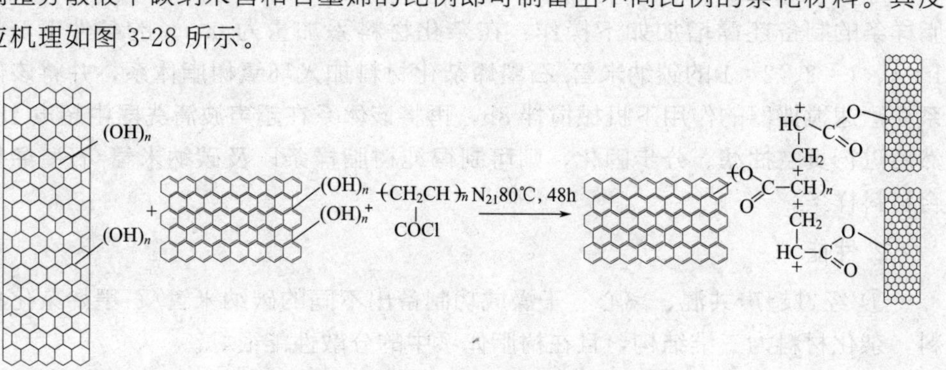

图 3-28　杂化材料制备机理示意

（3）杂化材料/环氧树脂基复合材料的制备

根据《树脂浇铸体性能试验方法》GB/T 2567—2008 制备复合材料。将环氧树脂、固化剂、促进剂按照质量比为 100∶70∶1 配制环氧树脂体系，同时用清洁剂、脱模剂清洗模具 2～3 遍，将模具放入 80℃的烘箱中预热 30min，在一定温度下对树脂体系进行真空抽滤，将抽滤好的树脂倒入模具中，在 80℃、120℃和 160℃的条件下分步固化，制备出纯树脂样条。当碳纳米材料的添加量为 0.3%（质量分数）时，对环氧树脂的增强增韧效果最佳。因此，主要是将调整比例合成的碳纳米管/石墨烯杂化材料按照添加量为 0.3%（质量分数）添加到环氧树脂体系中，再将该体系在恒速搅拌器作用下机械搅拌 8h，在超声波清洗器中超声 4h，再按照纯树脂样条的制备工艺制得碳纳米杂化材料/环氧树脂复合材料样条。

2. 性能

通过透射电镜可以看出，半透明色聚丙烯酰氯将石墨烯与碳纳米管连接在一起，且当碳纳米管与石墨烯比例为 1∶2 时合成的杂化材料中碳纳米管均匀地在聚合物的包裹下分散在石墨烯的片层中。红外光谱和拉曼光谱中峰值的变化说明成功合成 1∶1、1∶2 和 2∶1 碳纳米管/石墨烯杂化材料。通过拉曼光谱的分析可以知道，1∶2 杂化材料的 I_D/I_G 值最大，即杂化材料的无序结构最大，但通过拉伸测试证明其结构的破坏对力学性能的影响小于杂化材料中碳纳米管与石墨烯分散的均匀程度（图 3-29）。因为拉伸测试结果表明，不同比例合成的杂化材料对环氧树脂均有增强增韧效果，其中 1∶2 碳纳米管/石墨烯杂化材料对环氧树脂的增强增韧效果最好，这主要是由于通过聚丙烯酰氯的桥梁作用，碳纳米管与石墨烯比例为 1∶2 时碳纳米管可以均匀地分散在石墨烯的片层中形成稳定的三维结构。杂化材料在承受外力时便可有效分散和转移外力，不会因为碳纳米管的团聚产生局部应力对环氧树脂造成破坏引起断裂，从而提高环氧树脂的强度和韧性。

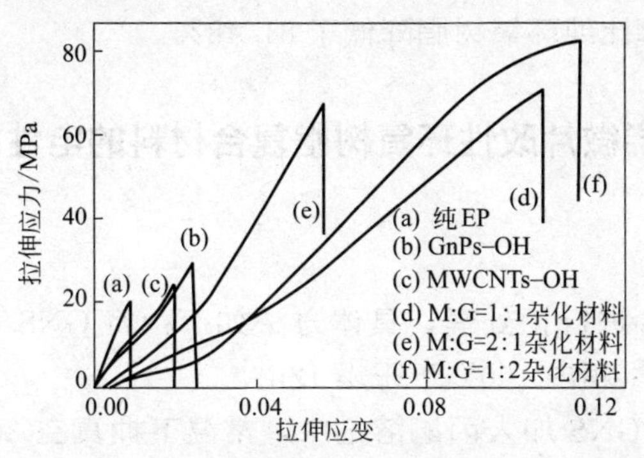

图 3-29　碳纳米杂化材料/环氧树脂复合材料拉伸性能

十二、石墨烯/纳米 ZnO 改性环氧树脂复合材料

1. 制备方法

（1）纳米 ZnO 负载 GO 的制备

首先将 100mL 蒸馏水倒入烧杯中，然后加入 0.500g GO，用 NaOH 调节 pH 值到 11，在 60℃ 下超声 0.5h。然后在水浴锅中，再加入锌源为 25mL 0.2mol/L $ZnSO_4$ 混合继续搅拌 10min，60℃下反应 30min，过程中不断使用 25mL 4mol/L NaOH 作为碱源滴定，然后将所得的混合液进行过滤、水洗，最后将所得样品放入烘箱 130℃ 保温 2h，之后在鼓风干燥箱中 80℃ 干燥 24h 即可。

（2）纳米 ZnO 负载 GO/环氧复合材料的制备

首先分别称取含量为 0.025%（质量分数，下同）、0.050%、0.100%、0.250%、0.500%的 ZnO/GO 分别加入 50mL DMF 中超声 1h，然后加入 60g 环氧树脂 E51 中，60℃下磁力搅拌 2h 之后，在 80℃ 真空烘箱中保温 12h，继续超声 2h，接下来放到冰水浴中加入 10%的二乙烯三胺，在真空烘箱中室温真空脱气 10min，放入 60℃烘箱中固化 6h，最后脱模得到浇铸体板块。

2. 性能

① ZnO 均匀地分散在 GO 表面，GO 被还原，其表面含氧官能团大部分被移除，提升了原来 GO 的热稳定性和亲油性。

② 添加了 ZnO/GO 的环氧复合材料的力学性能好于纯环氧树脂。当 ZnO/GO 加入量为 0.250%时复合材料综合性能最佳，拉伸强度、拉伸模量、断裂伸长率和冲击强度分别比纯环氧树脂提高了 99.87%、12.09%、98.35%和 151.48%，性能显著提升，同时稳定性也大幅提高。

③ ZnO 负载 GO 复合材料的疏水性能十分优异。当 ZnO/GO 的添加量为 0.250%时，吸水率比纯环氧树脂降低了 81.48%。

十三、石墨烯微片改性环氧树脂复合材料的电性能

1. 制备方法

首先，对 GNS 进行预处理，具体方法如下：将 GNS 均匀地铺在表面皿中，将表面皿置于烘箱内 100℃下干燥 12h。

将预处理过的 GNS 加入丙酮溶剂中，常温下抽真空 30min，然后采用超声波细胞粉碎仪使 GNS 均匀分散在溶剂中；向 GNS 的溶液中加入一定比例的

已预热的 EP，超声 20min，将得到的混合液置于 80℃的鼓风干燥箱中干燥 12h，确保溶剂丙酮完全去除，并在 100℃真空干燥箱中抽真空 1h，抽去液体中的气泡；在上述物料中加入固化剂后快速浇入预热好的模具内浇铸，固化后裁切制得标准试样。

2. 性能

① 2,4-EMI 及 MeTHPA 固化的 EP/GNS 导电复合材料具有明显的导电逾渗行为。其中 2,4-EMI 固化的 EP/GNS 导电复合材料的逾渗阈值为 5.1%，而 MeTHPA 固化的复合材料具有更低的室温电阻率，其逾渗阈值为 4.5%。

② 2,4-EMI 及 MeTHPA 固化的 EP/GNS 导电复合材料具有明显的 PTC 效应。其中，MeTHPA 固化的复合材料表现出更强的 PTC 效应。

③ 多次实验发现 MeTHPA 固化的复合材料电性能重复性相对较差，且易存在 NTC 效应，故宜采用 2,4-EMI 作为 EP/GNS 导电复合材料的固化剂。

④ 随着 GNS 含量增加，2,4-EMI 固化的复合材料的室温电阻率逐渐降低，PTC 强度先升高后降低。当 GNS 质量分数为 8%时，复合材料的 PTC 强度最高，为 2.3，且经过 3 次热循环之后，其阻-温特性曲线的热循环稳定性变好。

十四、石墨烯改性无机粒子/环氧树脂复合材料的导电性能

1. 制备方法

将 KNG-CZ030 石墨烯微片置于 100℃烘箱内干燥预处理 12h；将预处理过的石墨烯微片和无机粒子混合于丙酮溶剂中，在超声细胞粉碎机下进行超声分散；向上述物料中加入环氧树脂，再用超声波粉碎机继续分散均匀。将所得混合物在 80℃油浴中脱溶剂 6h，并在 100℃下抽真空，在上述物料中加入固化剂，搅拌均匀，再将所得混合物浇入预热好的模具内，进行浇铸，其中固化条件为：80℃/2h+160℃/4h，固化后随炉自然冷却可得到复合材料试样。用砂纸将试样两侧进行打磨，并用丙酮将其表面擦拭干净，在其上下表面用涂抹的方式均匀镀上已配制好的银粉溶液作为导电胶。

2. 性能

① 添加适量的无机粒子（NaCl 和 TiO_2）可以提高石墨烯微片（GNS)在环氧树脂基体中的分散性，形成较多导电网络，提高复合材料导电性能。

② 在 GNS 的含量为 2.5%体系中，随着无机粒子含量的增加，材料室温体积电阻率先减小后增大，当 NaCl：GNS 和 TiO_2：GNS 质量比分别为 2：25 和 3：25 时达到最小值，分别为 500Ω·m 和 200Ω·m 左右；与未添加的 GNS/E-54 复合材料体积电阻率为 3000Ω·m 左右相比降低显著。

③ 为使复合材料体积电阻率达到 $10^6 \Omega \cdot m$，在没有添加无机粒子的复合材料中需要添加石墨烯含量为 0.97%（质量分数，下同）；加入 NaCl 后，所需石墨烯含量为 0.75%，加入 TiO_2 后的为 0.72%。

十五、石墨烯/多壁碳纳米管改性环氧树脂的导电性能

1. 制备方法

(1) 石墨烯的制备

采用 Hummers 法制备氧化石墨，然后通过热解膨胀法获取热解膨胀石墨薄层，将其分散于 N，N-二甲基甲酰胺中进行超声波处理，并用水合肼进一步化学还原制备石墨烯。具体制备方法如下：①在 250mL 烧杯中加入 46mL H_2SO_4，再加入 1g 石墨和 0.5g $NaNO_3$，搅拌均匀后，缓慢加入 7g $KMnO_4$，于冰水浴下反应 2h；将体系升温至（35±2)℃，反应 45min，随后滴加入 200mL H_2O，并升温到（95±2)℃，保持反应 2h；进一步往体系中加入 300mL H_2O 和约 40mL 质量分数为 10%的 H_2O_2 水溶液，结束反应，趁热过滤，并用质量分数为 5%的 HCl 溶液和 H_2O 反复冲洗至滤液 pH=6～7，滤饼冷冻干燥，获得产物，即为氧化石墨。②取一定量的氧化石墨加入坩埚中，置于 1000℃的马弗炉内，30s 后取出，获得黑色蓬松固体，即为热解膨胀石墨薄层。③将 200mg 热解膨胀石墨薄层加入 200mL N,N-二甲基甲酰胺中超声波处理 30min，再加入 0.5mL 的水合肼溶液，于（98±2)℃下回流反应 2h，趁热过滤，滤饼用 H_2O 反复洗涤，冷冻干燥获得产物，即石墨烯。

(2) 碳纳米材料/环氧树脂复合材料的制备

将碳纳米材料置于适量的丙酮中进行超声分散，再缓慢加入熔融的环氧树脂中，在 80℃进行搅拌-超声波-搅拌处理若干小时，挥发掉过余溶剂后，再进行真空脱泡处理，按 $w_{环氧树脂} : w_{固化剂}=2:1$ 的比例混合，搅拌均匀后浇注入预先处理的模具里，按照固化工艺（80℃/1h+150℃/4h）制得碳纳米材料/环氧树脂复合材料，于室温下养护 24h。

2. 性能

① 利用化学氧化-热解膨胀-还原法制备石墨烯，对石墨烯的化学结构和微观形貌进行表征，结果表明所制备的石墨烯是不同于氧化石墨烯和石墨晶格的单层或少数层二维材料，但表面仍残留少量的含氧官能团。

② 以制得的石墨烯和商业级的碳纳米管、富勒烯以及石墨分别作为纳米导电填料，采用溶液共混和热固成型工艺制备环氧树脂复合材料。电性能测试表明，石墨烯是一种优于碳纳米管、富勒烯和石墨的导电填料，当体积分数为

0.50%时复合材料的电导率达 2.02×10^{-7}S/m。

③ 光学显微镜和扫描电子显微镜对复合材料的断面观察表明，石墨烯能较好地分散于环氧树脂基体中，而碳纳米管、富勒烯和石墨在基体中发生团聚，这主要是由于石墨烯的二维平面结构以及其表面上残留的少量含氧官能团所致。

十六、石墨烯改性环氧树脂复合材料的介电性能（一）

1. 制备方法

采用微波热解剥离法制备石墨烯纳米片。将天然鳞片石墨（G）用强酸、强氧化剂处理 3h，得到氧化石墨（GO）；再将 GO 微波热解剥离 30s，制备出少层数的 GNS；使用硅烷偶联剂 KH560 对 GNS 进行表面改性处理。

将 GNS 按一定比例加入无水乙醇溶液中，超声分散 15min，然后混入熔融的 EP 中，加热、超声分散后，干燥 1h 使无水乙醇挥发。加入固化剂，将混合物倒入自制的模具中，然后将模具放入 80℃烘箱中，固化 3h。

2. 性能(图 3-30～图 3-32)

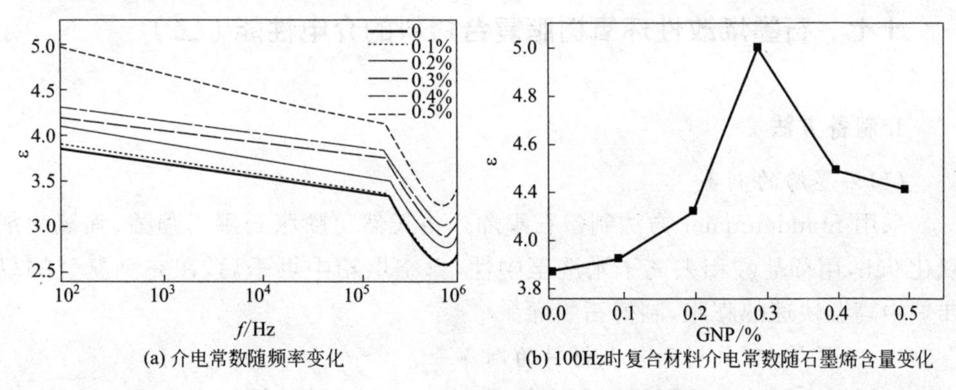

(a) 介电常数随频率变化　　(b) 100Hz时复合材料介电常数随石墨烯含量变化

图 3-30　介电常数与石墨烯纳米片含量的关系

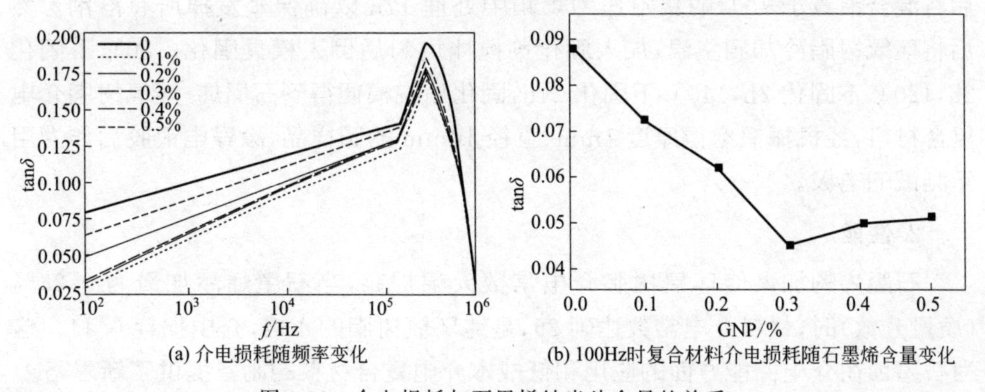

(a) 介电损耗随频率变化　　(b) 100Hz时复合材料介电损耗随石墨烯含量变化

图 3-31　介电损耗与石墨烯纳米片含量的关系

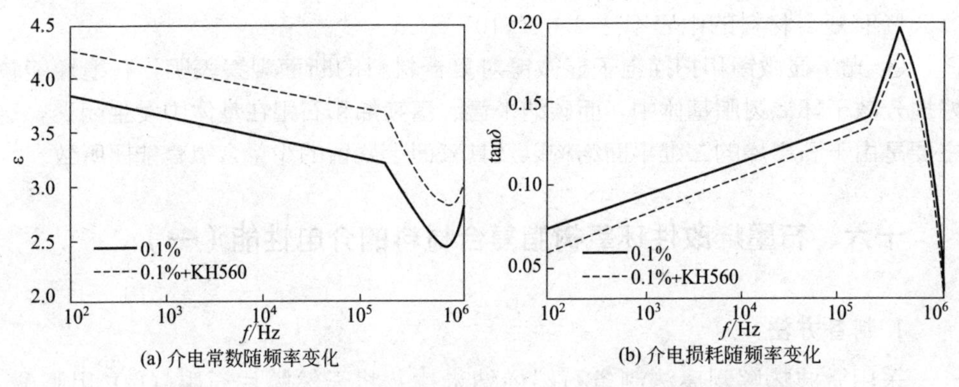

图 3-32　GNS/EP 和偶联改性的 GNS/EP 介电性能随频率变化

随着石墨烯纳米片添加量的增加，复合材料介电常数呈现先增大后减小的趋势，当石墨烯纳米片含量为 0.3%（质量分数）时，介电常数达到最大；石墨烯纳米片对复合材料介电损耗的影响与之相反；偶联改性使复合材料的介电常数增大，介电损耗减小。

十七、石墨烯改性环氧树脂复合材料的介电性能（二）

1. 制备方法

(1) 石墨烯的制备

采用 Staudenmaier 方法制备石墨烯。将天然可膨胀石墨用强酸、强氧化剂氧化 96h，用稀盐酸和去离子水洗至中性，真空烘箱中烘干后，在充满氩气的马弗炉中高温快速热膨胀，制得石墨烯。

(2) 石墨烯/环氧树脂复合材料的制备

石墨烯定量分散到丙酮中超声处理 1.5h，加入环氧树脂，继续超声 1.5h，之后将混合液置于 70℃的真空压力烘箱中处理 12h 以确保蒸发掉所有溶剂。然后将环氧树脂冷却到室温，加入固化剂搅拌均匀后倒入模具固化。80℃下固化 2h，120℃下固化 2h，140℃下固化 24h，固化后脱模便得到石墨烯/环氧树脂介电复合材料，经机械锻磨得厚度 1mm、直径 10mm 的圆样品，涂导电银胶后作为用于测试的电极。

2. 性能

石墨烯的加入使环氧树脂介电常数大幅提高，当石墨烯添加量为 0.25%（质量分数）时，材料介电常数达到 25，是纯环氧树脂的 4 倍，介电损耗 0.11。这为石墨烯在介电储能方面的应用和低成本介电复合材料的制备提供了新思路。

十八、石墨烯改性碳纤维增强环氧树脂复合材料的导热性能

1. 制备方法

第一步，将粉状石墨烯配制成 0.5mg/mL 的石墨烯无水乙醇悬浮液，并在超声细胞粉碎机中超声 30min，获得分散效果较好的石墨稀溶液；第二步，将编织成布的 M50J 碳纤维平铺在定性滤纸上，并置于连接有真空泵的抽滤漏斗上，倒入 100mL 的石墨烯悬浮液。在真空泵的作用下，石墨烯迅速脱去乙醇溶液，并吸附在碳纤维上，形成核壳结构，然后在此基础上再铺一层碳纤维布，重复以上步骤，直到获得 1～6 层的碳纤维布包覆有石墨烯的 CF-G 核壳结构；第三步，在 80℃的加热板上将该多层碳纤维布烘干，并将其置于模压模具中，灌入环氧树脂，同时，将不同层数的碳纤维与环氧树脂直接复合作为对比；第四步，将所有的样品放在真空球中除泡 3h，使得环氧树脂完全浸入碳纤维的缝隙中；第五步，将除完泡的样品放入烘箱中，先在 135℃的条件下保温 2h，然后将温度升高至 165℃，并保温 14h，最终得到不同层数的碳纤维/环氧树脂基复合材料（命名为 CF/Epoxy）和碳纤维-石墨烯/环氧树脂基复合材料（命名为 CF-G/Epoxy）。

2. 性能（图 3-33）

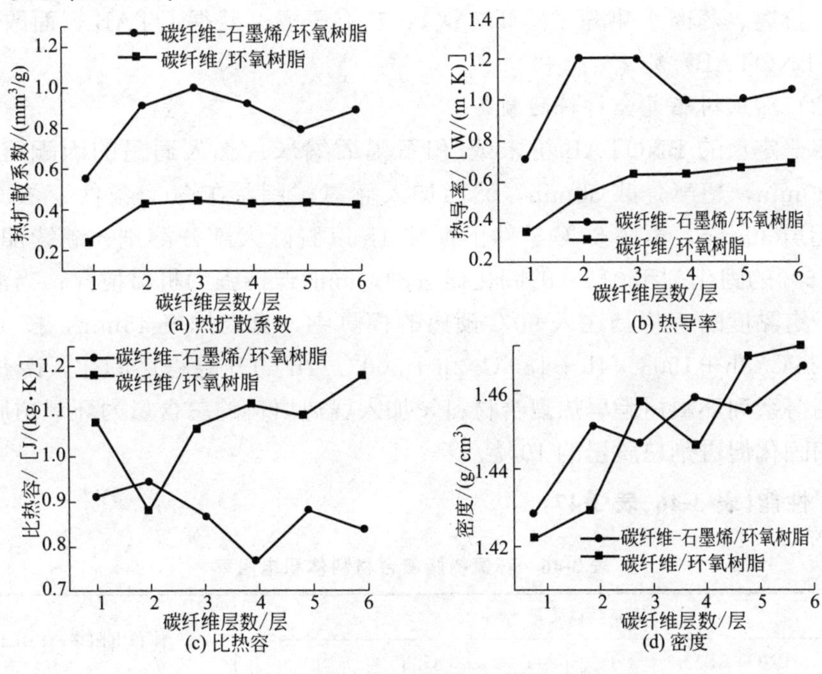

图 3-33　复合材料性能

CF-G/Epoxy 和 CF/Epoxy 复合材料的储能模量比纯环氧树脂分别提高了 13.49 和 10.08 倍。也就是说，环氧树脂加入碳纤维后能极大地提高环氧树脂基体的储能模量，尤其是碳纤维包覆石墨烯的核壳结构增强体具有更好的提升效果。

以石墨烯和编织成布的碳纤维为原料，通过简单的真空抽滤方法制得了不同层数的石墨烯包覆碳纤维的核壳结构，并与环氧树脂复合，制得 CF-G/Epoxy 复合材料。通过与不加石墨烯的 CF/Epoxy 相比，CF-G/Epoxy 复合材料在不提高密度的情况下，导热性能具有明显提高，同时热力学性能也具有极大的提高。这种新型环氧树脂复合材料在电子封装等领域具有很好的应用前景。

十九、石墨烯/氮化硼改性环氧复合材料的导热性能

1. 制备方法

（1）氮化硼粉末的表面改性

具体步骤如下：①将 h-BN 粉末在 1000℃箱式炉中高温热处理 2h，自然冷却至室温，获得羟基化 BN（简称 BNO）粉末；②配置 500mL 浓度为 5mmol/L 的 OTAB（十八烷基溴化铵）水溶液，并调整溶液 pH 值至 8；③向溶液加入 25g BNO 粉末，磁力搅拌 1h，超声 30min，放在 80℃热水浴中搅拌 5h；④高速离心分离、蒸馏水冲洗（循环 3 次）、真空干燥，获得 OTAB 表面改性 BN（简称 BNOTAB）粉末。

（2）环氧树脂复合材料的制备

将一定量的 BNOTAB 粉末或/和石墨烯纳米片加入适量的丙酮溶液中，搅拌 20min，超声分散 30min，然后加入环氧树脂，在 50℃条件下依次搅拌 1h、超声 30min，再在 80℃条件下搅拌 1h 以脱除大部分溶剂；继续加入 EP 质量 75%的固化剂和 0.5%的固化促进剂，同时保持强力机械搅拌；当混合物达到一定黏度时，将其注入 90℃预热的模具中，真空排气 45min，按 100℃/1h+120℃/2h+150℃/4h+180℃/2h+200℃/2h 的升温程序固化，冷却至室温，制得系列环氧树脂导热复合材料，加入导热填料的总含量为环氧树脂、固化剂和固化促进剂总质量的 10%。

2. 性能(表 3-46、表 3-47)

表 3-46　环氧树脂复合材料体积电阻率

填充微粒质量比例		体积电阻率/Ω·cm
BNOTAB/%	GNP/%	
0	0	7.68×10^{16}

续表

填充微粒质量比例		体积电阻率/Ω·cm
BNOTAB/%	GNP/%	
10	0	1.14×10^{17}
9	1	3.82×10^{16}
8	2	2.52×10^{15}
6	4	6.12×10^{18}

表 3-47 含不同质量比例 BNOTAB/GNP 复合材料的热分解温度

填充微粒质量比例		T_{10} 热分解温度/℃
BNOTAB/%	GNP/%	
0	0	367.8
10	0	370.5
9	1	373.9
8	2	375.0
6	4	374.1

注：T_{10} 是复合材料失重10%时对应的热分解温度。

① 采用十八烷基三甲基溴化铵成功改性氮化硼微粒，并制备了改性氮化硼/环氧树脂导热绝缘复合材料。SEM 结果表明，经 OTAB 改性后的 BN 微粒能比较均匀分散于环氧树脂体系中。

② 复合材料的热导率随着 BNOTAB/GNP 填充微粒中 GNP 含量的增加而提高。当 GNP 含量为 4%时（填料总含量为 10%），复合材料的热导率达到 0.48W/(m·K)，比纯环氧树脂材料的热导率提高了 108.7%，而该复合材料的体积电阻率较纯环氧树脂略有降低，仍可达到 6.12×10^{15} Ω·cm，电绝缘性能优异。

③ 复合材料的玻璃化转变温度和热分解温度随着 BNOTAB/GAB 填充微粒中 GNP 含量(填料总含量为 10%)的增加，均呈现先升高后降低的变化趋势。当 m(BNOTAB)/m(GNP)＝9∶1 时，复合材料的玻璃化转变温度为最高值 150.9℃，较纯环氧树脂时提高了 15.2℃；当 m(BNOTAB)/m(GNP)＝8∶2 时，复合材料 10%失重时的热分解温度（T_{10}）达到 375.0℃，较纯环氧树脂提高了 7.2℃。

二十、石墨烯（GNS）/多壁碳纳米管（MWCNTs）改性环氧（EP）复合材料的导热性能

1. 复合材料的制备

取一定量的 MWCNTs（或 GNS），将其分散在丙酮溶液中，在 80℃的条件下真空干燥 24h，得到干燥的 MWCNTs（或 GNS），备用。

取 100g 的 EP、一定量的 MWCNTs（或 GNS），分散在 200mL 丙酮中，用超声波细胞粉碎机在 600W 功率下超声分散 30min，然后用超声波清洗器处理 30min；将所得混合物利用恒温磁力搅拌器，分别在 40℃、60℃、80℃下搅拌 2h，粗略地除去其中的丙酮。然后转移到电热恒温真空干燥箱内，120℃真空保压 12h，以尽量除尽残留丙酮；保压结束后，自然冷却到室温，加入 12g 的 TETA，搅拌均匀，迅速浇铸；依次按照室温/24h，60℃/2h，80℃/2h，100℃/2h 的流程固化，固化结束自然冷却至室温，制得 EP/MWCNTS 和 EP/GNS 复合材料。采用相同工艺制得 EP/GNS/$MWCNT_S$ 复合材料。

表 3-48 为 EP/GNS/MWCNTS 复合材料各组分的体积分数。

表 3-48　EP/GNS/MWCNTS 复合材料各组分的体积分数　　单位：%

复合材料编号	EP	GNS	MWCNTS
1#	99	0.0	1.0
2#	99	0.4	0.6
3#	99	0.5	0.5
4#	99	0.6	0.4
5#	99	1.0	0.0

2. 性能

① 相对于单独采用 MWCNTs 和 GNS 作为 EP 的导热填料，将两者复合作用时更易在 EP 中形成良好的导热网络。

② EP 的热导率、T_g 和热分解温度均随 GNS 或 MWCNTs 含量的增加而增大，其中，GNS 更有利于提高热导率和热分解温度，而 MWCNTs 更有利于提高 T_g。

③ 相比于单一导热填料，将 MWCNTs 和 GNS 复合更能进一步提高 EP 的热导率，且随着复合导热填料中 GNS 比例的增加，热导率逐渐增大。当 GNS 和 MWCNTs 的体积分数分别为 0.6%和 0.4%时，EP/GNS/MWCNTs 复合材料的热导率、T_g 和 $T_{5\%}$ 分别为 0.565W/（m·K）、152℃和 316℃，分

别比纯 EP 提高了 132.5%、34.5%和 8.2%。

二十一、石墨烯改性环氧树脂复合材料的阻燃性能

1. 制备方法

(1) 石墨烯的制备

采用改良的 Hummers 方法制备氧化石墨烯。具体步骤如下：首先将 200mL 浓硫酸倒入 2000mL 烧杯中，通过冰水浴控制其温度在 3～4℃，加入 6.0g 可膨胀石墨和 6.0g 硝酸钠，磁力搅拌 15min；然后缓慢加入 25g 高锰酸钾，机械搅拌 30min 后升温 35℃，继续搅拌 2h；之后，滴加 200mL H_2O，在 100℃下搅拌 30min。向上述反应体系中加入 800mL H_2O 稀释，然后加入适量过氧化氢还原直至悬浮液成金黄色；最后离心并用稀盐酸和热的去离子水清洗，得到氧化石墨。

由氧化石墨还原成石墨烯的具体步骤：0.1g 氧化石墨加入 100mL 去离子水中，超声搅拌 1h，然后将氧化石墨分散液倒入三口瓶中，加入适量的水合肼，95℃下回流加热 5h，最后离心清洗得到石墨烯（GNS)。

(2) 石墨烯/环氧树脂纳米复合材料的制备

通过溶剂法制备石墨烯/环氧树脂复合材料，其中石墨烯含量为 2%。石墨烯/环氧树脂复合材料样品制备过程如下：200mg 石墨烯加入适量丙酮溶液中，超声搅拌直至石墨烯均匀分散在溶剂中，形成黑色悬浮液。然后将 7.6g EP 和 2.2g DDM 加入上述悬浮液中，超声搅拌 2h，得到均匀的混合物。此混合物在磁力搅拌器加热搅拌除去溶剂。直到混合物中没有溶剂，在 100℃温度下固化 2h，然后在 150℃下再固化 2h。最后冷却至室温得到样品。

2. 性能(表 3-49、表 3-50)

表 3-49 石墨烯/环氧树脂纳米复合材料 TG 数据

样品	$T_{5\%}$/℃	T_{max}/℃	残渣量/%
环氧树脂	349.6	384.6	12.7
石墨烯/环氧树脂	355.2	375.1	20.0

表 3-50 石墨烯/环氧树脂纳米复合材料锥形量热仪数据

样品	TPI/s	PHRR/(kW/m^2)	THR/(MJ/m^2)	TSR/(m^2/m^2)
环氧树脂	65	1344	88.8	3200
石墨烯/环氧树脂	72	893	78.2	2480

石墨烯提高了环氧树脂的起始分解温度和残炭量，并且降低了最大热分解速率，表明了石墨烯提高了环氧树脂的热稳定性。锥形量热仪燃烧性能测试结果显示石墨烯降低了环氧树脂的PHRR和THR。SEM结果揭示了石墨烯提高了材料在燃烧后的炭层致密度和连续性，从而增强了炭层阻隔作用。

二十二、石墨烯/氧化镍/二氧化钛纳米管协效改性环氧树脂的阻燃性能

1. 制备方法

(1) 石墨烯-氧化镍杂化物的制备

石墨烯（GNS）是以天然石墨粉为原料，由Hummers法制备得到氧化石墨（GO)，再由水合肼还原所得，具体方法如下：将适量的石墨粉（5g）加入浓硫酸中，再加入硝酸钠（2.5g)。维持反应温度为0℃左右。在这过程中不断搅拌，然后向其中添加要求分量的高锰酸钾（15g)，继续搅拌反应15min。再将体系的温度调至35℃，一直搅拌，继续约30min。再向搅拌的混合物中滴加230mL蒸馏水。升温到98℃，15min后添加400mL去离子水（温水)稀释。最后加入适量的双氧水，得到黄色产物，抽滤烘干后即得到氧化石墨(GO)。

石墨烯-氧化镍杂化物是通过共沉淀法制备的，过程如下：100mg氧化石墨加入1000mL单口瓶，向其中加入700mL去离子水，在超声机中超声1h，使氧化石墨均匀分散，然后再加入适量的六水合硝酸镍，滴加适量的氢氧化钠溶液将体系中的pH调节至10.5，在95℃下回流反应6h。经过抽滤得到的沉淀由水和乙醇的混合物洗涤数次，放入烘箱中，在70℃下干燥12h。最后将得到的前驱体样品放置于管式炉中，通入氮气，在350℃条件下煅烧2h，最终得到实验所需样品。石墨烯-氧化镍中氧化镍的负载量可以通过计算样品在盐酸溶液中溶解前后的质量变化得到。

(2) 二氧化钛纳米管（TNT）的制备

通过水热法制备二氧化钛纳米管，方法如下：将1.5g二氧化钛粉末加入50mL 10mol/L的氢氧化钠溶液中，超声搅拌30min。将所得的悬浮液用聚四氟乙烯反应釜在160℃下水热反应6h。得到的沉淀物分散到去离子水中，用1mol/L盐酸溶液处理，直到pH到2.5，继续搅拌2h。得到的白色固体用去离子水洗涤数次直到中性，随后在60℃烘箱中干燥48h。

(3) 环氧树脂纳米复合材料的制备

环氧树脂中纳米材料的添加量为2%，石墨烯-氧化镍杂化物和二氧化钛纳米管含量各为1%。制备过程如下：称取0.6g石墨烯-氧化镍杂化物和0.6g二

氧化钛纳米管加入丙酮中，超声分散 30min 形成均匀的分散液，然后加入 48.8g 环氧树脂，继续超声分散 1h。然后在 100℃搅拌 12h 除去溶剂。接着加入 10g DDM 并倒入模具中在 100℃固化 2h，在 150℃继续固化 2h。然后冷却至室温，脱模得到石墨烯-氧化镍/二氧化钛纳米管/环氧树脂纳米复合材料样品，标记为 GNS-NiO/TNT/EP。作为对比，分别制备了一系列相同添加量（2%）的阻燃环氧树脂纳米复合材料：石墨烯/环氧树脂（GNS/EP），石墨烯-氧化镍/环氧树脂（GNS-NiO/EP），二氧化钛纳米管/环氧树脂（TNT/EP）。

2. 性能(表 3-51、表 3-52)

表 3-51　环氧树脂纳米复合材料的 TG 数据

样品	$T_{-5\%}$/℃	T_{max}/℃	残炭量/%
EP	377	398	14.0
GNS/EP	378	399	15.6
GNS-NiO/EP	364	397	15.2
TNT/EP	378	401	17.2
GNS-NiO/TNT/EP	371	400	17.6

表 3-52　环氧树脂纳米复合材料的锥形量热测试数据

样品	PHRR/(kW/m^2)	THR/(mJ/m^2)
EP	1890	92.5
GNS/EP	1769	71.9
GNS-NiO/EP	1140	64.7
TNT/EP	1119	57.2
GNS-NiO/TNT/EP	731	54.3

① 纳米材料在环氧树脂基体中具有良好的分散，分散性也是影响纳米复合材料性能的重要因素；

② 石墨烯-氧化镍杂化物和二氧化钛纳米管的协同添加对环氧树脂纳米复合材料的热分解温度影响不大，但却可以提高残炭量，且能够降低最大质量损失速率，表明纳米材料的添加能够提高环氧树脂材料的热稳定性；

③ 添加 2%的纳米材料能够大幅度降低环氧树脂的 PHRR 和 THR，其中，GNS-NiO/EP 的 PHRR 和 THR 分别降低了 39.7%和 30%，添加单一的 TNT 的效果与其类似。而同时添加 1%的石墨烯-氧化镍和 1%的二氧化钛纳米管的纳米复合材料的 PHRR 和 THR 分别降低了 61%和 41%，远比单独添加的效果明显，这表明石墨烯-氧化镍杂化物和二氧化钛纳米管能够起到很好的

协同阻燃作用。

二十三、石墨烯/磷硅元素改性环氧树脂的阻燃性能

1. 制备方法

（1）改进 Hummers 法制备 GO 粉末

将 120mL 浓硫酸和 13mL 浓磷酸在 500mL 烧杯中混合，加入 1g 鳞片石墨和 6g 高锰酸钾，在 50℃下搅拌 12h，然后把得到的产物置于冰浴中，缓慢滴加 30%双氧水，使多余的高锰酸钾全部反应，至没有气体出现为止，离心后取下层分离物，经过 5%（质量分数，下同）稀盐酸洗 2 遍，水洗 5 遍，乙醇洗 2 遍，即得到颜色呈暗黄色的中性氧化石墨，再将其分散在去离子水中，经过 18h 超声处理，离心，取上层棕黄色液体即为 GO 水溶液，最后冷冻干燥 24h 得到 GO 粉末。

（2）DOPO 改性 GO（DGO）的制备

将 0.5g GO、3g DOPO 和 200mL DMF 溶剂置于装有冷凝管和磁力搅拌子的三颈瓶中，通氮气保护，搅拌升温至 60℃反应 6h，得到固体沉淀，冷却后离心，倒去上层 DMF 溶剂，再用 DMF 洗涤 3 次以上以除去多余的 DOPO。经冷冻干燥，得到 0.37g 固体产物 DGO，合成路线如图 3-34 所示。

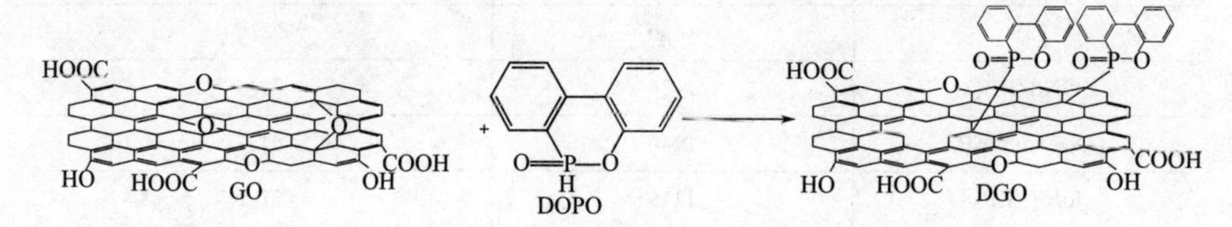

图 3-34　DGO 的合成路线

（3）KDGO 的制备

将 0.37g DGO、50mL 硅烷偶联剂、20mL 5%稀盐酸与 150mL 乙醇置于装有冷凝管和磁力搅拌子的三口瓶中，通氮气保护，搅拌升温至 50℃反应 7h，得到固体沉淀，冷却后离心，倒去上层乙醇溶剂，用乙醇反复多次洗涤以除去多余的硅烷偶联剂，经冷冻干燥，得到 0.28g 固体产物 KDGO，合成路线如图 3-35 所示。

（4）复合材料的制备

称取一定质量的 EP 放入单口瓶中搅拌加热至 60℃，以 EP 质量的 1%称取 GO、DGO 或 KDGO 粉末，分别分散在丙酮溶剂后加入 EP 中，加热搅拌至均一无气泡，或采用真空烘箱升温脱气直到丙酮全部除去；然后加入固化剂

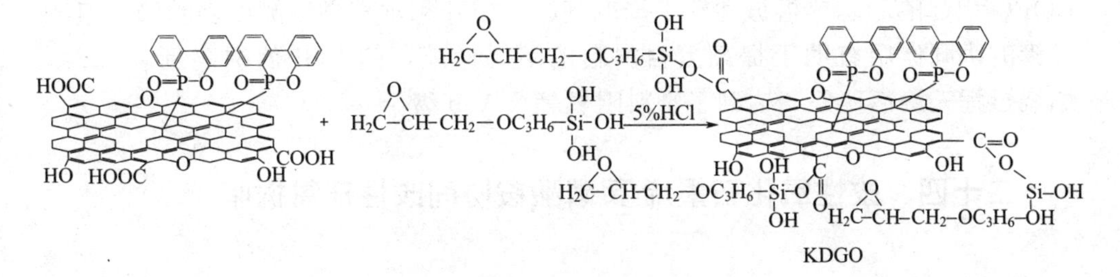

图 3-35　KDGO 的合成路线

DDM［m(DDM)∶m(EP)＝1∶4］，体系升温到 90℃，搅拌至均一后将混合物倒入铝箔模具中，采用程序控温烘箱固化，固化过程分 3 个阶段：120℃，4h；140℃，2h；180℃，2h。然后自然冷却至室温，分别得到 1%GO/EP、1%DGO/EP、1%KDGO/EP 复合材料，在同样的固化条件下制备纯 EP 固化物进行比较。

2. 性能(表 3-53、表 3-54)

表 3-53　EP、1%GO/EP、1%DGO/EP、1%KDGO/EP 的热分析数据

样品	氮气气氛			空气气氛			
	T_d/℃	T_{max}/℃	残炭率/%	T_d/℃	T_{max1}/℃	T_{max2}/℃	残炭率/%
EP	358	386	17.35	282	303	569	0.88
1%GO/EP	340	382	23.66	285	304	571	0.93
1%DGO/EP	328	375	26.27	280	302	561	1.20
1%KDGO/EP	341	375	27.46	284	300	551	1.61

注：T_{max1} 和 T_{max2} 分别表示第 1 阶段和第 2 阶段的最大分解温度。

表 3-54　EP、1%GO/EP、1%DGO/EP、1%KDGO/EP 的阻燃性能数据

样品	LOI/%	垂直燃烧等级	滴落
EP	20.1		有
1%GO/EP	21.5	V-2	有
1%DGO/EP	24.6	V-0	无
1%KDGO/EP	27.1	V-0	无

质量分数为 1%的 KDGO 能够保持复合材料的热稳定性，同时提高残炭率，与纯 EP 固化物相比，残炭率提高了 10%，解决了目前市场上含 DOPO 阻燃剂引起固化材料热稳定性下降的问题。DMA 数据显示，KDGO 中的环氧基能够参与 EP 的交联固化，使复合材料的动态热力学性能提高，有效改善了由

DOPO 引起的动态热机械性能下降的问题。LOI 和垂直燃烧测试表明磷硅阻燃元素的协同作用有助于提高复合材料的阻燃性能，使 LOI 值提高到 27.1%，燃烧过程无滴落现象，达到了塑料阻燃等级 V-0 级。

二十四、改性氧化石墨烯/聚磷酸铵协同改性环氧树脂

1. 制备方法

(1) ODA 改性 GO(GO-ODA)的制备

将 500mg 的 ODA(十八胺)溶于 50mL 的 95%乙醇中，配成均一溶液，将其迅速倒入含有 50mL 的 10mg/mL 的 GO 水溶液的 250mL 三口圆底烧瓶中，烧瓶口插入冷凝管和温度计，放入 100℃的油浴中加热，磁力搅拌，回流反应 20h，之后从油浴装置中取出烧瓶并自然冷却到室温，用乙醇作溶剂，将产物在 9000r/min 下离心 30min，重复离心三次，除去未反应的 ODA，真空抽滤产物并用大量去离子水冲洗三次，将滤饼在真空 60℃下干燥过夜，最后得到 598mg 浅黑色粉末 GO-ODA。

(2) EP/APP 阻燃复合材料试样的制备。

称取 30g 的 EP 于 50mL 烧杯中，放入 80℃烘箱中；称取复合材料总质量分数 15%～35%的 APP 阻燃剂，将阻燃剂缓慢加入 EP 中，磁力搅拌 10min，然后将混合物在 80℃的真空烘箱中抽气 0.5h，以除去气泡；在体系中加入 EP 质量 17%的固化剂 MXDA，并搅拌均匀，将搅拌均匀的混合物倒入聚四氟乙烯模具中，并放入 60℃烘箱中保温 1h，随后升温至 80℃保温 0.5h，制得 EP/APP 阻燃复合材料试样。

(3) EP/APP/GP-ODA 阻燃复合材料试样的制备。

称取复合材料总质量 0.1%～1.0%的 GO-ODA 溶于 10mL 四氢呋喃(THF)中，超声 20min 使其充分溶解。将称量好的 APP 加入 30g 的 EP 中，再倒入 GO-ODA 溶液，超声 10min；70℃下对体系磁力搅拌 2h，以排出 THF；将混合物置于 80℃真空烘箱中抽气 3～5h，除去残余 THF；在体系中加入固化剂 MXDA，搅拌均匀后倒入模具中，按照相同固化条件制备 EP/APP/GO-ODA 阻燃复合材料试样。

2. 性能

① 固体 APP 质量分数为 20%，当 GO-ODA 的质量分数为 1%时，EP/APP/GP-ODA 阻燃复合材料的拉伸强度和冲击强度均有最大值，分别为 67.23MPa 和 4.87kJ/m^2，与 EP/APP 阻燃复合材料相比，其拉伸强度和冲击强度分别提高 15.65%和 13.79%；同时，复合材料的 LOI 从未添加时的

30.0%提高到 32.3%，说明 GO-ODA 与 APP 阻燃剂具有一定的协同阻燃效果。

② 固定 APP 质量分数为 20%，当 GO-ODA 的质量分数为 1%时，EP/APP/GP-ODA 阻燃复合材料在 650℃时的质量保持率为 36.6%，明显高于 EP/APP 阻燃复合材料的 27.9%。由此证实，EP/APP 阻燃复合材料中加入少量 GO-ODA，可以明显起到促进成炭作用。

③ 固定 APP 质量分数为 20%，加入质量分数 1%的 GO-ODA，EP/APP/GD-ODA 阻燃复合材料的燃烧物表面呈泡孔状网络结构。由此证实，少量 GO-ODA 与 APP 阻燃剂的有机结合，在制备的 EP/APP/GO-ODA 阻燃复合材料中发挥出特殊的协同阻燃效果。

二十五、还原氧化石墨烯改性增强环氧树脂形状记忆复合材料

1. 制备方法

(1) 氧化石墨烯 (GO) 的制备

采用 Hummers 法制备 GO。取制备出的氧化石墨固体溶解分散在 *N*,*N*-二甲基甲酰胺 (DMF) 中，再在超声波清洗机中超声分散，得到 GO。

(2) RGO/形状记忆环氧复合材料的制备

将上述制备的一定体积 GO 的 DMF 分散液加入 3g 环氧树脂中，搅拌均匀后，将上述共混树脂置于 160℃的鼓风干燥箱中加热 4h，以除去 DMF；将 0.333g 纳迪克酸酐 (固化剂)和 0.075g 乙酰丙酮锌 (促进剂)溶于 3mL 丙酮中，搅拌均匀之后将其加入上述石墨烯共混树脂单体溶液中；在 90℃磁力搅拌 1h 后，置于真空干燥箱中抽真空 10min 以排除气泡；最后将树脂倒入模具中，分段升温 (120℃/1h→150℃/3h→180℃/2h)。达到设定时间后将烘箱温度调整到 25℃，使模具随烘箱自然冷却，将模具取出，脱出浇注体试样。采用相同工艺流程制备出不同掺杂浓度 RGO/EP 复合材料 (0，0.06%，0.2%，0.6%，1.0%)。另外，GO/DMF 分散液进一步在 160℃温度下处理，作对比实验。

2. 性能(表 3-55、图 3-36、图 3-37)

表 3-55 不同 RGO 含量的 RGO/EP 复合材料的力学性能

样品	拉伸强度/MPa	伸长率/%	弹性模量/MPa
空白	7.3	68.7	266.3
0.06%	18.1	33.7	357.1

续表

样品	拉伸强度/MPa	伸长率/%	弹性模量/MPa
0.2%	27.3	79.5	708.3
0.6%	10.4	24.8	256.3
1.0%	4.6	38.5	187.0

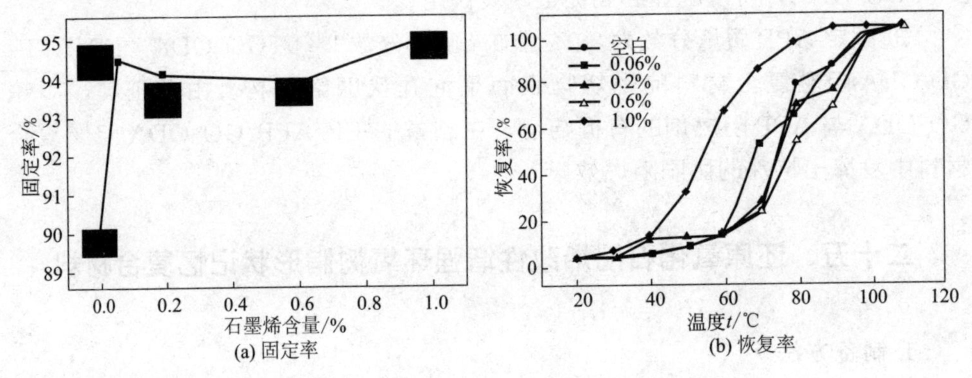

图 3-36 不同 RGO 含量 RGO/EP 复合材料的 U 形状固定率和恢复率

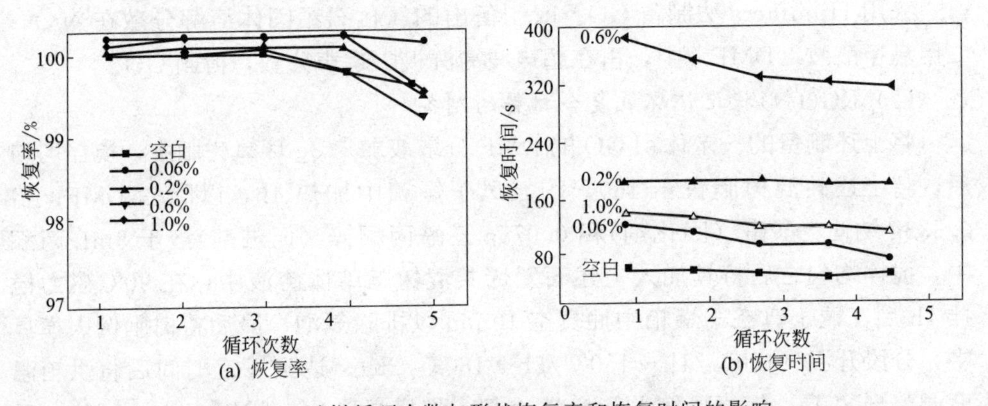

图 3-37 试样循环次数与形状恢复率和恢复时间的影响

通过溶剂热还原，填充到环氧树脂单体中的 GO 原味还原成 RGO，并可均匀分散在 EP 基体中。该复合材料的拉伸强度、弹性模量和储能模量均随 RGO 含量增加呈先升后降态势，在 w(RGO)＝0.2%（相对于环氧树脂的质量而言的质量分数）时相对最大；随着 RGO 含量增加，复合材料的玻璃化转变温度随之增加。当 w(RGO)＝0.6%时，玻璃化转变温度 T_g 相对纯环氧树脂提高约 45℃，达到 102℃，热稳定性显著提高。相应的复合材料具有良好的形状记忆性能，变形可以完全恢复，且 RGO/EP 复合材料相对纯环氧树脂具有更高的形状固定率与形状恢复温度。

二十六、石墨烯改性碳纤维复丝增强环氧树脂复合材料

1. 制备方法

(1) 石墨烯的混酸前处理

称取600mg的石墨烯置于100mL的单口烧瓶中，加入30mL的浓硫酸，磁力搅拌6h后，在超声波清洗器中超声振荡4h，再向烧瓶中加入10mL的浓硝酸，磁力搅拌30min后，移入140℃的恒温油浴中，回流1h，取出反应混合物，用1000mL的去离子水进行稀释，然后用孔径为220nm的混纤微孔滤膜进行减压过滤，并用去离子水反复冲洗直至滤液的pH值为7，最后将所得黑色粉末放在真空烘箱中50℃干燥。

(2) 硅烷偶联剂KH560接枝石墨烯

取一定量无水乙醇，加入数滴稀盐酸，调节pH值为4.5～5.5，再加入一定量的硅烷偶联剂KH560，配制成质量分数为2%的混合溶液。用玻璃棒将溶液搅拌均匀，水解5min。加入100mg混酸处理后的石墨烯，超声分散1h；将反应物于60℃水浴中恒温，再机械搅拌6h，转速为600r/min。取出反应物冷却至室温，用丙酮洗去未反应的硅烷偶联剂KH560，用孔径为220nm的混纤微孔滤膜进行真空抽滤，并用乙醇反复冲洗直至滤液的pH值为7，最后置于80℃真空干燥。

(3) 石墨烯悬浮液的制备

将石墨烯和乙醇溶液配成100mL 0.1mg的混合液，在100Hz/min的超声波清洗器中，超声30min，制得石墨烯悬浮液。同样的方法制备接枝硅烷偶联剂KH560的石墨烯悬浮液。

(4) 上浆剂的制作工艺

将聚乙二醇1000、环氧树脂E-51按摩尔比1.5∶1的比例混合在一起，加入HCl的质量是聚乙二醇和环氧树脂质量总和的0.2%，在60℃的条件下加热搅拌3h。在搅拌的溶液中滴加氨水，使溶液呈中性，在70℃的条件下加热搅拌2h。然后数次加入70℃的去离子水，搅拌并分散均匀，直至溶液发生自乳化，制得改性环氧树脂溶液即上浆剂。

(5) 环氧树脂/碳纤维复丝的制备

① 取一定量的环氧树脂在60℃下预热，取质量分数为0.5%的石墨烯加入预热的环氧树脂中搅拌2h，然后在超声波振荡条件下分散混合若干时间；再加入固化剂，并搅拌均匀，置于真空烘箱真空除去气泡。将碳纤维浸在配制好的环氧树脂中5min，然后放入鼓风干燥箱内进行干燥，温度为120℃，时间为

10h，则制得环氧树脂/碳纤维复丝试样 2#。按相同方法制备未添加石墨烯的环氧树脂/碳纤维复丝和添加接枝 KH560 的石墨烯改性的环氧树脂/碳纤维复丝分别为试样 1# 和 3#。

② 在自制的上浆剂中加入质量分数为 0.5%的石墨烯，超声 2h 使其很好地分散在上浆剂中。将碳纤维分别固定在玻璃框架上，尽量使复丝保持平直绷紧。浸入配好的上浆剂中，静置 5min，然后放入真空干燥箱内进行干燥，温度为 80℃，时间为 8h，在室温下至完全干燥，然后将碳纤维浸在已配好的环氧树脂中 5min，然后放入鼓风干燥箱内进行干燥，则制得试样 5#。按相同方法制备上浆剂中未添加石墨烯的环氧树脂/碳纤维复合材料和添加接枝硅烷偶联剂 KH 560 的石墨烯改性的环氧树脂/碳纤维复合材料，制得试样分别为 4#、6#。

2. 性能

由表 3-56 可知：石墨烯经过机械搅拌法加入环氧树脂中制作的复丝，比未加石墨烯的纯碳纤维复丝的断裂强力提高了 13.2%，拉伸强度提高了 6.7%，断裂伸长率提高了 11.1%。加入接枝 KH560 石墨烯的碳纤维复丝的断裂强力比未加石墨烯的纯碳纤维复丝提高了 40.8%，拉伸强度提高了 22.9%，断裂伸长率提高了 40.4%。

表 3-56　环氧树脂/碳纤维复丝的力学性能

试样	断裂强力/N	拉伸强度/MPa	断裂伸长率/%
1#	2012.48	4589.13	4.95
2#	2278.89	4899.19	5.50
3#	2834.15	5639.49	6.95
4#	2208.78	4789.34	5.65
5#	2569.37	5278.89	6.50
6#	2990.67	5984.35	9.45

用混酸 H_2SO_4/HNO_3 的方法处理石墨烯，成功地在其表面引入了羟基和羧基；酸化后的石墨烯和硅烷偶联剂 KH560 进行反应，成功制备了硅烷偶联剂表面化学修饰的石墨烯。改性后的石墨烯的分散稳定性明显提高。接枝硅烷偶联剂 KH560 的石墨烯改性的环氧树脂/碳纤维复丝的拉伸性能优于未经改性的石墨烯改性的环氧树脂/碳纤维复丝。

上浆法制得的环氧树脂/碳纤维复丝的拉伸性能优于分散法制得的复丝拉伸性能。接枝硅烷偶联剂 KH560 石墨烯改性的碳纤维复丝断裂强力比未经过改性未上浆的复丝提高了 48.6%，拉伸强度提高了 30.4%，断裂伸长率提高了 90.9%，改性石墨烯的增强增韧效果显著。

二十七、石墨烯改性环氧树脂介电复合材料

1. 制备方法

（1）石墨烯的制备

采用 Staudenmaier 方法制备石墨烯。将天然可膨胀石墨用强酸、强氧化剂氧化 96h，用稀盐酸和去离子水洗至中性，真空烘箱中烘干后，在充满氩气的马弗炉中高温快速热膨胀，制得石墨烯。

（2）石墨烯/环氧树脂复合材料的制备

石墨烯定量分散到丙酮中超声处理 1.5h，加入环氧树脂，继续超声 1.5h，之后将混合液置于 70℃ 的真空压力烘箱中处理 12h 以确保蒸发掉所有溶剂。然后将环氧树脂冷却到室温，加入固化剂搅拌均匀后倒入模具固化。80℃ 下固化 2h，120℃ 下固化 2h，140℃ 下固化 24h，固化后脱模便得到石墨烯/环氧树脂介电复合材料，经机械锻磨得厚度 1mm、直径 10mm 圆片样品，涂导电银胶后作为用于测试的电极。

2. 性能

石墨烯的加入使环氧树脂介电常数大幅提高，当石墨烯添加量为 0.25%（质量分数）时，材料介电常数达到 25，是纯环氧树脂的 4 倍，介电损耗 0.11。这为石墨烯在介电储能方面的应用和低成本介电复合材料的制备提供了新思路。

第十一节　石墨烯改性酚醛

一、石墨烯改性酚醛复合材料的研究

1. 简介

酚醛树脂（phenolic formaldehyde resin，PF）是世界上最早的合成树脂品种，在催化剂作用下由酚类和醛类缩聚而成。经过一个多世纪的发展，酚醛树脂及其复合材料的研究和应用已经取得了长足的进步，因其具有优良的耐热、耐腐蚀、阻燃等性能，广泛应用于模塑料、层压材料、摩擦材料、阻燃材料、泡沫材料以及耐高温和烧蚀材料等。同时，为了弥补酚醛树脂自身韧性差、冲击强度低等缺点，有关改性技术与方法的研究一直是该领域关注的课题。

因其独特的分子级二维晶体结构，石墨烯表现出奇特而优异的物理、化学、力学等性能，被认为是迄今最有前途的材料之一，并广泛用于聚合物基复合材料的研究和开发。以天然鳞片石墨（natural flake graphite）为原料制备石墨烯被认为是目前规模化制备石墨烯的有效方法。通常，采用 Hummers 方法制备氧化石墨（graphite oxide），经进一步剥离，形成氧化石墨烯，继而采用热还原或化学还原方法得到还原石墨烯（reduced graphene）。氧化石墨烯表面含有羟基、羧基和环氧等官能团，与酚醛树脂有着良好的相容性，近年来被用于酚醛树脂复合材料的研究和应用中。现介绍近五年来国内氧化石墨烯/酚醛树脂复合材料的研究成果。

2. 复合材料的制备

氧化石墨烯/酚醛树脂复合材料的主要制备方法包括原位聚合法、熔融共混法以及溶液混合法等。采用溶液混合法，将氧化石墨烯分散液与酚醛溶液混合，利用氧化石墨的含氧基团与酚醛树脂上的含氧官能团间的反应以及 π-π 效应可提高氧化石墨烯在酚醛树脂中的分散，并改善复合材料的热稳定性与热降解成炭量。采用球磨法原位聚合制备氧化石墨烯/酚醛树脂复合材料，球磨作用有效提高了氧化石墨烯的剥离和分散。

在原位聚合过程中，苯酚和甲醛除了作为反应原料，同时也是氧化石墨的还原剂。有研究人员通过苯酚和甲醛缩合反应过程中加入氧化石墨烯并通过超声剥离达到原位还原插层复合而得到石墨烯酚醛树脂导电复合材料。配合热还原或化学还原方法，可以得到石墨烯/酚醛树脂复合材料。还有研究人员提出了一种原位还原的制备方法，采用超声波或者研磨方式将氧化石墨均匀分散在聚合物胶乳中，然后在聚合物胶乳中通入还原剂，进一步得到聚合物/石墨烯复合母料，用以制备聚合物/石墨烯复合材料。有人将氧化石墨烯与酚醛树脂乳液共混，经水合肼还原和热固化制备石墨烯/酚醛树脂纳米复合材料。

3. 复合材料的性能

（1）力学性能

氧化石墨烯用于酚醛树脂及其复合层压板、纤维增强材料、摩擦材料等以改善复合材料的力学性能。添加质量分数 0.25％的氧化石墨烯使氧化石墨烯/酚醛树脂复合材料的冲击强度、弯曲强度和储能模量相比纯酚醛复合材料分别提高 21.8％、13.8％和 25.8％。在邻甲酚醛树脂/邻甲酚醛环氧/氧化石墨烯复合层压板中，加入 1.2％的氧化石墨烯，复合材料的拉伸强度和冲击强度分别提高了 102％和 86％。将 0.1％的氧化石墨、化学还原石墨烯及热还原石墨烯分别加入酚醛树脂/丙烯腈中与碳纤维复合，复合材料的压缩强度分别提高了 139.5％、98.9％和 178.9％，研究表明，石墨烯增强了界面的结合程度，起到载荷传递的作用，而改善了复合材料的力学性能。改性氧化石墨烯进一步提高了复合摩擦材料的力学性能，相比于未改性的复合材料，采用硅烷（γ-氨丙基三乙氧基硅烷，KH550）改性氧化石墨烯的复合材料的冲击强度、弯曲强度和弯曲模量分别提高了 24.32%、10.95%和 21.21%；同时，松弛模量提高了 42.22%，形变率降低了 40.79%。

（2）电学性能

由于氧化石墨烯结构中 π-π 共轭结构受到破坏，导电性能有限。利用化学还原或热还原氧化石墨烯以提高复合材料的导电性，是目前研究中常用而有效的手段。采用 Hummers 方法制备氧化石墨，经水合肼还原制得还原石墨烯，与热塑性酚醛树脂熔融混合后固化获得石墨烯/酚醛树脂复合材料，加入 2.0%还原石墨烯/酚醛树脂复合材料的交流阻抗降低了 25 倍。采用直接共混法制备氧化石墨烯/酚醛树脂纳米复合材料，当氧化石墨烯含量为 2.0%时，通过高温热还原处理获得了导电率为 96.23 S/cm 的复合材料薄膜。

还原石墨烯的导电性能与还原方法有关。有人比较了不同还原试剂对还原石墨烯导电性能的影响，由于形成了碘的非物理吸附掺杂，使石墨烯片层的电子电导率提高，经 HI 还原所得的还原石墨烯导电性能较好，采用此种原位还原方法，可获得电导率为 18.95 S/m 的还原石墨烯/酚醛树脂复合材料。利用苯酚和甲醛的还原作用，也可提高氧化石墨烯的导电性。酚醛树脂原位还原的氧化石墨烯和苯酚还原的氧化石墨烯的电导率分别是 7.0 S/m 和 0.5 S/m，明显高于甲醛还原的氧化石墨烯（4.89×10^{-4} S/m）和氧化石墨烯（7.35×10^{-8} S/m）。

（3）热性能

利用氧化石墨烯与酚醛树脂的界面作用，能够提高复合材料的玻璃化转变温度（T_g），改善热稳定性。当氧化石墨烯质量分数分别为 0.25%、0.5%和 1.0%时，与酚醛树脂材料相比，氧化石墨烯/酚醛树脂原位复合材料的 T_g 分别提高了 6.9℃、8.9℃和 3.4℃。在复合层压板体系，添加氧化石墨烯的复合材料的热性能也有显著改善，加入 0.3%氧化石墨烯的复合材料的 T_g 提高了 8℃，而加入 2.0%氧化石墨烯的复合材料的 T_g 提高了 19℃。

添加 0.65%的氧化石墨烯使还原石墨烯/酚醛树脂纳米复合材料的热分解温度提高了 25.3℃，900℃残炭率提高了 13.2%。还原石墨烯/酚醛树脂复合材料具有更高热稳定性，以热失重 10%的温度作比较，含体积分数 1.4%和 2.3%还原石墨烯复合材料的热稳定性比纯酚醛树脂分别提高了 66℃和 76℃。采用熔融挤出法将热致性液晶聚合物(TLCP)与酚醛树脂熔融复合后加入不同硅烷偶联剂(KH550 和 KH560)改性的氧化石墨烯，KH550-GO/TLCP/PF、KH560-GO/TLCP/PF 和 GO/TLCP/PF 的失重 5%时的热分解温度分别比 TLCP/PF 提高了 3.9℃、20.7℃、21.6℃。

（4）摩擦性能

酚醛树脂是应用时间最早、使用量最大的刹车片基体树脂材料。将硅烷（KH550）改性的氧化石墨烯与酚醛树脂复合，模压成型获得改性氧化石墨烯/酚醛树脂复合摩擦材料，有效降低了复合材料的磨损率，在改性氧化石墨烯的质量分数从2%增加到3%时，复合材料的磨损面从明显的犁沟和粘着磨损转变为较光滑磨损面。

采用原位复合法制备氧化石墨烯/酚醛树脂复合材料，发现复合材料的硬度随着氧化石墨烯含量的增加先增加后减小，当氧化石墨烯的质量分数为0.5%时，复合材料的硬度达到了46.92kg/mm^2，比纯PF复合材料的硬度提高了8.59%。氧化石墨烯/酚醛树脂原位复合材料的摩擦系数总体比纯PF复合材料的略低。氧化石墨烯质量分数比为0.25%时，原位复合材料的总体体积磨损率最低，在250℃和300℃下的体积磨损率相比未加氧化石墨烯的样品分别降低了20.0%和15.6%。

氧化石墨烯与热致性液晶聚合物（TLCP)在改善酚醛复合材料的摩擦磨损性能时表现出显著的协同作用，添加0.5%的GO/TLCP混杂材料的复合材料的摩擦系数在0.39～0.28之间，磨损率比酚醛复合材料降低了48.7%。硅烷偶联剂处理的氧化石墨烯能一定程度提高复合材料的摩擦磨损性能，TLCP/PF/KH560-GO复合材料的摩擦因数稳定，在150℃和250℃下的体积磨损率分别降低了20.6%和23.1%。

（5）成炭与阻燃性能

研究人员比较研究了多种石墨（烯）改性酚醛树脂的结构与热降解成炭量，加入质量分数5%的石墨粉，能够使复合材料在900℃时的残炭率增加4.4%，仅加入0.3%的化学还原氧化石墨烯和石墨烯粉后的复合材料的残炭率分别提高4.3%和4.7%，而未还原的氧化石墨烯/酚醛树脂复合材料的残炭率低于酚醛塑酯。

氧化石墨改性酚醛泡沫材料具有良好的热稳定性和阻燃性，通过热失重分析，改性酚醛泡沫材料的质量损失随温度上升增加缓慢，当温度为850℃时，质量保留率达65%，具有很好的成炭性，同时，泡沫材料的阻燃性有所增强，氧化石墨烯用量为1.5%时，其极限氧指数可达到47%。采用原位发泡制备酚醛树脂/氧化石墨烯泡沫塑料，与传统PF泡沫塑料相比，在密度相当的情况下，PF/GO泡沫塑料具有更高的压缩强度和LOI，以及更好的防水性能，并保持了较低的导热系数。

（6）介电性能

国内有关氧化石墨烯/酚醛树脂复合材料介电性能的文献报道较少。对邻甲酚醛树脂/邻甲酚醛环氧/氧化石墨烯复合材料的介电性能的研究表明，随着

GO 加入量的增加，复合材料的介电损耗呈降低的趋势，而介电常数整体呈现增加趋势，特别是在 GO 用量为 2.0%时，复合材料的介电常数增加了 86%，达到了 10.07。

4. 应用前景

氧化石墨烯的引入对于酚醛树脂复合材料的电性能、热性能、力学性能、摩擦性能等的改善和提高起到了重要作用，复合材料可用于导电、储能、黏合剂、电磁屏蔽材料、摩擦材料或阻燃抗静电材料等领域。

（1）新型碳材料

酚醛树脂是一种常用的碳源，在炭包覆和活性炭等碳材料的制备中具有重要作用。最近，酚醛树脂制备石墨烯及其碳材料的研究成果在一些专利技术中得到关注。有人提出了一种能原位生成石墨烯的酚醛树脂及其制备方法，该方法以过渡金属盐为铁、钴、镍、铜的无机盐提高酚醛树脂热解碳的石墨化度，在碱性催化剂的作用下，获得了一种酚醛树脂材料，在惰性气氛中，可在高于700℃时，催化形成石墨烯和一维碳纳米结构。还有人将氧化石墨烯超声分散在有机溶剂中，将热固性酚醛树脂及高分子量线型聚合物加入氧化石墨烯有机溶液中，完全溶解后静电纺丝成复合纤维，经炭化得到超细多孔碳纤维，直径范围 0.3～1.7μm，比表面积 500～900m^2/g。

（2）能源材料

石墨烯被认为是目前具有最高载流子迁移率的材料。利用氧化石墨烯/酚醛树脂纳米复合材料可获得具有结构可控的超级电容器和锂离子电池等储能材料。研究人员将苯酚、甲醛在催化剂作用下反应得到酚醛树脂混合溶液，并与氧化石墨烯溶液反应后固化得到氧化石墨/酚醛树脂原位复合物，在惰性气氛下，高温碳化处理，由于氧化石墨烯在活性炭中分散性良好，以及氧化石墨烯与活性炭基体之间的强相互作用，从而增强复合材料的电化学性能。有人通过在氧化石墨烯分散液中添加酚醛树脂、糠醛树脂等成炭前驱物，进行热还原制得石墨烯-碳纳米复合透明导电薄膜，提高了薄膜的粗糙度和导电性能。可用于触摸屏、太阳能电池、发光二极管等光电领域。

（3）增强材料

研究人员提出一种石墨烯改性酚醛模塑料的方法，首先将石墨烯分散在有机溶剂中，加入单宁酸后调节 pH 值反应一段时间得到改性石墨烯，再将改性石墨烯利用球磨工艺添加到酚醛树脂模塑料中得到改性酚醛模塑料，其弯曲强度可达 200～220MPa，抗冲击强度可达 10～12kJ/m^2，玻璃化转变温度超过250℃。有人利用氨基化合物与氧化石墨烯形成的三维交联石墨烯泡沫，采用真空打压或负压流动成型等方法，制备了三维交联石墨烯泡沫结构增强树脂复合材料，克服了石墨烯与树脂混合过程中的团聚现象。

（4）功能材料

利用插层反应聚合热原位生成石墨烯，使石墨烯及酚醛树脂同步生成。石墨烯酚醛泡沫的压缩强度及拉伸强度比酚醛泡沫分别提高了89％和56％。热导率为0.023W/（m·K）。

采用原位还原复合法制备石墨烯酚醛树脂复合材料，采用乳胶改性酚醛树脂，可获得具有导热性好、重启强度高等特点的复合材料，用于刹车片、酚醛树脂模塑料和纤维增强复合材料中。

研究人员还提出了一种石墨烯-硼化物改性酚醛树脂的制备方法，在提高酚醛树脂耐热性能和耐烧蚀性能方面作用显著；在可控还原氧化石墨烯的过程中，可改善石墨烯的分散性和溶解性同时，使复合材料的弯曲强度增加了46％、拉伸强度增加了38％、残炭率增加了2.1％。

5.展望

自2004年以来，与石墨烯相关的研究与应用成为材料领域关注的热点。石墨烯表现出奇特而优异的物理、化学等性能，成为重要的聚合物复合材料改性方法。但由于石墨烯与聚合物基体的相容性较差，石墨烯在聚合物基体中的分散仍是需要解决的关键问题。借助于氧化石墨烯丰富的含氧基团，能够增加石墨烯与酚醛树脂间的作用并改善其分散性。因而，氧化石墨烯/酚醛树脂复合材料在力学性能、电学性能、热学性能、摩擦性能等方面均表现出一定的优势。

① 目前所报道的氧化石墨烯/酚醛树脂复合材料的性能差距较大。从文献分析，其原因与氧化石墨烯的制备原料与方法、片层结构，以及复合材料的制备方法等相关。文献多采用Hummers或改进的Hummers方法制备氧化石墨，但所采用的石墨原料规格各有差异，并在氧化石墨片层剥离和分散方法也有显著差异，导致氧化石墨烯从氧化程度、片层尺寸、结构与性能的显著差别，加之复合材料的制备方法的不同，使得所报道的复合材料的差异化较大，难以获得规律性结果。

② 还原氧化石墨烯的结构及其与酚醛树脂的作用对于石墨烯/酚醛树脂的导电性能与电化学性能具有显著的影响。尽管苯酚和甲醛对氧化石墨烯有一定的还原作用，仍不能满足导电和超级电容器等领域的应用。在研究石墨烯/酚醛树脂复合材料的电学性能时，氧化石墨烯的还原方法及还原石墨烯的结构具有显著的影响。化学还原和热还原作为常用技术手段在目前的研究中多有报道，而还原石墨烯的结构及其分散性研究较少，导致不同方法间获得导电性能相差较大，特别是在改性氧化石墨烯体系中，出现了显著的差异。

③ 氧化石墨烯/酚醛树脂复合材料通过改善相界面的作用有助于酚醛树脂层压板、摩擦材料、纤维增强复合材料等力学性能提高，同时，能够提高复合材料的玻璃化转变温度、热稳定性能并促进热降解成炭。后者在构建新型碳材料方向展示了显著的优势。利用酚醛树脂高温炭化的特点，不仅能够原位生成石墨烯，而且可以利用氧化石墨烯构建和调整碳材料的结构，如三维多孔结构和石墨烯泡沫等，近年来相关发明专利多有报道，并在增强、储能、光电等领域具有显著的优势，具有良好的应用前景。

与环氧树脂等热固性树脂及其复合材料相比，近些年来，有关酚醛树脂及其复合材料的研究仍然相对较少，石墨烯所特有的电学性能、热学性能、摩擦性能等，使其有望成为酚醛树脂复合材料新型高效的助剂，更好地改善酚醛树脂复合材料的性能，特别是氧化石墨烯所具有的活性官能团与酚醛树脂的可反应性，能够改善界面结构，获得性能优良的氧化石墨烯/酚醛树脂复合材料。

二、尿素功能化石墨烯改性酚醛树脂

1. 制备方法

(1) GO 的制备

采用改进 Hummers 法制备 GO。

(2) UFG 的制备

取 200.00mg 制备的 GO 超声分散于 200mL 去离子水中，加入 8.00g 尿素后加氨水至 pH=10，95℃回流搅拌 3h。反应结束后，分别用水和乙醇离心洗涤 3 次至中性，产物记为 UFG。

(3) PF/UFG 复合材料的制备

采用溶液共混法制备 PF/UFG 复合材料。首先将 UFG 配成 0.2mg/mL 的乙醇溶液，超声条件下加入一定量 PF，超声均匀后在 60℃下对树脂溶液进行搅拌至溶剂全部挥发，在 (160±5)℃下 30min 一步固化。石墨烯在聚合物中的添加量一般较低，为了研究不同 UFG 含量对树脂性能的影响，选择 UFG 的质量分数分别为 0、0.05%、0.1%、0.5%。

(4) PF/UFG/CF 复合材料的制备

按照上述方法将 UFG 添加到 PF 中，将 PF/UFG 与助剂 A 按质量比 19∶1 混合均匀后浸涂到碳纤维 (CF) 布表面，PF 和 CF 的质量比控制在 0.7～1.0 之间。所得预浸布晾置于通风处 24h，然后裁成 250mm×250mm 模块。采用模压成型制备试样，成型之前于 80℃下预烘 5min，固化时间为 1.5min/mm，固化温度为 (160±5)℃，成型压力为 10MPa，降温至室温出模。

2. 性能

UFG在树脂基体中分散比较均匀，没有出现明显的团聚现象。由于UFG与PF间具有较强的相互作用，使PF的热稳定性和质量保持率有所提高，其中UFG质量分数仅为0.1%时，PF/UFG复合材料的质量保持率较纯PF可提高4%，耐烧蚀性能没有明显的变化，PF/UFG/CF复合材料弯曲弹性模量较纯PF/CF复合材料提高了13.0%。总之，UFG有助于提高PF/CF复合材料对应力作用的承受能力。

尿素功能化石墨烯制备方法简单，反应过程中不引入有毒试剂，并且极少的添加量便可使耐烧蚀酚醛树脂的力学性能和热稳定性有所提高，有望在耐烧蚀复合材料领域获得应用。

三、石墨烯改性酚醛/碳纤维层次复合材料

1. 制备方法

称取一定量的石墨烯类纳米填料如GO、还原氧化石墨烯乙醇悬浮液（RGO）或低温热法还原石墨烯（TRG），将它们分别分散于无水乙醇溶剂中，经超声波振荡1h以将其进一步剥离成单片，然后加入PR，超声1h。为了混合均匀及使溶剂挥发，将上述共混物置于磁力搅拌器中，于70℃下边搅拌边加热。再将共混物在真实干燥炉中保温60℃，并进行多次抽真空脱气。最后将GO/PR、RGO/PR和TRG/PR基体共混物层层涂覆于CF布（CF，未进行任何表面处理)上，置于真空烘箱中除去多余的乙醇和水分。将14张CF按垂直（0～90°）方向层层叠加，然后在小型热压机上进行热压成型，得到GO/PR/CF、RGO/PR/CF、TRG/PR/CF层次复合材料薄板材。另外，将不加石墨烯类添加剂所制的PR/CF复合材料作对比实验。模压条件：80℃1h、120℃0.5h、175℃1h，成型压力为5MPa。其中，GO、RGO、TRG加入的质量分数以树脂质量计算。

2. 性能

与纯酚醛树脂/碳纤维复合材料相比，当纳米填料的质量分数仅为0.1%时，层次复合材料的压缩性能可显著提高，其中，热法还原氧化石墨烯/酚醛树脂/碳纤维的压缩强度和模量分别提高了178.9%、129.5%；弯曲性能也可得到一定的改善。还原氧化石墨烯乙醇悬浮液/酚醛树脂/碳纤维层次复合材料的最大储能模量可提高75.2%。所有改性石墨烯/酚醛树脂/碳纤维层次复合材料的T_g均有所降低。

四、氧化石墨烯改性热敏性液晶聚合物/酚醛树脂混杂复合材料

1. 制备方法

GO的合成：将鳞片石墨与硅烷偶联剂按相关方法合成；

热敏性液晶聚合物（TLCP)的合成：将对羟基苯甲酸、己二胺和偏苯三酸酐在熔融温度216℃、清亮点温度360℃下，按相关方法合成；

硅烷偶联剂改性GO：在GO分散液中分别加入硅烷偶联剂（KH550和KH560)，在85℃下回流24h，最后经过醇洗、水洗、过滤后烘干制得；

混杂复合材料制备：将含量5%(质量分数，下同)的TLCP与PF在230～250℃下熔融挤出，粉碎后分别加入1%含量的GO、KH550-GO和KH560-GO混合均匀，将TLCP/PF/GO混杂复合树脂与固化剂、填料等按配方比例混合均匀，在塑炼机辊炼，使物料进一步混合均匀，然后将物料粉碎，通过模压成型工艺制备复合材料样品。模压温度为160～170℃，模压压力为10MPa，模压时间为5min。冷却后按120℃ 2h＋140℃ 2h＋160℃ 2h＋180℃ 3h的时间进行后固化，即得到TLCP/PF/GO混杂复合材料。

2. 性能

① 通过硅烷偶联剂的改性，GO能更好地分散在PF基体树脂中，与TL-CP产生良好的界面相容性，冲击强度提高了18.6%；

② 在150℃和250℃下，相比PF，TLCP/PF/KH560-GO混杂复合材料的摩擦因数稳定，相应温度下材料的体积磨损率分别降低了20.6%和23.1%，抗热衰退性能提高8.35%。

五、石墨烯改性EVAC/PPE复合材料

1. 制备方法

（1）石墨烯的制备

将采用Hummers法制备得到的GO在水中超声分散1h，配置成GO水溶液。加入水合肼，比例为0.1g GO/1mL水合肼，在100℃下反应24h。将得到的产物水洗过滤5次，最后得到石墨烯。

（2）EVAC/PPF复合材料的制备

采用熔融法制备乙烯-乙酸乙酯共聚物（EVAC）/萜烯酚醛树脂（PPF）复合材料。将EVAC颗粒与PPF颗粒按不同配比于100℃下在密炼机中密炼10min，使EVAC与PPF均匀混合，转速为30r/min，其中EVAC与PPF配

比分别为80/20，70/30，60/40。密炼均匀后，将一定量混炼料倒入模具中，在平板硫化机上于温度100℃、表压15MPa热压成型，之后冷压至室温，裁样制得EVAC/PPF复合材料。

(3) EVAC/PPF/石墨烯复合材料的制备

采用溶液复合法制备EVAC/PPF/石墨烯复合材料。首选将上述制得的EVAC/PPF复合材料投入装有适量二甲苯溶剂的三口烧瓶中，于油浴100℃下搅拌，直到完全溶解；取一定质量的石墨烯粉末，加入二甲苯溶液，超声震荡1.5h；向三口烧瓶中加入上述方法制备的含有不同质量浓度石墨烯的二甲苯溶液，机械搅拌，分散20h，其中复合材料中石墨烯的质量浓度分别为0.3%，0.6%和0.9%；而后在得到的溶液中迅速加入无水乙醇，产生絮状沉淀，同时用无水乙醇继续洗涤3～5次，过滤去除二甲苯，干燥得到分散均匀的EVAC/PPF/石墨烯复合材料，最后将充分干燥的复合材料用平板硫化机进行制样。

2. 性能

① PPF改性EVAC，以及石墨烯的添加，能够有效提升复合材料的阻尼性能，可使得复合材料在常温区域（0～60℃）的$\tan\delta$都超过0.3，峰值最大达到1.6，大大提升了复合材料的阻尼性能以及使用温度范围。不同频率下复合材料的$\tan\delta$不同，说明复合材料在某些频率范围内能够达到最佳阻尼效果。

② 石墨烯能够提升复合材料的热稳定性能，加入0.3%的石墨烯，使得复合材料的$T_{10\%}$提高了21.8℃，$T_{50\%}$则提高了29.1℃；加入0.6%的石墨烯，热稳定性提升更加明显，T_{onest}和T_p分别提高了18.7℃和34.1℃。

③ PPF能极大地改善EVAC的力学性能，当PPF含量为40%时，拉伸强度和断裂伸长率分别提升了176.1%和83.9%。

六、石墨烯改性腰果酚/酚醛树脂复合材料

1. 制备方法

(1) 石墨烯/腰果酚改性酚醛树脂（GCP）的制备

将苯酚（60g）、甲醛（62g）和氨水（3.2g）加入三口瓶中，水浴恒温搅拌。在70℃保温反应3h，之后将一定量的腰果酚（其占酚醛树脂的质量分数为5%、10%、15%、20%、25%）缓慢地加入反应体系中，升温至103℃反应2.5h，趁热倒出产物，冷却后得到腰果酚改性酚醛树脂。

称取一定量石墨烯（其占酚醛树脂的质量分数为5%、10%、15%、20%、25%）置于烧杯中，加入体积比为3∶1的浓硫酸和浓硝酸混合溶液，40℃超

声分散处理2～3h，抽滤，用去离子水洗至中性，再于100℃真空干燥，即得到酸化石墨烯。酸化后的石墨烯表面接枝羟基和羧基，增加石墨烯表面负电荷量，增强石墨烯间的静电斥力，提高石墨烯在树脂中的分散性。

将改性石墨烯加入上述的腰果酚改性酚醛树脂溶液中，于70℃超声反应4h，得到石墨烯腰果酚改性酚醛树脂溶液，保存做浸渍液。

(2) 石墨烯/腰果酚改性酚醛树脂基碳纤维纸基复合材料（GCPC）的制备

利用湿法造纸技术，制备得到碳纤维原纸，将其浸渍于上述浸渍液中，烘干、热压、热处理得到GCPC（其中，碳纤维添加量固定为1.884g）。

2. 性能

随着石墨烯和腰果酚用量的增加，GCPC的力学强度和导电性能得以提高；随着石墨烯用量的增加，孔隙率下降，小孔比例增加；而随着腰果酚用量的增加，孔隙率上升，小孔比例减少，且当腰果酚的质量分数为20%时，碳纤维纸基复合材料的拉伸强度为38.17MPa，体积电阻率为18.46mΩ·cm，孔隙率67.46%。

七、氧化石墨烯改性酚醛树脂的热性能

1. 氧化石墨烯改性酚醛树脂的制备

(1) 原位聚合法

在装有机械搅拌、冷凝管、温度计的3L四口烧瓶中加入称量的熔融苯酚、甲醛水溶液，氧化石墨烯，通过机械搅拌混合均匀后，超声1h，再加入氨水搅拌混匀。然后通过水浴缓慢加热，反应开始，约在2h内升至95℃左右后，保温约1h，立即冷却，进入脱水阶段。脱水反应进行至反应物料的凝胶时间达到100～120s/(150±1)℃时，停止脱水。立即往反应瓶中加入酒精，溶解树脂，待树脂充分溶解后，冷却至40℃以下放料保存。

GO的加入量分别为苯酚加入量的0、0.1%、0.3%、0.5%（按质量计），对应树脂样品标记为PFO、PF1、PF3、PF5。

(2) 物理共混法

在酚醛树脂的酒精溶液中（同上述PFO树脂）加入按苯酚量计算的0.3%的GO，机械搅拌均匀后，超声分散1h，保存备用，该树脂标记为PF3-2。

2. 性能

① 采用原位聚合法制备GO改性酚醛树脂，GO的引入对酚醛树脂的结构和固化性能基本未产生影响，然而对固化树脂的热分解性能影响较大；引入苯酚投料量的0.1%的GO，使树脂的残炭率和T_{P1}分别增加了3.6%、130℃，

但是随着 GO 加入量的增加，残炭率和 T_{P1} 都逐渐降低，这与 GO 在树脂体系中的分散尺度有关系；

② 在 GO 的加入量一致的情况下，与原位聚合法相比，采用溶液共混法更有利于 GO 在树脂体系中的分散，并且固化树脂的残炭率约高出 1%，T_{P1} 高出 5℃。经综合分析可推测，GO 在树脂体系中的分散尺度越小，越有利于树脂耐热性的提高。

八、石墨烯改性酚醛树脂的热解行为

1. 制备方法

(1) 氧化石墨烯水溶液的制备

采用 Hummers 法制备氧化石墨（GO），配制成浓度为 1mg/mL 的水溶液，超声分散至透明无颗粒状物质得到氧化石墨烯（GNO）悬浮液。

(2) 酚醛树脂的制备

将酚醛、甲醛（质量分数 37% 水溶液）和催化剂氨水（25%～28%）按 100∶96∶5 的质量比加到装有搅拌器、温度计和回流装置的三口烧瓶内，在水浴内将混合液缓慢升温至 82℃反应 90min，再缓慢升温至 92℃反应 90min 可得到橙黄色的黏稠状酚醛树脂乳液。在该温度下抽真空脱水 0.5h，得到透明棕红色酚醛树脂（记为 PF）。

(3) 石墨烯/酚醛树脂复合材料的制备

取定量的上述酚醛树脂乳液，搅拌下加入浓度为 1mg/mL 氧化石墨烯悬浮液，混合均匀后加入适量水合肼使氧化石墨烯还原，倒出上层水，再经热固化，即制得石墨烯/酚醛树脂复合材料(GNS/PF)。100g PF 中 GNO 添加量分别为 100mg、250mg、650mg 的石墨烯/酚醛树脂复合材料记为：GNS100/PF GN250/PF 和 GNS650/PF。

PF 及 GNS/PF 复合材料采用相同的工艺固化，固化过程由 3 个温度段组成：室温至 80℃、80～120℃和 120～160℃，每段升温速率均为 1℃/min，在每个温度段的最高温度（80℃、120℃和 160℃）下分别恒温 3h。

对固化后的样品采用隔绝空气热处理法在 900℃的高温炭化炉中进行炭化。

2. 性能

将氧化石墨烯与氨酚醛树脂乳液共混，经水合肼还原和热固化制备的 GNS/PF 纳米复合材料中，石墨烯片均匀分散在 PF 基体内，没有发生团聚，石墨烯片与 PF 之间具有良好的界面组合，在 PF 中添加 GNO 可提高 PF 的固化交联密度，进而提高其耐热性和高温残炭率。在300～450℃条件下，纯PF的分解温度为382.7℃，添加0.65%的GNO后，热分解温度提高到408℃，提高了25.3℃。在隔绝空气下900℃热处理，纯PF的残炭率为46.2%，添加0.65%GNO后残炭率增至59.4%，提高了13.2%。

九、氧化石墨烯改性酚醛泡沫塑料

1. 制备方法

(1) Hummers法制备GO

向500mL烧杯中加入69mL浓硫酸，控制温度在10℃左右，分别称取1.50g石墨、1.50g KNO_3、9.00g $KMnO_4$ 于搅拌下逐一加入烧杯中，保持此温度10min。升温至35℃保温一定时间，加入120mL蒸馏水，升温至一定温度，保温一段时间，加入300mL蒸馏水与30%的 H_2O_2 溶液，当溶液变成亮黄色时，得到的溶液即为GO悬浮液。静置沉淀后，取其下层沉淀，离心并用蒸馏水水洗至中性，取一定量GO悬浮液，加入蒸馏水100mL，使用超声清洗仪分散1h。取超声分散后的GO悬浮液于培养皿中，在0.06MPa、40℃真空干燥箱中干燥至恒重，即得GO。

(2) PF/GO泡沫塑料的制备

将以上制备的GO加入可发性PF中，加入量为PF质量的1%，先在1000r/min下搅拌10min和100Hz超声处理60min后，采用已有发泡的配方与工艺，原位发泡制备PF/GO泡沫塑料，采用传统配方与工艺制备传统PF泡沫塑料。

2. 性能(表3-57)

表3-57 PF/GO及传统PF的性能指标

材料	密度/(kg/m³)	压缩强度/MPa	LOI/%	热导率/[W/(m·K)]	吸水率/%
传统PF	46.5	0.09	42	0.034	2.8
PF/GO	46.9	0.12	45	0.035	1.5

① 优化获得的改进型Hummers法制备GO在高温反应阶段的工艺为：当保温时间为20min时，保温温度为80℃或85℃时，石墨被氧化的效果相近，氧化程度最高。

② 通过FTIR及XRD分析结果表明，采用上述改进型Hummers法，石墨被完全氧化，获得的GO不仅具有丰富的含氧活性基因，剥离程度高，而且具有更好的石墨特性（更高的片层堆叠程度），即具有较高的活性和更为规整的结晶结构。

③ 采用GO制备的PF/GO泡沫塑料具有更好的阻燃、耐热性能和防水性能。

④ 用此工艺制备的GO由于同时具有高的活性和更为规整的结晶结构（更好的石墨特性），可用于制备高性能聚合物/GO复合材料。

十、氧化石墨烯/纳米镁铝层状双氢氧化物改性酚醛泡沫塑料

1. 制备方法

(1) 纳米镁铝层状双氢氧化物/石墨烯（MgAl-LDH/GO）杂化物的制备

采用改进的Hummers方法合成了氧化石墨烯（GO）。

采用水热法制备MgAl-LDH和MgAl-LDH/GO杂化物，具体制备过程如下：首先，配置48mL 1.48mol/L的氢氧化钠溶液A，称取0.46g的$Al(NO_3)_3 \cdot 9H_2O$和0.62g的$Mg(NO_3)_2 \cdot 6H_2O$加入12mL蒸馏水中配成溶液B，接着，将溶液A在剧烈搅拌下迅速加入溶液B中，产生白色沉淀，常温继续反应30min后得到MgAl-LDH晶核溶液。然后再与60mL 3mg/mL的GO悬浮液混合均匀，转移到200mL的水热釜中，密封水热釜放置在140℃的烘箱中水热反应10h，经离心水洗，乙醇洗涤数次，65℃真空干燥研磨后得到黑色粉末状的MgAl-LDH/GO杂化物。MgAl-LDH的制备是将MgAl-LDH晶核溶液直接放入水热釜中，在相同条件下反应制得。

(2) 酚醛复合泡沫的制备

酚醛复合泡沫的制备步骤如下：首先将100g酚醛树脂与一定量的纳米材料GO、MgAl-LDH或MgAl-LDH/GO混合均匀，然后加入10份固化剂（对苯甲磺酸/硝酸/蒸馏水质量比为2∶1∶2）、5份表面活性剂吐温80和8份发泡剂正戊烷在室温下快速搅拌均匀，再将此混合物倒入模具中，放在80℃的烘箱内发泡固化1h，最后得到酚醛复合泡沫。为保持泡沫密度相同，每次加入模具的混合数值的量尽量保持相同。

2. 性能(表3-58、表3-59)

表3-58 不同纳米材料复合酚醛泡沫的弯曲强度、压缩强度和掉粉率

样品编号	弯曲强度/MPa	压缩强度/MPa	掉粉率/%
PF	0.128	0.051	14.3
0.9GO/PF	0.151	0.058	10.1
0.9MgAl-LDH/PF	0.149	0.053	12.7
0.9MgAl-LDH/GO/PF	0.166	0.066	7.90

表 3-59 不同纳米材料复合酚醛泡沫的 LOI 和 UL94 等级

样品编号	LOI/%	UL94 等级
PF	38.0	V0
0.9GO/PF	38.5	V0
0.9MgAl-LDH/PF	39.0	V0
0.9MgAl-LDH/GO/PF	39.0	V0

当 MgAl-LDH/GO 的添加量为 0.9 份时，酚醛泡沫的弯曲和压缩强度最高，掉粉率最低，并具有良好的阻燃性能。而且在相同用量下，MgAl-LDH/GO 对酚醛泡沫的改性效果优于 GO 和 MgAl-LDH。

十一、氧化石墨烯改性酚醛树脂滤膜

1. 制备方法

(1) 氧化石墨烯悬浮液的制备

采用改进的 Hummers 法制备 GO 方法，将 GO 研碎，配制不同浓度的悬浮液，超声剥离（KQ5200DE、40kHz、100W）30min 后，在 4000r/min 下离心处理 20min，除去悬浮液中少量杂质，得到均质稳定的 GO 水溶胶。

(2) 水溶性酚醛树脂的制备

按 n(苯酚)∶n(甲醛)=1∶3 称取适量的苯酚和甲醛，将苯酚倒入圆底烧瓶中，加热至 50℃。按苯酚和甲醛纯物质总质量的 5%称取 NaOH，并将其分为 3.5%和 1.5% 2 份待用。将 3.5%的 NaOH 加入圆底烧瓶中，于 50℃恒温 20min。将 80%的甲醛倒入该圆底烧瓶，升温至 60℃，恒温 50min；再将剩余 1.5%的 NaOH 加入烧瓶中，升温至 70℃，恒温 20min，最后加入剩余 20%甲醛，升温至 90℃，恒温反应 30min。反应终止后得到的产品为透明棕红色，质量分数为 45%，并完全溶于水。

(3) 氧化石墨烯复合材料的制备

采用直接共混法制备 GO/WPF 纳米复合材料。称取一定量的 WPF，加入不同量的 GO 水溶液配制成基于质量分数变化的复合物水溶液，室温下磁力搅拌 30min，然后将其置于 50℃真空干燥除去溶剂水，最后用研钵将干燥物粉碎成细粉，在热压机中于 100℃、0.06MPa 条件下压成约 0.3mm 的薄片。

(4) 氢合材料薄膜的炭化处理

将复合材料薄膜于卧式真空炉中进行高温还原使之恢复导电性。初始升温速率为 2℃/min，至 250℃恒温 30min，继续以 5℃/min 升至 1000℃终止，恒温 30min，全过程真空度控制在 10Pa 以下，将得到复合材料导电薄膜。

2. 性能

① 通过直接混合法得到氧化石墨烯在水溶性酚醛树脂中的分散液，去溶剂热压制得厚度可控且分散良好的纳米复合材料薄膜，不仅氧化石墨烯与树脂具有良好的界面相容性，而且该薄膜的热稳定性也较纯树脂薄膜有一定程度的改善。

② 通过高温热处理使复合材料薄膜在兼顾形貌的同时实现其导电性，可制得石墨烯基导电炭膜。当石墨烯含量为 2%（质量分散）时，1000℃后炭膜的电导率为 96.23S/cm，比未添加时增加约 1 倍。

第十二节　石墨烯改性聚氨酯功能复合材料研究

1. 简介

聚氨酯（PU）是分子结构中含软段与硬段的嵌段共聚物，因其制备原料的可选范围广，故分子结构灵活多变，产品性能也因此而千变万化。石墨烯/聚氨酯复合材料的开发是石墨烯迈向实际应用的一个重要研究方向，石墨烯/聚氨酯复合体系在材料结构、性能，尤其是特殊功能方面体现出的优异特性，使此类材料体系在短时间内成为了功能性复合材料研究热点之一。

2. 石墨烯/聚氨酯复合材料的制备

石墨烯性能优异、制备成本低廉，改性后石墨烯可采用溶液加工方法进行处理，非常适用于开发功能性聚合物复合材料。目前，石墨烯/聚氨酯复合材料的制备方法主要有共混、接枝共聚和原位聚合法等。

（1）共混法

共混法是制备石墨烯/聚氨酯复合材料最简单、最常用的方法，有溶液共混、熔融共混、溶胶共混等。共混前需对石墨烯进行表面处理，以提高它在复合体系中的分散性。

使用溶胶凝胶法将硅烷偶联剂（KH550）改性的氧化石墨烯（GO）与水性聚氨酯（WPU）复合。当 GO 添加量为 20%（质量分散）时，复合材料的拉伸强度和弹性模量分别提高了 71%和 86%。而使用溶液共混的方法将 GO 与 PU 复合，并加入少量肼加热处理。利用还原氧化石墨烯（RGO）上的含氧官能团与 PU 链端的酰胺基团形成氢键，使得 RGO 在体系中可以达到分子级的分散。复合材料的弹性模量提升了 21 倍，拉伸强度提升了 9 倍。另外，使用聚乙烯吡咯烷酮改善高浓度石墨烯水溶液的分散性和稳定性，利用溶液共混方法可制备石墨烯/水性聚氨酯导电复合材料。有人采用溶液共混浇注成膜法，制备了热塑性聚氨酯/石墨烯复合材料，数据表明，高温还原得到的石墨烯可大幅度提高热塑性聚氨酯复合材料的储能模量。复合材料的电性能在质量分数为1%～3%的填料量范围内出现了突变，体积电阻率降低了6个数量级。

先将碳纳米管与石墨烯杂化处理形成立体三维结构，碳纳米管对层状的石墨烯起到支撑作用避免了层与层之间的重叠及团聚，将其与热塑性聚氨酯复合，显著提高了材料的导电性。

(2) 接枝共聚法

接枝共聚法是在聚氨酯分子聚合形成后与表面处理过的石墨烯形成稳定的化学键。利用重氮化反应对氧化石墨烯进行功能化处理，再与异氰酸酯封端的聚氨酯预聚体进行接枝共聚制备了功能化石墨烯/聚氨酯（f-GNP/PU）纳米复合材料（图3-38）。结果表明，石墨烯的添加显著提升了复合材料的力学、热学、形状记忆性能；随着f-GNP加入量的增加，复合材料的断裂伸长率和形状记忆性能提高；当f-GNP的添加量为2%（质量分数）时，材料弹性模量提升10倍。

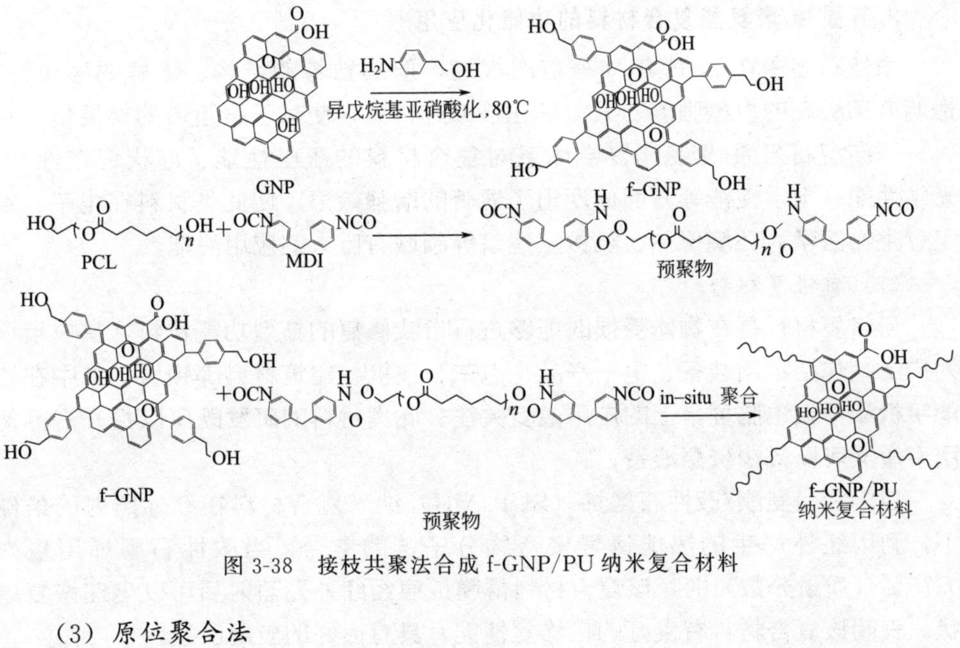

图3-38 接枝共聚法合成f-GNP/PU纳米复合材料

(3) 原位聚合法

原位聚合法是在聚氨酯分子聚合过程中，加入表面已处理过的石墨烯，使其与聚氨酯预聚体形成稳定的化学键。

使用异氰酸酯（MDI）对氧化石墨烯（GO）改性后以原位聚合的方式合成聚氨酯，并与环氧树脂（EP）共混制备出高力学性能和热稳定性（PU/GO/

EP）复合材料。将氧化石墨烯作为一种“伪交联剂”合成了石墨烯/聚氨酯纳米复合材料。表征结果表明，仅利用氧化石墨烯表面上的羟基与异氰酸基封端的聚氨酯反应制备了该复合材料；与常规方法合成聚氨酯相比热稳定性能显著增强。利用原位聚合法，通过1-芘甲醇改性还原氧化石墨烯后，与异氰酸酯和聚乙二醇在一定的条件下反应，合成了石墨烯/水性聚氨酯复合材料，当改性石墨烯添加量2%（质量分数）时，复合材料断裂强度、弹性模量、韧性分别增强50.7%、104.8%和47.3%。

以上几种方法中，共混法操作相对简单，但因片层结构的石墨烯比表面积大、亲水较差，而导致其在复合体系中难以分散均匀，与聚氨酯基体间的相互作用力也较弱，因此对于石墨烯的表面改性及预处理是目前共混法研究的重点和难点。而接枝共聚法和原位聚合法能使石墨烯与聚氨酯形成强的化学键合石墨烯在基体间分散均匀/可形成稳定的复合体系，具有良好的工业前景。目前石墨烯/聚氨酯复合功能材料还处于研究初期阶段，关于此复合材料研究还可以借鉴石墨烯与其他聚合物的复合方法，例如石墨烯与聚碳酸酯（PC）、聚丙烯（PP）、聚苯乙烯（PS）、聚乙烯醇（PVA）、聚甲基丙烯酸甲酯（PMMA）等。

3. 石墨烯/聚氨酯复合材料的功能化应用

虽然石墨烯在2004年才被首次报道，但其独特的结构、优异的导电性、透明度和极高的机械强度、载流子迁移率等特点，使基于石墨烯的相关复合材料——新型石墨烯/聚氨酯复合体系对复合材料的压电性能、形状记忆性能、光学性能、电学性能等方面体现出了显著的增强效果，使此类材料在电子、军工、生物医学、环境保护、机械及建筑等领域有巨大的应用潜能。

（1）自修复材料

自修复材料是在物体受损时能够进行自我修复的新型功能材料，其应用极为广泛，包括军用装备、电子产品、汽车、飞机、建筑材料等领域，其中在智能手机和平板电脑屏幕上的应用最受关注。此类材料的研发既可以提升产品使用寿命又可以减少资源浪费。

自修复聚氨酯/改性石墨烯（SUP/MG）纳米复合材料在红外照射的条件下，利用红外产生的热能诱导聚合物分子链的愈合。当改性石墨烯用量为0.75%（质量分数）时，该复合材料薄膜折痕经红外光照射后可以迅速恢复原状。表明该复合材料有良好的自修复性能，具有很好的应用前景。

（2）光固化材料

光固化材料是受光线照射后，能在较短的时间内迅速发生物理和化学变化的高分子物质，常用于涂料方向。与传统自然干燥或热固化涂料相比，这种材料具有能量利用率高、适用热敏基材、无污染、成膜速度快、涂膜质量高、适合连续化大生产的特点，符合当今世界各国的环保要求。

有人制备出了紫外光（UV）固化的水性聚氨酯/烯丙基异氰酸酯改性氧化石墨烯（WPU/iGO）纳米复合材料。其中 iGO 以化学键的连接方式与 WPU 分子链结合，起到交联剂和无机填料的双重作用；当添加量为 1%（质量分数）时，复合材料的力学性能、热学性能显著提高。而使用硅偶联剂（KH570）改性石墨烯（f-GNS），与丙烯酸酯基聚氨酯在紫外辐射的条件下制备了纳米复合材料。研究发现，当 f-GNS 添加量为 1%（质量分数）时，复合材料的热分解温度提高了 16℃，储能模量和玻璃化转变温度显著升高。另外，采用点击化学法用八巯基倍半硅氧烷改性得到功能化石墨烯（FRGO），与聚氨酯丙烯酸酯（PUA）复合，经紫外线处理制备了 FR-GO/PUA 纳米复合材料。研究发现，初始分解温度与玻璃化转变温度分别提升了 12℃、10℃，储能模量在 −65℃下提升了 58%。

（3）形状记忆材料

形状记忆材料是在一定条件下能发生形变并能固定形状，而在合适外界条件下（如加热、光照、通电、化学处理等），可迅速恢复到初始形状。这种材料由于实用性强、避免资源浪费，近年来受到了人们广泛的关注，而且在其应用方面已经取得了很大的进展。

研究人员利用氢键作用制备了具有优异的形状记忆和力学性能的石墨烯/聚氨酯纤维。在 4 个循环周期内表现出高达 98%的形状固定率和 94%的形状恢复率，滞后损失低至 0.5%～2%。

研究人员制备了以聚己内脂（PCL）为基础的形状记忆聚氨酯纳米纤维，并将氧化石墨烯(GO)、PCL-功能化石墨烯(f-GO)和还原氧化石墨烯(RGO)与其复合，探究其力学和形状记忆性能。研究发现，石墨烯/聚氨酯纳米纤维的弹性模量和拉伸强度均有所增加，其中 f-GO/PU 纳米纤维的力学性能最强。当添加量为 1%（质量分数）时，f-GO 和 RGO 聚氨酯纳米纤维的形状恢复时间是 8s，而纯 PU 纳米纤维和 GO/PU 纳米纤维分别是 25s 和 13s。有人用热还原石墨烯和异氰酸烯丙酯改性的热还原石墨烯(iTRG)与聚氨酯复合得到了具有电活性形状记忆聚氨酯纳米复合材料。研究发现，当 iTRG 含量＞2%（质量分数）时，复合材料的电导率、玻璃化转变温度、初始模量显著增加，其断裂伸长率却急剧下降。

研究人员利用纳米碳混合式的协同作用将薄壁碳纳米管（TWNTs）和还原的石墨烯（RGO）与超支化聚氨酯复合制备了形状记忆材料，通过近红外线激光激活复合材料形状恢复的光热过程，测试结果表明，在 TWNTs/RGO 为 7/3 的比率和 1%（质量分数）的纳米碳含量下，复合材料具有最好的激光诱导形状恢复性能，而且复合材料的弹性模量和电导率也明显提高。

(4) 导电复合材料

导电复合材料目前主要是将聚合物与各种导电物质通过一定的方式结合。随着石墨烯的出现，由于其具有优异的导电性，因此被应用于高分子导电复合材料方向，在电子、电气、石油化工、机械、集成电路等方面应用前景广泛。

有人制备了氧化石墨烯/聚氨酯复合压敏型导电材料。该材料的导电性具有灵敏的压敏效应；在微弱压力下（约 50.7kPa）电导率增加超过 5 个数量级，通过红外、扫描电镜、热重分析证实石墨烯是通过化学键的作用与聚氨酯相连，而且石墨烯在基体中分布均匀。还有人以四氢呋喃为溶剂将石墨烯与丙烯酸基聚氨酯复合，制备了低逾渗阈值的复合导电材料。研究发现，当添加量为 0.15%（质量分数）时，该复合材料可形成导电网络，且热稳定性显著提升。研究人员将银纳米粒子通过化学方法负载于石墨烯薄片上，采用自组装方法制备了具有高透光、高导电的聚氨酯纳米复合纤维。研究发现，石墨烯作为连接银粒子与聚氨酯的“桥梁”，具有良好的相容性；当添加比例 0.05%（质量分数）时，其具有 150Ω/sq 的表面电阻和 85%的透光率，同时力学性能显著提高。

(5) 电磁屏蔽材料

电磁屏蔽材料就是当电磁波到达材料表面时，由于空气与材料交界面上阻抗的不连续性，对入射波产生反射。而未被反射进入屏蔽材料的波，在材料内向前传播的过程中，会被屏蔽材料所衰减，也就是所谓的吸收。由于当前生活中各种辐射比较多，对人们的健康造成威胁，因此电磁屏蔽材料成为目前比较热门的研究材料。使用层层自组装方法（L-B-L）将带负电荷石墨烯与带正电荷石墨烯负载于水性聚氨酯纤维上，得到了石墨烯/水性聚氨酯复合纤维，该复合纤维的导电性显著增强（约 16.8S/m），电磁屏蔽性能提高约 34dB，电磁屏蔽的频率范围为 8.2～12.4GHz。有人将磺化改性的石墨烯与聚氨酯物理共混得到复合材料，磺化改性的石墨烯由于具有良好的界面作用，可以均匀的分散于水性聚氨酯中，而且还表现出较低的导电渗流阈值和较好的导电性，电导率提高到约 5.1S/m。当添加量为 7.7%（质量分数）时，电磁屏蔽性能将提高到 32dB。有人还采用氨乙基甲基丙烯酸酯（AEMA）共价修饰石墨烯（GNS）得到 AEMA-GNS，通过静电作用使其在水性聚氨酯（WPU）均匀分散得到 AEMA-GNS/WPU 复合材料。结果表明，当 AEMA-GNS 含量为 5%（体积分数）时，该复合材料的导电性增强（大约 43.64S/m），电磁屏蔽性能提高（约 38dB），电磁屏蔽的频率范围为 8.2～12.4GHz。

(6) 防紫外线材料

紫外线辐射对人体的危害越来越引起世界各国的重视，因此在材料中添加防紫外线辐射功能研究已成为材料研究的热点。

研究人员以石墨烯为紫外线吸收剂与聚氨酯复合后吸附于柔性棉织物表面，制备了具有防紫外线功能的复合织物。测试发现，当石墨烯添加量为0.4%（质量分数）时，该棉织物的紫外线防护系数数值（UPF）从32.71增加到356.74。

有人将纳米石墨烯微片溶液和纳米 TiO_2 溶液在一定质量比下与水性聚氨酯充分搅拌下复合，然后将复合液涂覆于涤纶基布上，再在紫外高温条件下进行固化处理制备得到防紫外线复合织物。测试结果表明，经过涂层处理后织物的紫外线透过率（UVA、UVB）从UVA=14.38%、UVB=2.70%，降低到UVA=2.14%、UVB=0.30%，紫外线防护系数值，从18.44提高到155.96。

（7）**生物相容性材料**

石墨烯因其独特的大比表面积和单原子层结构，可用作药物载体，应用于生物医学材料的改性。

研究人员将磷酰胆碱负载于氧化石墨烯表面，然后将其与聚氨酯物理共混制备成聚氨酯/石墨烯负载聚磷酰胆碱复合材料，经蛋白质吸附测试和体外血小板黏附实验评估，该复合材料可以改善非特异性蛋白吸附和血小板黏附。有人将热塑性聚氨酯/氧化石墨烯（GO）通过电纺丝技术制备得到仿生物小直径血管移植的支架材料。在力学和表面性能方面，拉伸强度、弹性模量、亲水性均有提高。有研究人员通过在仿生材料上培养鼠成纤维细胞和人脐静脉内皮细胞及老鼠血小板黏附实验来研究其生物相容性。研究发现，在GO含量为0.5%（质量分数）时，鼠成纤维细胞增殖，人脐静脉内皮细胞的生存能力和附着力增强，老鼠血小板黏附和激活作用降低。此外，在管状支架材料内表面上发现吸附着人脐静脉内皮细胞，这些均满足人类对仿生血管的要求。以上研究表明，石墨烯/聚氨酯复合材料可望用于生物相容性材料，在生物医学领域进行应用。

综上所述，石墨烯/聚氨酯复合材料已在UV固化、导电、电磁屏蔽、形状记忆、增强材料等方面展现出优异的性能，在自修复、电磁屏蔽、防紫外线、药物载体方面也显示出潜在的应用前景。但总的来说，目前石墨烯/聚氨酯复合材料的研究范围还较窄，还面临着许多问题和挑战，比如石墨烯聚氨酯的相容性、二者之间相互作用的本质，复合材料性能的开发等等，仍亟待进一步深入研究。但石墨烯/聚氨酯复合材料的出现给该领域研究者提供了一个多姿多彩的研究对象，也许在不久的将来，石墨烯/聚氨酯复合材料会在不同领域得到重大应用而改变我们的生活。

第十三节 石墨烯改性氰酸酯

一、简介

氰酸酯(CE)时一种含有2个或2个以上CE官能团(—OCN)的新型热固性树脂，具有良好的力学、介电、耐热、耐湿热性能以及极低的吸水率(<1.5%)，且成型收缩率低、尺寸稳定性好，因此可作为优异的电子和绝缘材料用于电子电器和微波通讯科技领域中，也可作为结构材料和透波材料等用于军事、航空、航天和航海等领域。但CE固化交联密度较大，形成三嗪环等刚性结构，导致复合材料韧性较差。提高韧性是应用CE的前提，其中，复合环氧树脂既可增加韧性又降低成本，是常规改性方法之一。采用纳米粒子改性热固性树脂是一种有效的新的改性方法，极少的加入量即可达到改性效果，因此是目前广泛研究的热点。

石墨烯是只有一个碳原子厚度的新型碳质材料，独特的结构使其具有优异的力学、电学及热学等性能，在聚合物纳米改性和复合材料的构建方面得到了广泛关注。有研究人员将氧化石墨烯（GO）溶于丙酮中制备了GO/CE复合材料，研究了复合材料固化动力学以及固化网络的形成。

也有人采用*N*,*N*-二甲基甲酰胺（DMF）分散溶解GO制备了GO/CE复合材料，并研究了复合材料的力学，摩擦和热性能。还有人采用异氰酸苯酯改性GO，利用DMF作溶剂制备了GO/CE复合材料，并研究了复合材料的力学及热性能。

复合材料制备的工艺性、界面作用的设计和优化是聚合物复合材料应用的基础，GO可与聚合物基体化学键合，利于GO的分散，增强作用也通过化学键合得到发挥，但GO只稳定分散于水和DMF等高沸点和强极性的溶剂中，不利于复合材料的制备，功能化调整GO表面极性和溶解性以进一步改善其复合工艺性对GO/CE复合材料工程化应用具有重要的现实意义，但GO表面功能基性质差异直接影响树脂的添加物之间的界面，进而影响复合材料性能，其中，对CE应用中很重要的介电、耐湿热以及耐腐蚀性能影响目前并未有评价。

二、石墨烯改性氧化锌晶须/氰酸酯树脂导热复合材料

1. 制备方法

（1）氧化锌晶须表面改性

将硅烷偶联剂 KH570 滴入 95%的乙醇-水溶液中，其中偶联剂用量为氧化锌晶须质量的 4%，并用盐酸调节溶液 pH 值至 5～6，待乙醇溶液水解一段时间后加入适量氧化锌晶须，磁力搅拌 20min 后，在 70℃条件下搅拌回流 2h，反应完成后，经过滤、洗涤、干燥、粉碎后，密封保存，备用。

（2）氰酸酯树脂复合材料的制备

称取一定量的氰酸酯树脂单体和 2,2′-二烯丙基双酚 A(CE 和 BA 的质量比为 100 : 5）于烧瓶中加热融化，并搅拌混合均匀；加入氧化锌晶须和/或石墨烯纳米片，在 100℃条件下磁力搅拌一段时间后，用均质机均质分散 10min，再将树脂混合液在 120℃下搅拌 1h，130℃下搅拌至混合树脂达到一定黏度。将混合树脂倒入预热的模具中，于 130℃抽真空排气泡 1h。按照以下程序：160℃/2h＋180℃/2h＋200℃/2h＋220℃/4h 完成固化反应。

2. 性能

当树脂基体中加入 50% ZnOw 或 10% GNS 时，复合材料的热导率分别达到 0.77W/(m・K）和 0.97W/(m・K)，较纯树脂基体材料分别提高了 185%和 259%。将 ZnOw 与 GNS 混合填充氰酸酯树脂则更有利于提高复合材料的导热性能，当树脂基体中加入 40%ZnOw 和 10%GNS 混合填料时，复合材料的热导率可达到 1.54W/(m・K)，较纯树脂基体材料提高了 470%，并且该复合材料仍然能够保持良好的电绝缘性能。TGA 结果表明，石墨烯纳米片和氧化锌晶须的加入可以明显提高氰酸酯树脂复合材料的热稳定性。含有 40% ZnOw 和 10%GNS 的复合材料热分解温度为 433.4℃(10%失重时的热分解温度），比纯树脂基体材料提高了 15.6℃。

三、石墨烯改性氰酸酯-环氧树脂复合材料

1. 制备方法

（1）GO-PPD 的制备

先将 100mg GO 分散在 100mL 的去离子水中，超声处理 1h，得到分散均匀浓度为 1mg/mL 的 GO 悬浮液；然后向悬浮液中依次加入 1g PPD、1mL 浓 $NH_3 \cdot H_2O$ 溶液，90℃下回流反应 10h；最后将反应液抽滤，滤饼分散在无水

乙醇中，超声处理 30min，抽滤，用无水乙醇洗涤数次后真空干燥，即得到 GO-PPD。

（2）石墨烯/CE-环氧树脂复合材料的制备

采用 CE 与环氧树脂质量比 7∶3 配置基体树脂，记为 CE-环氧树脂。将 GO 或 GO-PPD 超声分散于合适溶剂中获得分散液，控制 GO 或 GO-PPD 与基体树脂的质量比，室温下将分散液与基体树脂于 500mL 烧杯中机械搅拌 30min 后超声处理 5h，使 GO 或 GO-PPD 充分均匀分散在基体树脂中，加入基体树脂总质量 0.04％的 DBT，在适当温度和条件下去除混合物中的溶剂，之后注入模具中，按 110℃/2h＋130℃/2h＋150℃/2h＋180℃/2h 进行前期固化，按照 200℃/2h＋220℃/2h 进行后固化，树脂分别记为：GO/CE-环氧树脂和 GO-PPD/CE-环氧树脂。

2. 性能

① 对苯二胺功能化的氧化石墨烯（GO-PPD）溶解于像乙醇这样低沸点、易挥发和无毒性的溶剂中，可明显改善石墨烯/CE-环氧树脂复合材料的制备工艺。

② 氧化石墨烯（GO）和 GO-PPD 可以明显提高复合材料的力学性能和热性能。由于 PPD 功能化后引入了苯环刚性结构，GO-PPD 的引入使石墨烯/CE-环氧树脂复合材料的力学性能和热性能提高更为显著。

③ GO 和 GO-PPD 的引入使 CE-环氧树脂基体的介电常数和介电损耗增大，其中 PPD 含大 π 键电子离域结构，GO-PPD 使石墨烯/CE-环氧树脂复合材料介电常数增大更显著，但相对于加入 GO 制备的复合材料，其介电损耗较低。

④ GO/CE-环氧树脂复合材料比 GO-PPD/CE-环氧树脂复合材料的耐湿热性更好，但两者耐腐蚀性差异不大。

第十四节　石墨烯改性不饱和聚酯与呋喃树脂

一、石墨烯改性不饱和聚酯复合材料

1. 制备方法

将石墨烯微片置于 90℃的真空干燥箱中干燥 24h，取一定量的石墨烯（质量分数为 0.1％～7％）微片与不饱和树脂混合均匀，并将该混合物装入聚四氟乙烯球磨罐中，磨罐中含有 300g 的氧化锆球，其直径分别为 20μm、50μm，

质量比为 8∶2，将 4 个体积为 100mL 的聚四氟乙烯球磨罐置于球磨机中，连续球磨 2h，将混合物过滤后，取出，在制得的石墨烯不饱和聚酯树脂混合物中，分别加入促进剂环烷酸钴和固化剂过氧化甲乙酮，快速机械搅拌 2min，室温下抽真空，倒入硅胶模具中固化成型。

2. 性能

石墨烯微片经过球磨被剥离成厚度低于 5 层的石墨烯；制备的不饱和聚酯树脂石墨烯复合材料与纯不饱和聚酯树脂相比，制备的不饱和聚酯树脂/石墨烯纳米复合材料的拉伸强度提高了 44.99%，杨氏模量提高了 47.67%，当石墨烯的质量分数为 0.5%时，复合材料的弯曲强度达到最大；当石墨烯质量分数为 3.0%时，复合材料的弹性模量达到最大，这是因为球磨的作用使石墨烯均匀地分散在基体中，石墨烯微片与基体的接触良好，且石墨烯的褶皱结构增加了石墨烯与基体的接触面积，不饱和聚酯树脂/石墨烯纳米复合材料的逾渗阈值为 6%，具有良好的导电性。

二、氧化石墨烯改性不饱和聚酯原位复合材料

1. GO/UP 原位复合材料的制备

将一定量的 GO 和乙二醇加入 500mL 烧瓶中超声分散 1h，然后加入一定量的对苯二甲酸和有机锡催化剂，在 190～210℃下反应 4～5h，控制分馏柱顶温度不超过 105℃。待分馏出水的质量为理论值的 90%时，降温至 160℃加入一定量的反丁烯二酸，通氮气保护，当温度升至 180℃时加入阻聚剂对苯二酚，物料温度控制在 210～220℃。当酸值降至一定值后，减压蒸馏脱水，至出水量接近理论值后停止反应。出料冷却，制得 GO/UP 原位复合聚酯，粉碎备用。

分别称取纯 UP 和 GO/UP 原位复合聚酯树脂，与玻璃纤维、氢氧化铝、碳酸钙和固化剂等填料混合，在双辊开炼机上混炼均匀，制备成复合材料；经粉碎后模压成型。模压工艺：温度 160～165℃，压力为 7.5MPa，时间为 4min。冷却后，在 140℃下后固化 2h。

2. 性能(表 3-60、表 3-61 与图 3-39、图 3-40)

表 3-60 GO 含量对 UP 复合材料力学性能的影响

GO 含量/%	冲击强度/(kJ/m²)	弯曲强度/MPa	弯曲模量/GPa
0	3.54	85.04	14.46

续表

GO 含量/%	冲击强度/(kJ/m^2)	弯曲强度/MPa	弯曲模量/GPa
0.25	3.58	96.85	15.50
0.50	4.06	86.68	16.03
0.75	3.73	88.72	15.19

表 3-61　GO 含量对 UP 复合材料电性能的影响

GO 含量%	体积电阻率 ρ_v/Ω·m	表面电阻率 ρ_s/Ω
0	1.86×10^{14}	2.32×10^{13}
0.25	2.25×10^{14}	1.19×10^{13}
0.50	2.35×10^{14}	2.94×10^{13}
0.75	2.28×10^{14}	0.79×10^{13}

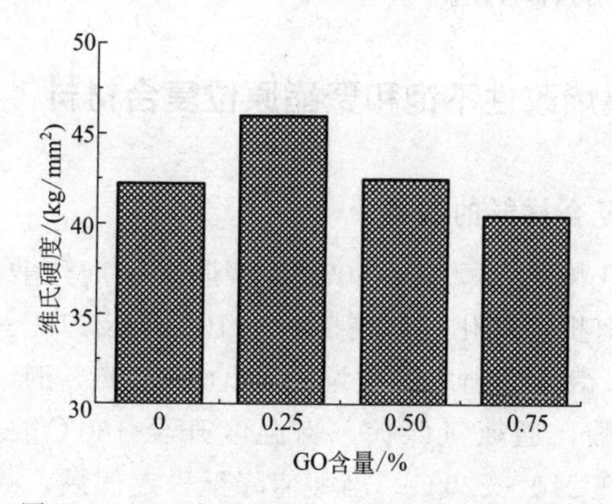

图 3-39　GO 含量对 UP 复合材料硬度的影响

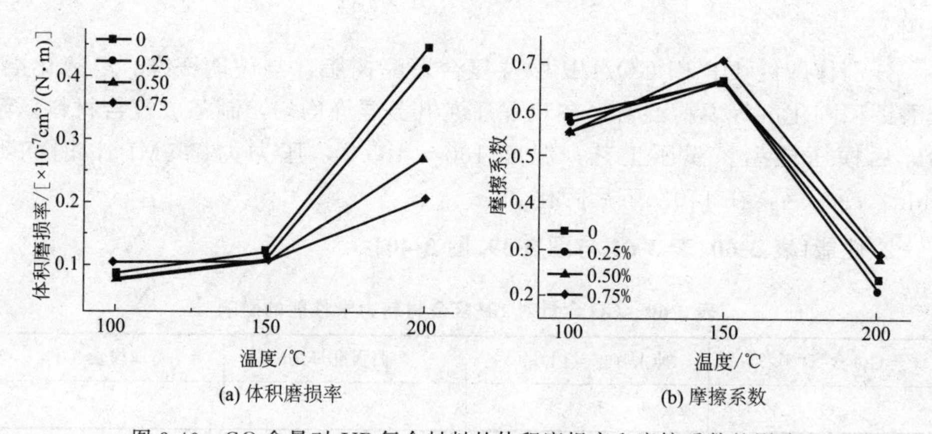

图 3-40　GO 含量对 UP 复合材料的体积磨损率和摩擦系数的影响

① GO的加入对UP有一定的增强增韧作用。当GO含量为0.5%时，GO/UP复合材料冲击强度较纯UP复合材料提高了14.69%；当GO含量为0.25%时，GO/UP复合材料的弯曲强度较纯UP提高了13.89%；当GO含量为0.25%，硬度达到最大；

② GO的加入改善了UP的摩擦磨损性能。当GO含量为0.75%时，GO/UP复合材料的体积磨损率较纯UP复合材料的体积磨损率降低了54.7%；

③ 随着GO含量的增加，摩擦磨损机理从黏着磨损和疲劳磨损转为黏着磨损和磨粒磨损；

④ GO的用量为0.75%时，对UP复合材料电性能影响不大，满足电工制品对绝缘性能的要求。

三、氧化石墨烯改性呋喃树脂复合材料

1. 制备方法

(1) GO的合成

采用改良的Hummers法制备GO。用去离子水对混合液反复离心水洗，直至上层清液呈中性。倒掉上层清液，收集剩下的溶液并烘干得到氧化石墨。将一定质量的氧化石墨加入去离子水中，搅拌后形成氧化石墨的悬浊液，然后超声分散1.5～2h，得到均匀分散的GO水溶液。

(2) GO/呋喃树脂复合材料的合成

采用溶液共混法制备GO/呋喃树脂复合材料，主要合成步骤为：将GO与呋喃树脂按一定的质量比进行混合，然后在室温下搅拌1h，超声1h，得到均匀分散的混合溶液，然后将其置于50℃的真空干燥箱中干燥，最后加入固化剂对甲苯磺酸，采取逐步升温固化：60℃ 2h，80℃ 2h，100℃ 2h，120℃ 2h，得到复合材料。

2. 性能

GO可以较均匀地分散于呋喃树脂基体中，且两者界面相容性较好。GO/呋喃树脂复合材料的热性能和力学性能相对于纯树脂都有一定的提高。与纯呋喃树脂相比，当GO的添加量为0.3%（质量分数）时，GO/呋喃树脂复合材料的玻璃化转变温度提高了36℃，热失重5%时的温度提高了16℃；当GO的添加量为0.1%（质量分数）时，GO/呋喃树脂复合材料的残炭率从50.7%提高到53.9%；邵尔硬度从90提高到97。

第四章
石墨烯改性新型塑料

第一节　石墨烯改性聚乙烯醇复合材料

一、氧化石墨烯改性 PVA 复合材料（一）

1. 制备方法

（1）氧化石墨烯的制备

采用 Hummers 法制备可在水中单片层分散的氧化石墨烯。

① 在 0℃的冰浴条件下，将 2g 石墨、1g 硝酸钠和 50mL 浓硫酸在 250mL 的三口烧瓶中混合均匀；每隔 10min 向反应体系中加入 1g 高锰酸钾，共加入 6g，保持反应体系温度维持在 0℃；高锰酸钾加完后继续在 0℃下反应 2h。此阶段为低温反应，主要生产高锰酸酐，为后续高温阶段氧化提供氧化剂。

② 将反应体系的温度升至（35±2）℃，反应 30min 后将 100mL 蒸馏水缓慢加入反应体系中，该过程会释放出大量的热，在操作时尽可能缓慢地滴加蒸馏水并非常注意个人的人身安全。

③ 待反应体系混合均匀、没有大量放热后，将温度升至 98℃并保持 3h，此阶段为高温反应，石墨的氧化和剥离主要在该阶段完成。

④ 将 50mL 质量分数为 3%的双氧水加入反应体系中，得到棕褐色的氧化石墨悬浮液。此阶段主要是将未反应的高锰酸根离子转换为无色的锰离子。

⑤ 将悬浮液离心（8000r/min，15min）得到下层棕褐色凝胶状氧化石墨和上层澄清的盐溶液，倒去上层盐溶液后，将氧化石墨凝胶用稀盐酸（3%）洗涤离心，反复多次以除去氧化石墨中的锰离子。随后改用蒸馏水反复洗涤离

心直到除去氧化石墨中硫酸根和氯离子，分别用 pH 试纸、硝酸银和氯化钡溶液检测离心后的上层清液以判断是否洗涤干净。

⑥ 将洗好的氧化石墨烯凝胶重新装在 250mL 的蒸馏水中，离心（4000r/min，15min）后收集上层棕红色透明氧化石墨烯水溶液，并冷冻干燥。下层未剥离的氧化石墨则不再使用。

⑦ 将上述氧化石墨烯水溶液取出一部分超声 45min 后得小面积氧化石墨烯片，并冷冻干燥。

（2）含有不同面积氧化石墨烯片的聚乙烯醇/氧化石墨烯纳米复合材料的制备

① 室温下，将不同面积氧化石墨烯粉末溶于 20mL 蒸馏水中得到均匀的溶液。

② 将聚乙烯醇在 10mL、98℃的去离子水中溶解 2～4h，直至聚乙烯醇完全溶解。

③ 将氧化石墨烯溶液逐步滴加到聚乙烯醇水溶液中，滴加完成后继续在 98℃下搅拌 1h。在搅拌过程中及停止搅拌后 2d 之内没有看见沉淀或者絮凝，说明氧化石墨烯在聚乙烯醇溶液中分散良好。

④ 将均匀的聚乙烯醇/氧化石墨烯水溶液倒至铝模框中，60℃下烘 15h 形成聚乙烯醇/氧化石墨烯薄膜。

⑤ 将制成的复合薄膜切成 60mm×10mm（长×宽）的样条，并在 50℃下烘 5h 除去样品中的水分。

⑥ 用作对比的纯样除不加入氧化石墨外，其他制备步骤与复合薄膜一致。

（3）复合膜材料的保温处理

将复合薄膜（每组分样品准备 15 个）放在烘箱中 60℃下烘 5～7h，取出每个组分样品（3 个）立即进行拉伸性能、拉曼光谱测试，每个组分剩下的样品放置在保湿器中，保湿器控制相对湿度在（50±5）%，控制环境温度在 20～23℃。定时取出样品进行拉伸性能、拉曼光谱测试。

2. 性能

通过控制聚乙烯醇/氧化石墨烯（polyvinyl alcohol/graphene oxide，PVA/GO）复合材料在恒温、恒湿环境中放置的时间，发现氧化石墨烯对聚乙烯醇基体机械强度的提高是一种表观增强现象。干燥状态下氧化石墨烯对聚乙烯醇基体没有明显的力学性能增强作用，当基体在恒温恒湿的环境中放置 3～5d 后，复合材料的力学性能高于纯样。由于氧化石墨烯的存在阻碍了水分子进入基体内部，保持了基体分子在干燥状态下已经形成的分子间氢键（PVP-PVA），使聚乙烯醇基体能长时间在一定湿度环境中保持高的机械强度。通过对比研究发现，大面积片层氧化石墨烯（100～300μm^2）比小面积片层氧化石墨烯（1～3μm^2）有更高的水阻隔性，因此大面积片层氧化石墨烯更利于维持聚乙烯醇基体的机械强度。

二、氧化石墨烯改性 PVA 复合材料（二）

1. 制备方法

（1）氧化石墨烯的制备

按照 Hummers 方法制备氧化石墨烯。将 46mL 浓硫酸在冰水浴保护下加入 2g 层状石墨和 2g 硝酸钠中。磁力搅拌下，将 6g 高锰酸钾缓慢加入反应体系中，继续搅拌 10min 后，将反应体系加热至 35℃，搅拌反应 30min。随后向反应体系加入 100mL 蒸馏水并将反应体系的温度升至 95℃，继续反应 1h。加入 300mL 蒸馏水和 20mL 30％的双氧水，搅拌 30min 后加入 38％的盐酸溶液 10mL。将体系转移至 1L 大烧杯中，加入蒸馏水，磁力搅拌 30min 后，静置，待分层后弃去上层清液，直至上层清液为中性。抽滤，将棕黄色滤饼干燥后，得到氧化石墨。

称取适量氧化石墨分散于蒸馏水中，在 120W 的超声振荡仪中超声 30min 得到 1mg/mL 的氧化石墨稀溶液备用。

（2）氧化石墨烯/聚乙烯醇复合材料的制备

将 1g 聚乙烯醇溶于 25mL 蒸馏水中，分别加入 0mL、5mL、10mL、15mL、20mL 和 25mL 的 GO 溶液（GO 溶液质量浓度为 1mg/mL）磁力搅拌 4h。将得到的均匀分散液转移至培养皿中，在 40℃真空烘箱中干燥至恒质量，得到 GO 质量分数分别为 0、0.5％、1.0％、1.5％、2.0％和 2.5％的 GO/PVA 复合材料，分别记为 PVA、GO0.5/PVA、GO1.0/PVA、GO1.5/PVA、GO2.0/PVA 和 GO2.5/PVA。

2. 性能

表 4-1 为 PVA 和 GO/PVA 复合材料的 HTR 值。从表 4-1 可看出：PVA 的 HTR 值为 180.7×10^{-16}m/(Pa·s)，与其相比，GO0.5/PVA 的 HTR 值为 69.2×10^{-16}m/(Pa·s)，仅仅加入 0.5％的 GO，GO/PVA 复合材料的氢气渗透速率降低了 62％·s^{-1} 继续增加 GO 至其质量分数为 2.5％时，复合材料的 HTR 值为 23.4×10^{-16}m/(Pa·s)，比 PVA 的氢气渗透速率降低了 87％。比较发现：添加少量（质量分数 0.5％）的 GO，GO/PVA 复合材料阻隔性能显著增加，继续增加 GO 质量分数，阻隔性能增加幅度减慢。当 GO 质量分数为 0.5％时，GO/PVA 复合材料的结晶度达到最大值。由于 PVA 的晶区具有良好的阻隔性能，因此，GO/PVA 复合材料的阻隔性能受 PVA 结晶度与 GO 添

加量的协同影响，GO 质量分数较低时，较大的 PVA 结晶度和 GO 片层同时增加复合材料的阻隔性能，因此具有较高的阻隔效率；GO 质量分数较高时，PVA 结晶度降低，复合材料的阻隔性能主要由 GO 贡献。

表 4-1　PVA 和 GO/PVA 复合材料的 HTR 值

单位：$\times 10^{-16}$ m/（Pa·s）

样品	PVA	GO0.5/PVA	GO1.0/PVA	GO1.5/PVA	GO2.0/PVA	GO2.5/PVA
HTR 值	180.7	69.2	48.9	35.3	30.4	23.4

三、氧化石墨烯改性 PVA 纳米复合材料

1. 制备方法

（1）氧化石墨的制备

选用改进的 Hummers 方法进行氧化石墨的制备。

12mL 浓硫酸、2.5g $K_2S_2O_8$、2.5g P_2O_5 放入 500mL 圆底烧瓶，升温至 80℃，磁子搅拌至完全溶解，再加入 3g 可膨胀石墨，80℃反应 4.5h。然后降至室温，用 500mL 去离子水稀释，过夜。第二天，混合液有黑色沉淀在瓶底，过滤，用去离子水洗涤，空气中干燥过夜。

上述全部预氧化的石墨加入 120mL 浓硫酸中，冰浴（0℃），然后 15g $KMnO_4$ 边搅拌边缓慢加入，整个过程中温度不高于 10℃，再升温至 35℃，反应 2h。反应结束，用 1L 去离子水稀释，水的加入会引起温度骤升（约至 90℃），最后得到褐色悬浮液。20mL 30％H_2O_2 加入混合液，冒泡，溶液变为黄褐色，石墨片变为亮黄色。过滤混合液，用 10％HCl 和去离子水洗涤数次，分别去除混合液中的金属离子和酸，最后干燥，收集备用。

（2）聚乙烯醇/氧化石墨烯复合材料的制备

取上述干燥的氧化石墨 100mg 分散于 100mL 水，超声 1h，至形成黑色均匀悬浮液，使氧化石墨片层剥落成氧化石墨烯纳米薄片悬浮液，静置一段时间后，除去部分未剥离的大块沉淀。同时将 5g 聚乙烯醇溶于 95g 去离子水中，加热至 95℃，充分溶解，得质量分数为 5％的 PVA 水溶液。

取一定量的氧化石墨烯胶体与质量分数 5％的 PVA 水溶液混合，制得含氧化石墨烯 1％、2％、3％、4％的混合液。混合物迅速于室温中超声 1h，得到均匀的分散体系，然后在 60℃下真空干燥 24h，得聚乙烯醇/氧化石墨烯复合膜。

2. **性能**

氧化石墨烯具有亲水性，能够在稀碱水和纯水中迅速分散成单个片层而形成稳定的胶状悬浮液。同时，这些含氧官能团使石墨片层能够和极性小分子或聚合物强烈反应形成氧化石墨烯插层复合材料或氧化石墨烯剥离复合材料。同样，由于氧化石墨烯纳米层的插入，材料的热稳定性和电性能得到显著改善。

天然石墨在浓硫酸中被高锰酸钾氧化，得到氧化石墨，充分超声分散后制得氧化石墨烯。氧化石墨烯表面和边缘带有各种亲水性氧化官能团，可以与聚乙烯醇中的羟基形成强烈的氢键作用，从而使氧化石墨烯片层作为一种纳米填料插入聚合物基体中，得到聚乙烯醇/氧化石墨烯纳米复合材料。所制得的复合膜平滑、均匀，氧化石墨烯在其中有着较好的分散性。

四、氧化石墨烯改性可溶性 PANI/PVA 掺杂复合材料

1. **制备方法**

（1）GO 的制备

GO 通过 Staudenmaier 法制得。将 70mL 浓硫酸和 36mL 浓硫酸放入烧瓶中，冰浴条件下搅拌 15min，将天然石墨 4g 加入混酸中，加大搅拌力度以避免结块。石墨分散后，慢慢加入氯酸钾 44g，避免温度突然剧增，整个体系保持敞开，便于反应产生的气体扩散，反应持续 96h。反应结束后，混合物用 800mL 去离子水洗涤抽滤，将合成的氧化石墨用 5%HCl 溶液洗涤，用去离子水将溶液洗至中性，产物在室温下干燥，将氧化石墨通过超声分散 30min，在去离子水中，剥离得到 GO 溶液。配制质量分数为 5%的 NaOH 溶液，将其倒入 GO 溶液中，GO 絮凝沉降下来，将沉淀物进行抽滤，用乙醇洗至中性，室温下干燥即制得 GO 粉末。

（2）PANI/PVA/GO 复合材料的制备

0.51g 聚乙烯醇（PVA）加入 50mL HCl（1mol/L）中，加热至 85℃使其溶解，电磁搅拌 1h，然后与 100mL 溶解了 14.35g 十二烷基苯磺酸钠（SDBS）的 HCl 一起加入三口烧瓶中，继续高速搅拌。5min 后，将苯胺（An）（4.6g）和 GO（0.051g）混合物（已超声 1h）加入其中，50mL。过硫酸铵溶液（溶解于 1mol/L HCl 中）缓慢滴入三口烧瓶中（约 1h），冰浴条件下反应 6h，抽滤，洗涤，60℃真空干燥 24h 即得到聚苯胺/聚乙烯醇/氧化石墨烯（PANI/PVA/GO）复合材料。

（3）含 GO 聚合物的还原及二次用酸掺杂

取 0.5g 复合物粉末、1mL 水合肼、250mL 去离子水放在三口烧瓶中，加

热至95℃，磁力搅拌反应24h，抽滤，洗涤，得到黑色粉末。将制得的粉末放入溶有1g过硫酸铵的HCl（1mol/L）中，继续搅拌24h，抽滤，洗涤，60℃真空干燥24h即可。

2. 性能

在PANI/PVA掺杂GO形成的复合物中聚合物和GO很好地包覆。GO的加入改变了复合材料的结构。复合物的导电性能经过酸的二次掺杂之后得到了很大的提高，在制备的过程中加入SDBS，也大大提高了复合物的溶解性。这种复合材料的形成，在以后的导电材料应用中，能更好地与其他物质进行结合，使其应用于更广阔的领域。

第二节　石墨烯改性聚乙烯醇复合薄膜

一、氧化石墨烯改性PVA复合薄膜

1. 制备方法

（1）氧化石墨烯的制备

氧化石墨烯是采用改进的Hummers方法制备的：准备一个5000mL烧杯，分别称取20g石墨和460mL浓H_2SO_4加入烧杯中，匀速搅拌下，缓慢地加入60g $KMnO_4$，在35～40℃下搅拌1h后先缓慢加入3.6L去离子水，然后加入50mL H_2O_2（浓度30%）。观察混合液体的颜色变化，当转变为黄色的悬浊液时，过滤悬浮液并先后用1∶10的HCl溶液、去离子水进行反复过滤洗涤，直至pH值接近7。为了去除未剥离的氧化石墨，取下滤纸上的糊状物，将其分散于去离子水中利用超声波技术，转速设置为4000r/min，离心时间30min，将分散液置于烘箱中于60℃下脱水后制得GO。

（2）镀层结构复合薄膜的制备

首先制备聚乙烯醇（PVA）溶液，将定量PVA粉末溶于装在三角瓶的去离子水中，同时对三角瓶进行加热，恒温水浴锅温度保持在80～90℃，待PVA形成均匀的水溶液后，量取定量的水溶液浇涂到模具当中，利用悬空刮刀将溶液完全填充到模具且使液面完全展平，自然干燥脱水制得PVA薄膜。然后用制备PVA水溶液同样的方法制备GO溶液，并将GO水溶液浇涂到以PVA为基材的PET圆环模具中，利用悬空刮刀使液面完全展平，待水分完全蒸发后即可获得镀层结构的复合薄膜。

（3）均匀混合型复合薄膜的制备

制备方法和镀层结构复合薄膜的制备方法相同。先将 GO 水溶液和 PVA 水溶液根据需要按比例混合，制备均匀的混合溶液，再浇涂到指定模具中，待混合溶液的水分完全蒸发时便可获得均匀混合的 PVA/GO 复合薄膜。

2. 性能

在聚合物基体材料中添加 GO 纳米填料后，能明显提高基体材料对 O_2 的阻隔性能，GO 的加入发挥了纳米尺寸效应。并且在阻隔性能提高方面均匀混合型薄膜要好于镀层结构的复合薄膜，当 GO 填量达到 2%时，均匀混合型复合薄膜出现了超阻隔状态，气体几乎是不通过的。

二、氧化石墨烯改性层状 PVA 纳米复合膜

1. 制备方法

（1）氧化石墨烯的制备

采用改进的 Hummers 法制备氧化石墨烯（GO）：称取 3.0g 石墨粉于烧杯中，加入 360mL 浓 H_2SO_4 和 40mL H_3PO_4，再加入 18.0g $KMnO_4$，于 50℃反应 24h 后降至室温，加入 400mL 冰水混合物，然后再加入 3mL 30%的 H_2O_2，最后以 8000r/min 的速度离心，沉淀物分别用 200mL 水、200mL HCl 和 200mL 乙醇洗涤，于 60℃真空干燥 24h 得到深褐色氧化石墨烯（GO），收集备用。

（2）聚乙烯醇/氧化石墨烯复合膜的制备

取上述干燥的氧化石墨烯 100mg 分散于 100mL 蒸馏水中，超声 1h，使氧化石墨烯片层剥落成氧化石墨烯纳米薄片，至形成褐色均匀悬浮液，同时在 90℃下，将一定质量的 PVA 粉末溶于蒸馏水中，制得质量分数为 5%的 PVA 溶液。

取一定量的氧化石墨烯分散液与质量分数为 5%的 PVA 水溶液混合，然后迅速于室温中超声 1h，得到均匀的分散液，于 90℃搅拌 1h，超声除去气泡，将均一的分散液倒入塑料器皿中、流延铺平，然后在 60℃下真空干燥 24h，制得含氧化石墨烯质量分数分别为 0、0.5%、1%、3%和 5%的聚乙烯醇/氧化石墨烯（PVA/GO）纳米复合膜，分别命名为 PVA、PG-0.5、PG-1、PG-3 和 PG-5。

2. 性能

PVA/GO 纳米复合膜中 GO 含量与吸水率的关系见图 4-1。随着 GO 含量的增加，纳米复合膜的耐水性增强，当含量为 3%时达到最强，PVA 吸水是由于大量羟基引起的表面吸附和内部溶胀，虽然 GO 上含氧基团使其本身具有一

定的亲水性，但PVA与GO复合后，PVA中的羟基与GO上的含氧基团发生强烈的相互作用，减少了PVA吸水性羟基的数量.因此，当GO含量从0.5%增加到3%时，纳米复合膜的耐水性增强；而当GO含量大于3%时，可能是由于GO浓度过高，发生团聚，没有与PVA发生相互作用所致，所以纳米复合膜的耐水性减弱。

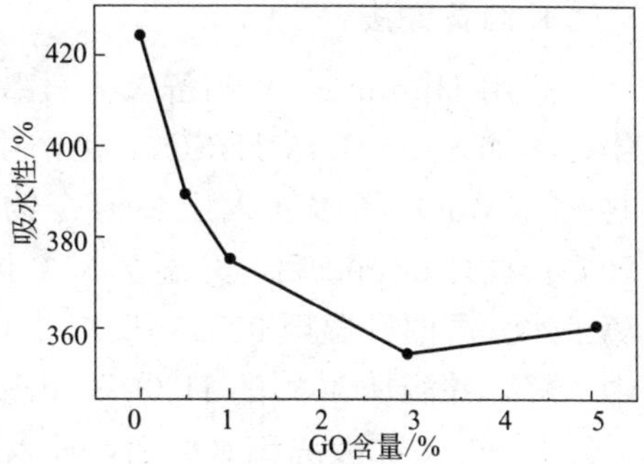

图4-1 GO含量与PVA/GO纳米复合膜吸水率的关系

不同GO含量的PVA/GO纳米复合膜的力学性能见表4-2，由表4-2可知，随着GO含量的增加，纳米复合膜的力学性能呈先增强后减弱的趋势。其中，GO含量为3%时纳米复合膜的力学性能最优。当GO含量从0增加到3%时，弹性模量由1205.36MPa上升到2204.66MPa，提高了82.9%；拉伸强度由75.00MPa增加到140.00MPa，提高了86.7%，由于超声分散法使得GO片层均匀分布在PVA基质中，相互交错的网络结构以及PVA中的羟基与GO表面含氧基团的相互作用，增强了PVA基体内部的结合力，因而拉伸强度增强，当GO含量大于3%时，拉伸强度反而下降，这可能是由于GO浓度过高导致团聚，使GO的比表面积减小，能够和PVA中羟基作用的含氧基团也减少，PVA同GO间的作用减弱。

表4-2 PVA膜和GO/PVA复合膜的力学性能

GO含量/%	膜厚度/mm	弹性模量/MPa	拉伸强度/MPa	断裂伸长率/%
0.0	0.1	1 205.36	75.00	57.51
0.5	0.1	1 848.90	120.85	27.04
1.0	0.1	1 971.29	123.25	14.82
3.0	0.1	2 204.66	140.00	11.58
5.0	0.1	1 365.30	89.65	10.32

在聚乙烯醇（PVA）与氧化石墨烯（GO）复合制备的纳米复合膜中，GO均匀分散在PVA基体中，PVA中羟基与GO中含氧基团相互作用进行复合。GO的加入能明显改善复合膜的热稳定性，当GO加入量为3%时，纳米复合膜的力学性能和耐水性达到最优，复合膜的弹性模量和拉伸强度分别为2204.66MPa和140.00MPa，同PVA膜相比分别提高了82.9%和86.7%；与PVA膜相比，当GO含量为3%时，纳米复合膜耐水性增强了约15%。氧化石墨

烯（GO）的加入明显提高了聚乙烯醇（PVA）的热稳定性、耐水性和力学性能。

三、氧化石墨烯改性 PVA 防护层组装膜

1. 制备方法

采用 Hummers 法制备氧化石墨烯。先将 2g 石墨加入 250mL 的圆底烧瓶中，再加入 46mL 浓 H_2SO_4，冰浴中机械搅拌，使其温度降低至接近 0℃；再将 6g $KMnO_4$ 缓慢加入上述混合物中（约需 20min），控制反应温度不超过 20℃；搅拌 30min 后，升温至 35℃再反应 2h；于上述混合液中加入 100mL 去离子水，同时升温至 95℃，反应 30min 后，将反应液倒入 300mL 的去离子水中稀释，并滴加 30%的 H_2O_2 中和过量的 $KMnO_4$，直至没有气泡产生；使用 5%的 HCl 多次酸洗和水洗后，放入真空烘箱中干燥得到最终产物。

称取 1g PVA 溶于 10mL 去离子水中，完全溶解后，在硅片表面旋涂上一层 PVA 薄膜后，放入烘箱中烘干；将 GO 通过超声波分散在 DMF 中，再滴加到去离子水表面，超分波分散，待其自组装成膜后，将涂有 PVA 的硅片垂直于水面插入上述去离子水中，使 GO 自组装膜转移至 PVA 膜表面，烘干。重复涂覆和转移过程，可得层层结构的 PVA/GO 杂化组装薄膜。

2. 性能

① 通过层层组装法制备了 PVA/GO 复合薄膜，且 GO 能良好分散，两者之间的氢键作用使界面结合更牢固。

② 相比于纯 PVA 膜，PVA/GO 复合膜的断裂强度提高了 49%，断裂伸长率增加了 50%。这种层层组装的杂化材料具有增强和增韧的性能。

③ PVA/GO 复合膜还具有较好的光学透明度。在复合不超过 3 层 GO 层的情况下，PVA/GO 复合膜在可见光区域的透明度基本上在 80%以上，具有很好的透明度。该种材料在力学性能和透明度要求较高的领域具有较大的应用潜力。

四、还原石墨烯改性蒙脱土/PVA 复合膜

1. 制备方法

（1）GO 的合成

GO 采用改进的 Hummers 方法制备，具体步骤：称取 2g 石墨粉，在冰浴条件下加入 46mL 浓硫酸中，充分搅拌分散后加入 1g $NaNO_3$，继续搅拌 30min 并缓慢加入 6g $KMnO_4$，随后撤去冰浴，在室温下搅拌反应 5h；反应完

成后缓慢加入 48mL 去离子水，反应 0.5h 后再加入 280mL 去离子水和 20mL 30% H_2O_2；产物过夜后，样品采用离心方法收集，并用去离子水清洗数次直到 pH 接近 7，得到棕黄色的石墨氧化物，使用超声剥离得到 GO1。

通过控制氧化阶段的反应温度，合成氧化程度不同、缺陷更少的 GO，具体步骤：称取 2g 石墨粉，在 -40℃ 低温浴条件下加入 46mL 浓硫酸中，充分搅拌分散后加入 1g $NaNO_3$，继续搅拌 30min 并缓慢加入 6g $KMnO_4$，保持 -40℃ 低温环境，搅拌反应 5h；反应完成后缓慢加入 48mL 去离子水，反应 0.5h 后再加入 280mL 去离子水和 20mL 30% H_2O_2；产物过夜后，样品采用离心方法收集，并用去离子水清洗数次直到 pH 接近 7，得到棕黑色的石墨氧化物，使用超声剥离得到 GO_2。

（2）RGO/PVA 复合薄膜的制备

将 80mg 的 GO1 分散于去离子水中，在超声波清洗器中超声剥离 30min 以充分分散。将 450mg 的 PVA 溶于 80℃ 的热水中充分搅拌分散 3h，然后加入充分分散的 GO1 水溶液，继续搅拌混合 3h，再加入一定量的 $N_2H_4 \cdot H_2O$，将溶液加热到 90℃ 并反应 1h，将 GO1 还原为 RGO1，由此得到分散均匀的黑色 RGO1/PVA 混合物，将混合物蒸发浓缩处理后倒入模具，在 50℃ 下真空干燥，得到 RGO1/PVA 复合薄膜，以同样的方法可制备得到 RGO2/PVA 复合薄膜。

（3）MNT/RGO/PVA 复合薄膜的制备

将适量的 MMT 分散于去离子水，搅拌 30min 并在超声波清洗器中超声 30min，随后加入一定比例的 GO 水溶液，继续超声 30min 后搅拌过夜以充分分散。将一定量的 PVA 溶于 80℃ 的热水中充分搅拌分散 3h，然后加入已分散好的 MMT/GO 混合溶液，搅拌混合 3h，再加入一定量的 $N_2H_1 \cdot H_2O$，并将溶液加热到 90℃ 反应 1h，由此得到分散均匀的黑色 MMT/RGO/PVA 混合物，最后以真空抽滤方式制备得到 MMT/RGO/PVA 复合薄膜。通过改变 GO 的种类，控制 MMT 与 GO 的质量比及其总量，制备得到一系列 MMT/RGO/PVA 复合薄膜。

2. 性能（表 4-3、图 4-2）

表 4-3　RGO/PVA 和 MMT/RGO/PVA 复合薄膜合成条件及其导热性能

复合薄膜	m(MMT)/mg	m(GO)/mg	m(PVA)/mg	m(MMT) : m(GO)	热导率/[W/(m·K)]
RGO1/PVA	0	80	450		2.3
MMT/RGO1/PVA(1)	20	60	450	1 : 3	2.4
MMT/RGO1/PVA(2)	40	40	450	1 : 1	2.6
MMT/RGO1/PVA(3)	54	26	450	2 : 1	2.9
MMT/RGO1/PVA(4)	60	20	450	3 : 1	2.6

续表

复合薄膜	m(MMT)/mg	m(GO)/mg	m(PVA)/mg	m(MMT)∶m(GO)	热导率/[W/(m·K)]
RGO2/PVA	0	80	450		9.2
MMT/RGO2/PVA(1)	20	60	450	1∶3	15.3
MMT/RGO2/PVA(2)	40	40	450	1∶1	30.1
MMT/RGO2/PVA(3)	54	26	450	2∶1	60.5
MMT/RGO2/PVA(4)	60	20	450	3∶1	51.8

注：热导率的测量温度为50℃。

在低温浴条件下制备的GO表面缺陷含量较少，结构更为完整，将其添加到聚合物中可以更好地提高聚合物复合薄膜的导热性能。此外，MMT片层可以和GO形成氢键和交联作用（Na^+为交联剂），有效地分散GO，避免了还原过程中RGO片层的团聚，形成有序排列结构。同时，由于MMT/GO二元填料能与PVA基体之间形成氢键，极大地改善了填料和聚合物的界面结合力，降低了界面热阻，进一步提高了复合薄膜的导热性能。当复合薄膜中MMT与GO2的质量比为2∶1，二元填料质量分数为12%时，MMT/RGO2/PVA复合薄膜的热导率达到66.4W/(m·K)，比纯PVA［<0.5W/(m·K)］提高了至少132倍。由此可见，通过MMT协同RGO进行复合物薄膜结构和组成上的改良，能显著提高聚合物的导热性能，为制备其他高导热聚合物复合薄膜提供了一种思路和途径。

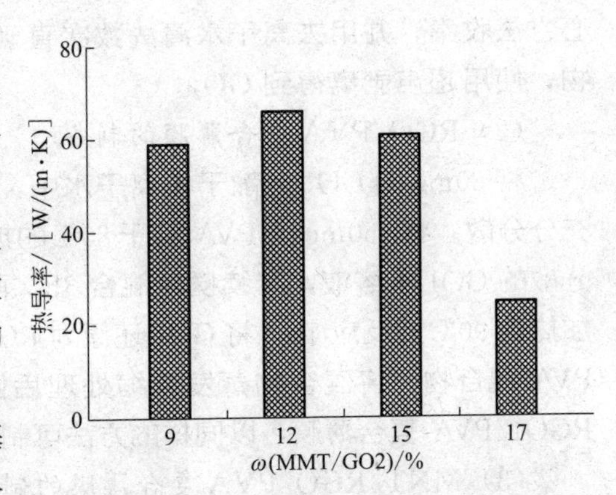

图4-2 不同质量分数MMT/GO2的MMT/RGO2/PVA复合薄膜的导热性能

五、石墨烯改性纳米微晶纤维素增强PVA薄膜

1. 制备方法

(1) GO的制备

烧瓶中加入3g石墨粉，18g $KMnO_4$，360mL H_2SO_4和40 mL H_3PO_4，加热至50℃反应12h。反应完成后加入去离子水冰块，滴加H_2O_2，静置过夜，取沉淀分别用HCl、去离子水和甲醇在离心机中洗涤，取最后一次离心得到的沉淀在干燥箱中80℃干燥48h，研磨成粉，取一定质量GO粉加入一定体积去

离子水中超声3h，得到密度已知的GO水分散液。

(2) NCC的制备

在烧瓶中加入10g微晶纤维素和45mL去离子水，搅拌10min，冰浴条件下滴加45mL浓H_2SO_4，搅拌30min，加热至45℃，反应110min。加入900mL去离子水，室温静置12h，取沉淀用去离子水在离心机中洗涤，最后一次离心降低转速，取上层悬浊液超声2h，加入透析袋在去离子水中透析，不断换水直至袋外水的pH为中性，袋内得到NCC水分散液。取一定体积NCC分散液烘干称重，计算得密度，重复五次，取平均值，得到NCC水分散液的密度。

(3) NCC-RGO/PVA复合膜的制备

在烧瓶中加入一定体积的GO和NCC水分散液，其中NCC与GO质量比设置为X，搅拌2h，得到NCC与GO质量比为X的NCC-GO，命名为"X NCC-GO"。加入一定质量（GO质量的十倍）的抗坏血酸，升温至40℃反应24h，用去离子水在离心机中洗涤3次，超声0.5h得到NCC-RGO水分散液，命名为"X NCC-RGO"。在烧瓶中加入一定质量的PVA和去离子水，升温至90℃将PVA溶解，得到PVA的水溶液。将含一定质量PVA的水溶液与含一定质量（NCC-RGO的质量取其前驱体NCC和GO的质量之和）的X NCC-RGO的水分散液混合，搅拌24h，倒入玻璃皿，在干燥箱中60℃干燥48h，得到复合膜，命名为"X NCC-RGO/Y PVA"（Y为X NCC-RGO和PVA的质量比）。

2. 性能(图4-3和表4-4、表4-5)

图4-3可观察到所有试样在20min就达到吸水平衡，Y=0.3%和0.7%的复合膜吸水率较低，是纯PVA膜的77%左右。

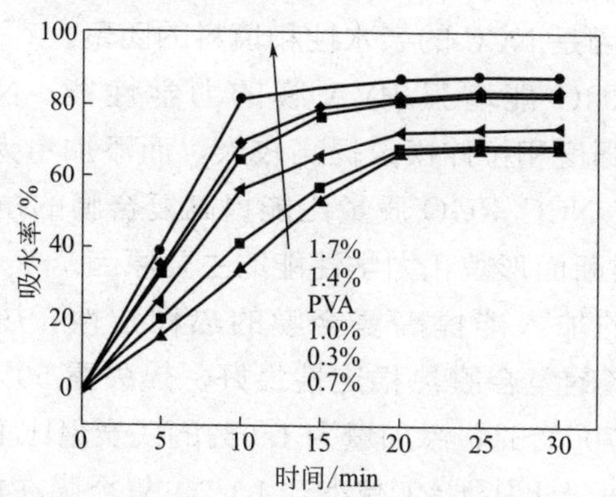

图4-3 纯PVA膜和1：1 NCC-RGO/0.3%、0.7%、1.0%、1.4%和1.7%PVA复合膜的吸水率随浸水时间变化的曲线

表 4-4 纯 PVA 膜与 1∶1 NCC-RGO/0.3%、0.7%、1.0%、1.4%和 1.7%PVA 复合膜材料的拉伸强度、断裂伸长率和拉伸模量的 $\bar{x}$ 和 s

样品	拉伸强度/MPa	断裂伸长率/%	拉伸模量/GPa
PVA	43.3±3.9	126.3±5.5	1.63±0.16
1∶1NCC-RGO/0.3% PVA	50.3±5.0	165.7±7.1	2.12±0.10
1∶1NCC-RGO/0.7% PVA	77.3±4.3	139.0±5.3	4.64±0.29
1∶1NCC-RGO/1.0% PVA	79.5±2.9	84.8±4.0	4.32±0.25
1∶1NCC-RGO/1.4% PVA	59.1±6.5	101.2±6.3	3.58±0.26
1∶1NCC-RGO/1.7% PVA	58.8±4.1	90.0±3.8	3.47±0.33

表 4-5 纯 PVA 膜与 4∶1、3∶1、2∶1、1∶1 和 1∶2 NCC-RGO/1.0%PVA 复合膜材料的拉伸强度、断裂伸长率和拉伸模量的 $\bar{x}$ 和 s

样品	拉伸强度/MPa	断裂伸长率/%	拉伸模量/GPa
PVA	43.3±3.9	126.3±5.5	1.63±0.16
4∶1 NCC-RGO/1.0%PVA	47.6±2.5	125.2±3.0	2.95±0.21
3∶1 NCC-RGO/1.0%PVA	52.9±3.3	126.0±5.1	3.01±0.15
2∶1 NCC-RGO/1.0%PVA	67.0±5.2	96.6±6.7	3.44±0.19
1∶1 NCC-RGO/1.0%PVA	79.5±2.9	84.8±4.0	4.32±0.25
1∶2 NCC-RGO/1.0%PVA	83.8±3.5	112.7±3.9	5.61±0.20

① NCC 能通过氢键作用吸附在 RGO 上，阻碍 RGO 的团聚，改善 RGO 在水中的分散稳定性，这有利于将 NCC-RGO 作为纳米增强填料使用。

② 加入 NCC-RGO 能减小 PVA 膜短时间内的吸水率，但当浸水时间较长时吸水率减小不明显。当 NCC-RGO 添加量超过 1.0%后，复合膜的吸水率反而大于 PVA 膜，原因是 NCC 的亲水性和填料的团聚。

③ 加入 NCC-RGO 能增强 PVA 膜的力学性能；NCC-RGO 添加量为 0.7%的复合膜拉伸强度和拉伸模量提高较大，而添加量大于 1.4%的复合膜，力学性能变差。减小 NCC/RGO 质量比能提高复合膜的拉伸性能，RGO 的含量是影响复合膜材料断面形貌和力学性能的主要原因。

④ NCC-RGO 的加入能提高复合膜的热稳定性：热失重 5%时，NCC-RGO 添加量为 0.7%的复合膜热稳定性最好。热失重 50%时，复合膜热解温度均高于 PVA 膜。700℃时，添加量为 1.0%的残炭量比 PVA 膜提高了 56%。随着 NCC/RGO 的质量比从 4∶1 减小到 1∶2，复合膜在热失重 5%和 50%时的热解温度先提高后降低，其中 NCC/RGO 质量比为 1∶1 的复合膜有较好的热稳定性。

六、石墨烯改性 PVA 复合膜材料

1. 制备方法

（1）GO 的制备

冰浴条件下，在干燥的烧杯中加入 46mL 浓硫酸和 1g 硝酸钠，然后加入 2g 石墨，混合均匀后，再慢慢加入 6g 高锰酸钾，搅拌反应 2h（控制反应液温度不超过 20℃）。然后将烧杯置于 35℃左右的恒温水浴中反应 1h，加入 92mL 去离子水。最后控制反应温度在 98℃左右反应 15min，反应结束后加入去离子水终止反应，同时加入 30%双氧水，可以观察到反应液变为鲜亮的黄色。离心，先用稀盐酸洗涤，再用去离子水洗至 pH 值接近 7，备用。

（2）GN 和 GH-PVA 复合物的制备

将 200mL GO 分散液（4mg/mL）与 6.4g PVA 混合，搅拌 30min 后加入 24mL 25%氨水溶液和 1.5mL 80%水合肼溶液，搅拌 30min，90℃反应 4h。反应结束后，用热蒸馏水洗涤，离心，得到 GN-PVA 复合物。

同法制备 GN，只是反应过程中不加入 PVA。

（3）GN-PVA/PVA 复合膜材料的制备

将一定量 GN-PVA 复合物超声分散在 100mL 水中，加入 5g PVA 和 1.5g 塑化剂（甘油），搅拌均匀，90℃反应 30min，得到均匀溶液。将所得溶液真空脱除空气后倾入模具中，放于 50℃烘箱中干燥。得到厚度约为 0.2mm 的复合膜，并将其置于室温和相对湿度为 50%的环境中至少 48h，备用。

以 PVA 的质量为基准，添加不同量（0、0.25%、0.5%、1.0%、1.5%、2.0%）的 GN-PVA 复合物制得系列 GN-PVA/PVA 复合膜材料。对复合膜材料进行性能测试。

2. 性能

GN-PVA 填料在 PVA 基质中的均匀分散提高了 GN-PVA/PVA 的力学性能和防水性能。当 GN-PVA 添加量从 0% 增加到 2.0%时，拉伸强度从 8.9MPa 提高到 46.1MPa，表明 GN-PVA 的加入可以提高 PVA 膜的强度；水蒸气透过率从 13×10^{-10}g/(m·s·Pa) 变为 4.5×10^{-10}g/(m·s·Pa)，说明其防水性能变得更好。GN-PVA/PVA 复合膜也显示出了对紫外线的屏蔽作用和良好的导电性能，当 GN-PVA 添加量为 2.0%时，大部分紫外线都已经被屏蔽，且电导率达到 5.5×10^{-2}S/m。

这些优异的性能将使其可应用于可生物降解产品、洗涤剂和杀虫剂、生物传感器、医疗输送系统和其他有前景的应用水溶性小袋等领域。

第三节 石墨烯改性聚乙烯醇纤维材料

一、氧化石墨烯改性 PVA 纳米复合纤维

1. 制备方法

(1) 氧化石墨烯 (GO) 制备

采用改进的 Hummers 方法制备单片层氧化石墨烯溶胶。将 1.0g 石墨和 1.0g KNO_3 加入一定量的 H_2SO_4 中，搅拌均匀后，加入一定量 $KMnO_4$，搅拌 6h；再加入 100mL 去离子水，90℃下继续搅拌 1h；反应完成后加入 200mL 去离子水，同时加入 6mL 30% H_2O_2，即得氧化石墨；将氧化石墨离心洗涤、去除杂质离子，直至中性，即制得氧化石墨烯水溶胶。

(2) PVA/GO 纳米复合纤维制备

将 PVA 加入适量的去离子水中，恒温 95℃搅拌 2h 配制成 PVA 水溶液，然后，将其与所制备的 GO 水溶液混合，85℃下磁力搅拌至形成均匀混合物。配制的 PVA 水溶液浓度为 6%，配制 GO 质量分数分别为 0、0.5%、1%、2.5%的 PVA/GO 纺丝液，静制消泡待用。将配制好的纺丝液装入带有针头的注射器中，通过静电纺丝制备不同 GO 含量的静电纺 PVA/GO 纳米复合纤维。实验采用覆盖有铝箔纸的接收屏作为接收装置，接收距离 10cm、纺丝电压 12kV、纺丝液喂给速率 0.3mL/h。纺丝结束后，将纳米纤维于 50℃烘箱干燥 12h。

2. 性能(表 4-6、表 4-7)

表 4-6 纯 PVA 纳米纤维和 PVA/GO 纳米复合纤维的红外光谱数据

样品	O—H 伸缩振动 (Peak1)	C═O 伸缩振动 (Peak2)	C═O 反伸缩振动 (Peak3)
纯 PVA 纳米纤维	3425.1	1656.6	1567.9
PVA/0.5%GO 纳米复合纤维	3432.7	1650.8	1567.9
PVA/1%GO 纳米复合纤维	3442.4	1652.7	1567.9
PVA/2.5%GO 纳米复合纤维	3436.6	1643.1	—

表 4-7 纯 PVA 和 PVA/GO 纳米复合纤维 TGA 和 DSC 数据

样品	熔点 T_m/℃	热失重第一阶段 T_1/℃	热失重第二阶段 T_2/℃
纯 PVA 纳米纤维	230.3	262.2	433.2
PVA/0.5%GO 纳米复合纤维	230.3	264.7	432.8
PVA/1%GO 纳米复合纤维	232.6	269.0	433.3
PVA/2.5%GO 纳米复合纤维	232.6	273.6	434.3

① 通过静电纺丝制备的纯 PVA 纳米纤维和 PVA/GO 纳米复合纤维直径均较细，约为 0.12μm，PVA/GO 纳米复合纤维条，均匀度好于纯 PVA 纳米纤维；

② 红外分析结果显示，随着 GO 含量的增加纳米复合纤维中形成较多的氢键；

③ 随着 GO 添加量的增加，纳米复合纤维的熔点较纯 PVA 也有提高；同时，纳米复合纤维最大分解温度不断提高，PVA/2.5%GO 纳米复合纤维的最大分解温度较纯 PVA 纳米纤维提高 11.4℃。

二、静电纺丝制备石墨烯改性聚乙烯醇/聚丙烯酸复合纤维

1. 制备方法

称取一定量的 PVA 溶解于去离子水中 85℃搅拌 12h，配制不同质量分数浓度（5%、6%、7%、8%、9%、10%、11%、12%）的 PVA 溶液，设置不同的电纺参数优化条件得到均匀的纤维结构。

制备二元纤维材料：PVA 溶于去离子水中 85℃磁力搅拌 12h，制备质量分数为 10%的水溶液。配置不同浓度的 PAA 溶液（0.6gPAA 分别溶解至 2g、3g、5g 溶液），在室温搅拌 1h。将所制备的 PVA 溶液和 PAA 溶液按照一定的质量比（5∶2、5∶3、5∶5）混合，继续室温搅拌 1h，得到用于电纺丝的均相溶液。将 PVA/PAA 混合溶液装入注射器中，20 号针头，20kV、0.5mL/h 进行纺丝，其中喷丝针头距离平板铝收集器 15cm。然后将纺丝产品室温真空干燥 24h。最后保持真空将温度升高至 120℃保持 3h，用以进行热诱导的交联反应。

制备三元复合纤维材料：选择优化的 PVA/PAA 混合浓度，确保得到均匀纳米纤维的同时，掺杂不同质量的 GO，采用相同的条件（20 号针头、20kV、0.5mL/h 进行电喷，喷丝针头距离平板铝收集器 15cm），得到的纺丝产品室温真空干燥 24h。最后保持真空将温度升高至 120℃保持 3h，得到 PVA/PAA/GO 三元复合纤维材料。PVA 静电纺丝的参数表见表 4-8。

表 4-8　PVA 静电纺丝的参数表

样品编号	质量分数/%	距离/cm	速度/(mL/h)	电压/kV	针头型号	时间/min
1#	5	12	0.6	30	20	30
2#	6	12	0.6	30	20	30
3#	7	12	0.6	30	20	30
4#	8	12	0.6	30	20	30
5#	8	12	0.6	30	18	30
6#	9	12	0.6	30	20	30

续表

样品编号	质量分数/%	距离/cm	速度/(mL/h)	电压/kV	针头型号	时间/min
7#	9	12	0.6	30	18	30
8#	10	12	0.6	30	18	30
9#	11	12	0.6	30	18	30
10#	12	12	0.6	30	18	30

2. 性能

在设定的纺丝条件下，当溶液质量分数较低时(5%～7%)，使用内径较小的 20 号针头，形成喷射状液滴或珠状纤维的微纳米结构。形成的主要原因是由于溶液的黏度极低，聚合物分子间的作用力较弱，此时很难维持喷射细流的连续性，不能形成稳定的流体喷射状态，故而得到不理想的、伴有缺陷的纤维。而溶液质量分数过高时(10%～12%)，只能使用内径较大的 18 号针头，得到的纤维直径大小不均。主要成因是由于浓度较大的溶液的黏度也较大，聚合物分子相互交穿，形成胶冻状溶液。在电场力不变的情况下，纤维分裂的能力明显减弱。同时浓溶液在喷丝头处易于迅速干燥凝结，难以形成稳定的喷射细流，同时造成喷头堵塞不可纺。质量分数 8%～9%浓度范围内的溶液纺丝成纤效果较好，纤维表面较为光滑且粗细也较为均匀，并且无明显纤维粘连现象。

第四节　石墨烯改性聚乳酸与聚碳酸亚丙酯

一、石墨烯改性聚乳酸塑料的研究

1. 简介

聚乳酸（PLA）是以乳酸单体或丙交酯单体为原料通过聚合得到的高分子材料。其拥有良好的生物降解性和物理力学性能，可以广泛用于生物医学工程、涂料、薄膜、热塑材料、纺织和包装等工程领域。但 PLA 具有结晶度低、结晶速度慢、抗冲击性差、降解周期难以控制、亲水性差和耐热性不好等缺点，限制了其替代石油基塑料在日用塑料方面的应用。为了改善 PLA 性能的不足，近年来，对 PLA 的功能化改性获得了国内外材料学家的广泛研究。目前，对 PLA 的改性主要有化学改性和物理填充改性。化学改性主要通过将乳酸和其他物质进行共聚，然后扩链形成嵌段共聚物；或者在 PLA 中加入多官能团的交联剂，如邻苯二甲酸二辛酯（DOP），进行交联改性。通过共聚或交联的方式能有效提高 PLA 的力学性能和热稳定性能。物理改性主要通过在 PLA 基体中添加填料来获得高性能的 PLA 复合材料。常用的填料有淀粉、玻璃纤维和纳米填料等。其中使用纳米填料（如蒙脱土、碳纳米管、石墨烯等）填充改性 PLA 具有用量少、效果显著等优势，特别是随着其工业化制备技术的成熟、成本的下降，在改性 PLA 方面具有相当强的工业化潜力，因此纳米填充改性 PLA 已成为当前 PLA 功能化改性领域的研究热点。

石墨烯是现今最理想的二维纳米材料。由于其具有优异的电、热、磁和力等性能而获得了广泛的研究和应用。石墨烯的强度达 130GPa，热导率为 5300W/(m・K)，载流子迁移率为 15000cm^2/(V・s)，弹性模量为 1100GPa，都是现今已测材料中最高的。为了充分利用石墨烯独特的性能，将它与基体材料复合制备纳米复合材料是主要的途径之一。近年来，大量研究报道了将石墨烯与 PLA 复合制备高性能 PLA 基纳米复合材料，并取得可喜的研究进展。然而，一方面由于石墨烯特有的小尺寸效应和表面效应，以及自身强的范德华作用力使得它极易在聚合物基体内部发生团聚，导致在基体中分散不均匀；另一方面，石墨烯的表面具有较强的疏水性和化学惰性，导致其与聚合物基体的相容性差，复合材料的界面结合强度低。这不仅不能发挥石墨烯的特性，反而会降低聚合物基体的性能。所以，如何促进石墨烯在聚合物基体中的分散，改善其与聚合物基体之间的界面结合是当前制备高性能聚合物/石墨烯纳米复合材料的瓶颈问题。为了解决这些问题，目前主要通过改善复合材料的制备技术和制备工艺以改善分散性，或者通过对石墨烯进行功能化改性（共价或非共价共性）以改善分散性和复合材料的界面。

2. 石墨烯纳米复合材料的制备方法

石墨烯与 PLA 复合能够有效地提高 PLA 的力学、电学和热学性能，充分利用石墨烯独特的性能。目前，PLA/石墨烯纳米复合材料的制备方法主要有熔融共混法、溶液共混法和原位聚合法。

(1) *熔融共混法*

熔融共混法制备 PLA/石墨烯纳米复合材料是先将 PLA 加热至熔点以上，待 PLA 完全熔融后，再加入石墨烯混合均匀，最后通过挤出或者注射等方式加工成型。I. H. Kim 等采用剥离的石墨烯（EG）为 PLA 的纳米填充改性剂，用啮合型同向旋转双螺杆挤出机通过熔融共混法制备了一系列 PLA/EG 纳米复合材料，并对比研究了 EG 和天然石墨（NG）对 PLA 结构和性能的影响。研究结果表明，EG 有效提高了 PLA 的力学性能，而且 EG 比 NG 更有效。M. Murariu 等采用熔融共混法制得 PLA/膨胀石墨复合材料，膨胀石墨的加入显著改善了 PLA 的力学性能和热稳定性能。熔融共混法具有成型工艺简单、易于工业化生产等优点，是目前 PLA 共混改性的主要技术手段。但由于 PLA 基体本身热稳定性较差，PLA 在熔融温度下会发生部分降解，从而降低了基体的力学性能；同时，熔融加工过程中，PLA 熔体黏度较大，石墨烯填料在 PLA 熔体中分散困难导致分散不均匀，不能充分发挥石墨烯的独特性能。

(2) *溶液共混法*

溶液共混法制备 PLA/石墨烯纳米复合材料是将 PLA 溶于溶剂，并加入分散于极性溶剂的石墨烯分散体系中。在搅拌或超声分散的作用下，PLA 分子链可以插入石墨烯层之间，导致石墨烯膨胀和剥离。所得共混体系经后续处理即可得到 PLA/石墨烯纳米复合粉末材料。常用的后续处理方式有：加热浓缩除去溶剂法，直接涂膜法，加入沉淀剂沉淀法。最后再将粉末材料经热压等即可获得复合材料试样。

① 用溶液共混法制备石墨烯质量分数为 0.5%的 PLA/石墨烯纳米复合材料薄膜。其具体做法如下：先称取 25mg 硅烷偶联剂改性的石墨烯（sEG）加入 50mL 的三氯甲烷溶液中超声分散 2h，得到均匀分散的石墨烯分散液，然后加入 5g 干燥的 PLA 颗粒，搅拌 1h 至完全溶解；最后将所得的混合溶液倒在玻璃板上于室温下静置 24h，待溶剂挥发完全再在 50℃的真空烘箱干燥 24h，待完全去除残留溶剂后得到复合材料。石墨烯在 PLA 中获得了良好的分散，PLA 的力学和热学性能获得明显改善。

② 采用 *N*,*N*-二甲基甲酰胺（DMF）为溶剂，经溶液共混法制备氧化石墨烯（GO）质量分数分别为 0.5%、1%和 2%的 PLA/GO 纳米复合材料，利用不同手段对该体系的结晶行为和性能进行了研究，发现 GO 的表面与 PLA 存在较强的界面作用力。GO 的加入提高了 PLA 的结晶度，加快了 PLA 结晶速度，提高了 PLA 的耐热性能。

③ 以 DMF 为共溶剂，通过溶液共混法制备石墨烯质量分数为 0.2%的 PLA/石墨烯纳米复合材料。其方法如下：首先，在室温下将 8mg 冷冻的石墨烯粉末借助搅拌和超声处理分散于 80mL 的 DMF 中；然后，将 4g PLA 加入悬浮液中；之后再 85℃下搅拌 2h，并接着将体系在 70℃超声处理 2h，用 800mL 的甲醇使混合物凝固成块；最后，将絮凝状的混合物在 80℃的真空中干燥 10h，得到纳米复合材料。为了提高 PLA 的导电性能，M. Sabzi 等采用溶液共混法制备 PLA/石墨烯纳米复合材料，并采用 X 射线衍射（XRD）、透射电子显微镜（TEM）和流变学方法对比研究了两种石墨烯纳米片（xGn 和 N02）在 PLA 中的分散性和对 PLA 导电性能的影响。研究发现，N02 在 PLA 基体中获得安全的剥离和均匀分散，而 xGn 的分散性则较差。采用流变学测试了纳米复合材料的黏弹行为，建立了黏弹模型，并将此模型与复合材料内部导电模型建立关联。结果表明，采用不同的黏弹模型获得的导电逾渗阈值存在

高度的一致性。溶液共混法是目前制备 PLA/石墨烯纳米复合材料较为常用的方法。这种方法的优点是借助于搅拌或超声分散的作用，石墨烯在 PLA 基体中能获得均匀的分散。但不足之处是制备过程中使用大量的有毒试剂，如二甲基甲酰胺、四氢呋喃、三氯甲烷等，造成了环境污染，对复合体系的后处理过程也比较繁琐。因此，溶液共混法的工业化还比较困难，目前该方法多用于实验室科学研究。

(3) 原位聚合法

原位聚合法是将石墨烯和聚合物液相单体经过混合并在引发剂的引发下聚合得到复合材料的方法。

先用 GO（1.0g）和经过脱水的乳酸单体（200mL）进行混合，并将混合物超声处理以确保 GO 均匀地分散在乳酸单体中。然后加入一定量的引发剂，在 180℃下聚合反应 5h。待反应结束后用相应的溶剂除去未反应的乳酸单体和 PLA 均聚物。最后，将得到的产物真空干燥后得到纳米复合材料。原位聚合法是一种环境友好、条件温和且可以大量制备功能化的 PLA/石墨烯纳米颗粒的方法，而且还可以推广到制备混杂复合纳米材料。

3. 石墨烯纳米复合材料的性能

用石墨烯和 PLA 复合是为了充分利用石墨烯的特殊性能来改善 PLA 的性能，从而拓宽 PLA 的应用领域。目前，对于 PLA/石墨烯纳米复合材料的性能研究，主要集中在力学性能、热学性能、电性能和流变性能等方面。

(1) 力学性能

石墨烯被认为是目前世上最薄却也是最坚硬的纳米材料，在 PLA 中添加石墨烯可以提高其力学性能。I. H. Kim 等研究了一系列不同 EG 含量 PLA/EG 纳米复合材料的力学性能。发现，当 EG 质量分数为 3%时，复合材料的拉伸弹性模量与纯 PLA 相比有明显提高。史成波等以自制的石墨烯为填料，分别制备了纯 PLA，PLA/原始石墨烯（p-EG）和 PLA/s-EG 纳米复合材料。对比研究了 PLA/p-EG 和 PLA/s-EG 纳米复合材料的力学性能。研究发现，与纯 PLA 相比，EG 起到了成核剂的作用，增强效果显著。特别是 EG 经过硅烷偶联剂处理以后，虽然拉伸强度没有提高，但是断裂伸长率和弹性模量得到了提高。拉伸断面形貌分析表明，s-EG 在 PLA 基体内的分散性比 p-EG 要好。这是由于硅烷偶联剂在石墨烯和 PLA 的界面之间架起“分子桥”，增强了界面粘接强度。Cao Y 等研究了石墨烯质量分数为 0.2%的 PLA/石墨烯纳米复合材料的力学性能。研究发现，与纯 PLA 相比，复合材料的拉伸强度提高了 26%，拉伸弹性模量提高了 18%。Li W 等对比研究了 PLA，PLA/GO 和 PLA/PLA-*g*-GO 纳米复合材料的力学性能。研究发现，材料的断裂强度和拉伸强度体现出 PLA/PLA-*g*-GO 优于 PLA/GO，而 PLA/GO 优于 PLA 体系。与纯 PLA 相比，PLA/PLA-*g*-GO 的断裂强度和拉伸强度分别提高了 114.3% 和 105.7%。力学性能的显著提高得益于复合材料界面强度的改善，先将 PLA 接枝于 GO 表面获得 PLA-*g*-GO，再将其作为 PLA 的增强材料比直接用 GO 作为 PLA 的增强材料更能获得强的复合材料界面。王德瑾制备了石墨烯、氧化石墨烯填充改性的 PLA 复合材料，研究表明，加入石墨烯后 PLA 的拉伸强度、拉伸弹性模量、断裂伸长率以及冲击强度有了不同程度的提升。陆霞采用溶液共混-絮凝-熔融压片的方法制备 PLA/石墨烯复合材料，并对其力学性能进行研究。研究发现，在 GO 质量分数低于 1%时，复合材料可以在保持断裂伸长率的同时增加拉伸强度；膨胀石墨可以显著提高 PLA 复合材料的模量，但是断裂伸长率降低快。

(2) 热学性能

PLA 的结晶度低、结晶速度慢、耐热性不好等缺点是限制 PLA 在某些领域推广应用的主要因素。将石墨烯加入 PLA 中，会对 PLA 的结晶-熔融行为如熔点（T_m）、结晶温度（T_c）和玻璃化转变温度（T_g）产生影响。这主要是因为石墨烯加入聚合物中阻碍了聚合物链段的运动。研究人员制备了 PLA/GO 和 PLA/PLA-*g*-GO 纳米复合材料，通过扫描电子显微镜（SEM）分析石墨烯在 PLA 基体中的分散性，并综合应用热失重（TG）分析和差示扫描量热（DSC）法分析了复合材料的热性能和结晶行为。研究发现，添加少量的石墨烯能够显著提高 PLA 的热稳定性能。PLA 的 T_g 和 T_m 分别为 53.8℃ 和 164.3℃。添加 GO 和 GO-*g*-PLA 后，PLA 的 T_g 分别提高到 59.4℃ 和 60.2℃，而 T_m 分别提高到 167.1℃和 169.1℃，并认为 T_g 和 T_m 的提高主要是由于 PLA 的分子链与石墨烯表面相互缠结，这种缠结可以形成机械互锁，或通过氢键或静电引力作用，从而限制了 PLA 的链段运动。有人使用 PLA 作为基体，GO 和热还原石墨烯（TRG）作为填料，通过溶液法制备了 PLA/GO 和 PLA/TRG 体系，并利用不同的分析手段对这两个体系的结晶行为和热学性能进行了详细的研究。熔体结晶研究发现，GO 或 TRG 并未改变 PLA 的结晶结构和结晶机理，但 GO 或 TRG 在结晶过程中起成核作用，显著促进了 PLA 的结晶过程，并且此种作用在 GO 或 TRG 的质量分数为 1%时结晶速率提高幅度最大。另外，GO 或 TRG 的加入提高了体系的活化能，并且活化能随着填料含量的增加而增大。TG 研究结果表明，GO 或 TRG 对 PLA 的热稳定性没有明显改变。还有人通过原位聚合法制备了一系列 PLA/GO 纳米复合材料，并研究了纯 PLA 及其复合材料的热性能。研究发现与纯 PLA 相比较，其复合材料的冷结晶温度向低温方向移动，且复合材料体系的结晶度也随着 GO 纳米片含量的增加而增大。TG 分析表明，复合材料的起始分解温度和最大分解温度都向高温方向移动。因此，GO 纳米片的加入能够明显地提高复合材料的热稳定性。

(3) 导电性能

通过在 PLA 中添加石墨烯能有效改善 PLA 的导电性能。完整的石墨烯具有高电子迁移率而体现出良好的导电性能。由于石墨烯具有大的比表面.更有利于电子的转移。已有研究结果表明，PLA/石墨烯纳米复合材料的导电性与石墨烯的含量呈现一种非线性关系，当石墨烯的含量到达一定值时，使复合材料的导电率突增，该值称作逾渗阈值，当填料含量高于此值时，纳米填料就可以在聚合物基体中形成导电网络。I. H. Kim 等通过实验发现，PLA/EG 纳米复合材料的逾渗阈值为 3%～5%，而 PLA/NG 纳米复合材料的逾渗阈值为 10%～15%，即在 PLA 基体中，只需要加入高于 3%的 EG 或加入 10%～15%的 NG，便可以显著降低 PLA 的电阻率，不难发现，EG 的效果比 NG 要好。M. Sabzi 等对比研究了 xGn 和 N02 两种石墨烯纳米片在 PLA 中的分散性和对 PLA 的导电性能影响。研究发现，xGn 和 N02 都有效提高了 PLA 的导电性能，当 xGn 和 N02 达到逾渗阈值时，纳米复合材料的电导率与纯 PLA 相比提高了近 12 个数量级。纳米复合材料电导率的提高源于体系内部导电网络(通道)的形成。通过提高填料在基体中的分散性，改善其与基体的界面结合都能促进导电网络的性能，从而提高导电性能。有人以二维纳米碳材料、石墨烯为填料，制备了多功能的 PLA 纳米复合材料。以 GO 为起点，考察了葡萄糖这种化学还原剂对 GO 结构、导电性能的影响。研究发现，对于 GO 而言，葡萄糖是一种十分有效的还原剂，它对 GO 导电性能的提高具有突出的贡献。而且，由葡萄糖还原得到的石墨烯可以保持良好的分散效果。经葡萄糖还原得到的 PLA/石墨烯纳米复合材料，填料体积分数为 1.25%时，复合材料的电导率达到了 2.2 S/m。也有人从填料迁移动力学和热力学两方面考虑，将新型二维导电填料-石墨烯通过母料法引入 PLA/乙烯-乙酸乙烯脂共混物中，以期获得石墨烯在界面分布的纳米复合材料。研究发现，无论共混物是海岛还是双连续结构，石墨烯都在共混物的界面选择性分散。石墨烯的分散以两相界面作为模版，其分散情况较石墨烯在单一相 PLA 中的分散得到大幅度的提高。相较于填料在某一相中的选择性分散，其在界面的分布更能有效降低导电逾渗阈值。还有人通过溶液共混制备了 PLA/石墨烯复合薄膜，石墨烯在 PLA 基体中分散性不是很理想，有部分团聚现象，所制备薄膜为无定形态。当石墨烯质量分数达 1%时，石墨烯作为热导体显著提高复合材料的热稳定，复合材料电导率符合逾渗理论，逾渗阈值为体积分数 0.1%，当石墨烯体积分数 0.5%时，复合材料的电导率达静电屏蔽范围；石墨烯体积分数为 2.0%时，复合材料的电导率为 0.42S/cm。

（4）透气性

无缺陷的石墨烯对所有气体分子都具有不透气性。将石墨烯加入聚合物中，如果石墨烯在聚合物中的分散性较好，其将会在聚合物中形成一层隔膜，气体分子通过路径将变得复杂，从而改变了材料的透气性。研究 PLA/石墨烯纳米复合材料的气体阻隔性时发现，在 PLA 基体中都加入 2%的填料时，加入笼形倍半硅氧烷（POSS）改性 GO 的 PLA 材料对气体的阻隔能力高于加 GO 的，且加入 GO 的 PLA 材料又高于纯 PLA 的气体阻隔能力，其中加入 POSS 改性 GO 的 PLA 材料的气体阻隔性较纯 PLA 提高了 37.8%。同时，该研究还发现，纳米无机物含量相同情况下，PLA/石墨烯纳米复合材料的气体阻隔性比 PLA/蒙脱土纳米复合材料高。

（5）阻燃性能

石墨烯的二维层状结构使其具有优异的阻燃效应，如片层阻隔效应等，能够延缓热量的传递、热解产物的扩散利逸出。并月由于石墨烯表面上含有含氧官能团，可以与不同功能或结构的化合物发生化学反应，得到热稳定性和防火安全性能更高的功能性石墨烯，其与聚合物结合后，又进一步提升了聚合物的防火安全性能。M. Murariu 等研究了石墨烯对 PLA 阻燃性能的改善情况。结果表明，制得的复合材料通过了 UL 94 HB 级防火实验，并且显示出无渗出和炭化现象，通过锥形量热法测试证明了膨胀石墨的加入使复合材料的阻燃性能得到了提高。国内有人采用自制的低温易膨胀石墨（LEG）与聚磷酸铵（APP）制备阻燃 PLA 复合材料，研究复合材料的阻燃性能以及不同气氛下的热稳定性，并研究了阻燃 PLA 的热降解进程以及残炭结构，进而探讨了二者的协同阻燃机理。研究表明，APP 与 LEG 存在较好的协同阻燃效应，当阻燃剂总添加量为 15%(APP 为 5%，LEG 为 10%)时，阻燃 PLA 的极限氧指数达到 32.1%，垂直燃烧测试达 UL 94 V-0 级。还研究了 LEG 与 APP 阻燃 PLA (FR-PLA)复合材料在氮气气氛下的热稳定性；采用 Kissinger 和 Flynn-Wall-Ozawa 方法分析了 PLA 和 FR-PLA 的热降解活化能，利用 Badia 法确定了 PLA 和 FR-PLA 的热降解反应机理。研究表明，LEG 和 APP 能够改变 PLA 的热降解进程，并提高其高温下的热稳定性；FR-PLA 的表观活化能高于 PLA 的表观活化能，且表观活化能数值变化趋势符合 FR-PLA 的热降解进程；PLA 的热降解动力学模型为成核与生长模型，而 FR-PLA 的热降解动力学模型为扩散控制模型，即其热分解反应速率受扩散过程控制，符合膨胀阻燃机理。

（6）流变性能

复合材料的流变学性能与填料的分散状态、比表面积及填料与聚合物链相互作用紧密相关。已有研究表明，石墨烯加入聚合物中会引起聚合物基体的加工流变行为发生改变。聚合物/石墨烯纳米复合材料的流变行为（储能模量、损耗模量和复数黏度）随着石墨烯含量的变化反应了复合材料内部网络微观结构变化；而网络结构的变化会引起导电性能转变。全面研究石墨烯对材料导电性能和流变行为的影响有利于更科学全面地分析材料微结构与性能的联系。M. Sabzi 等采用流变学方法对比研究了 xGn 和 N02 石墨烯纳米片对在 PLA 中的分散性及其纳米复合材料的流变行为。结果表明，PLA/xGn 和 PLA/N02 的储能模量 G'随着 xGn 和 N02 用量和测试频率的增加而增加。在低频下，熔体流变行为表现石墨烯分散和逾渗阈值信息；而在高频下，熔体流变行为主要被聚合物链分布控制。根据流变学测试结果建立了黏弹模型，并将此模型与复合材料内部导电模型建立关联。研究发现，采用不同的黏弹模型获得的导电逾渗阈值存在一致性。还有人采用旋转流变仪研究了 PLA 及其复合材料的流变性能。研究发现，PLA 及 PLA/GO 复合材料为假塑性流体，表观黏度随剪切速率增加而减小，表现为切力变稀型的假塑性流体的特征。$\lg G'$-$\lg \omega$（ω 为角频率）曲线表明低频区域黏弹函数对复合材料体系的结构变化具有敏感响应，而且 $\lg G'$-$\lg G''$（G''为损耗模量）曲线表明复合材料 PLA/GO 在 160℃的条件下发生相分离。

4. 效果与发展

聚合物/石墨烯纳米复合材料是当前材料科学研究领域的前沿课题，其研究具有很高的科学价值。PLA/石墨烯纳米复合材料已经引起了广泛的研究，性能良好的 PLA/石墨烯纳米复合材料的制备以及性能研究是其应用的前提与基础。近年来，PLA/石墨烯纳米复合材料的研究和开发取得了可喜的成就，复合理论研究也逐渐深入和完善，但高性能 PLA/石墨烯纳米复合材料的制备及其性能的研究还面临一挑战。在所报道的 PLA/石墨烯纳米复合材料中，石墨烯和 PLA 之间的结合方式大多是通过物理的作用，在石墨烯和 PLA 之间构成共价键的方法报道较少。同时，尽管 PLA/石墨烯纳米复合材料的导电性能、热性能和机械强度与纯 PLA 相比有一定提高，但 PLA 的脆性也增大了，这是 PLA 在推广使用过程中的明显不足。因此，研究综合性能优良的 PLA/石墨烯纳米复合材料的复合过程及机理是目前亟待解决的富有挑战性的课题之一。如何建立新的复合技术或创造性地改进现有技术同样具有极高的研究价值；另外，如何实现 PLA/石墨烯纳米复合材料的应用仍是 PLA 功能化改性的关键所在，具有广阔的研究前景。

借助共价键结合石墨烯和 PLA，以及在 PLA 和石墨烯之间引入柔性分子链，不仅能促进石墨烯的分散，提高其与 PLA 的界面结合力，而且在不增加 PLA 脆性的基础上赋予 PLA 优良的功能特性，是对现有纳米复合技术和纳米复合材料的发展和完善，属于富有挑战性和创新性的前沿课题。

二、氧化石墨烯改性聚碳酸亚丙酯复合材料

1. 简介

近年来，塑料制品的广泛应用给人们带来了诸多方便，但由于塑料制品的废弃物很难降解导致了如白色污染、温室效应等严重的环境问题。聚碳酸亚丙酯［poly（propylene carbonate），PPC］是由CO_2与环氧丙烷共聚而成的一种新型脂肪族聚碳酸酯，可生物降解且所用原料为CO_2，被称之为双绿色材料。因此，PPC材料受到了许多科研人员的关注，成为近些年来的研究热点。

PPC分子链柔性较好，表现出一定的流动性和黏性，但由于其热性能和力学性能不理想而阻碍了其应用。氧化石墨烯（GO）具有优异的力学性能，且在片状结构的表面含有大量含氧官能团，赋予其良好的分散性、与聚合物相容性等。Ramanathan等制备了GO/PMMA复合薄膜，实验发现只加入很少量的GO就可以使复合材料的玻璃化转变温度、极限应力及热分解温度明显提高。GO的表面能较高，若不进行表面改性很容易发生团聚。

采用硅烷偶联剂KH550改性GO制备改性氧化石墨烯（MGO），以提高GO与PPC基体之间的相互作用；然后通过溶液共混法制备MGO/PPC复合材料，研究MGO对PPC性能的影响。

2. 制备方法

（1）改性氧化石墨烯（MGO）的制备

首先以石墨粉(NGP)为原料，通过Hummers法制备氧化石墨，采用超声剥离法制备氧化石墨烯，将超声后的氧化石墨烯悬浮液置于80℃水浴锅中蒸发掉大部分水，然后转移到冷冻干燥箱中充分干燥，即得氧化石墨烯（GO）。

依次将100mL蒸馏水、50mL无水乙醇和0.2g GO加入三口烧瓶中，搅拌混合均匀后超声分散1h，然后在80℃水浴加热条件下边搅拌边缓慢加入20mL含有0.6g KH550无水乙醇溶液，反应12h后，将反应液静置过夜，沉淀物用乙醇/水混合液（$V_{乙醇}:V_{水}=1:1$）洗涤三次除去未反应的KH550及其水解产生的硅氧烷化合物，然后用蒸馏水洗涤三次，干燥后即得改性氧化石墨烯（MGO）。

（2）MGO/PPC复合膜的制备

采用溶液法制备MGO/PPC复合材料。将一定量的MGO加入DMF溶剂中，配制成浓度为1mg/mL的MGO悬浮液，超声分散1h后，将其加入含有一定量PPC的DMF溶液中，40℃水浴下机械搅拌反应12h后，将混合液倒入玻璃培养皿中，在鼓风干燥箱中一定温度下干燥除去大部分溶剂，然后转移至

真空干燥箱中进一步干燥，待溶剂完全蒸发后，将复合膜从培养皿中取出，放入干燥器中备用。

3. 性能

MGO/PPC 复合材料的热性能数据如表 4-9 所示。当加入 0.25%MGO 时，与纯 PPC 相比 MGO/PPC 复合材料的热性能明显提高，$T_{5\%}$和 $T_{50\%}$分别提高了 9℃和 28℃。随着 MGO 含量的增加复合材料的热性能逐渐增加，当 MGO 质量分数为 2.0%时，$T_{5\%}$和 $T_{50\%}$分别达到最大值 214℃、292℃，分别提高了 19℃和 56℃。

表 4-9　PPC 及 MGO/PPC 复合材料的热性能

热性能 \ MGO 质量分数	0	0.25%	0.5%	1.0%	2.0%
$T_{5\%}$/℃	195	204	211	212	214
$T_{50\%}$/℃	236	264	282	289	292

注：$T_{5\%}$为材料失重 5%时的温度，$T_{50\%}$为材料失重 50%时的温度。

图 4-4 为 MGO/PPC 复合材料的拉伸性能与 MGO 质量分数之间关系曲线。由图 4-4 可知，加入 MGO 后 PPC 的拉伸强度有明显的提高，加入 0.75%的 MGO 时 PPC 的拉伸强度由原来的 5.8 MPa 增加到 12.8 MPa，大约提高了 121%；当 MGO 含量为 1.75%时，复合材料的拉伸强度达到最大值 16.5 MPa，约为纯 PPC 强度的 2.85 倍；当 MGO 含量超过 2.0%后复合材料的拉伸强度稍有降低。复合材料的断裂伸长率随 MGO 含量的增加呈降低的趋势，纯 PPC 的断裂伸长率为 876.20%，当复合材料的拉伸强度达到最大值时其断裂伸长率降低为 518.93%。

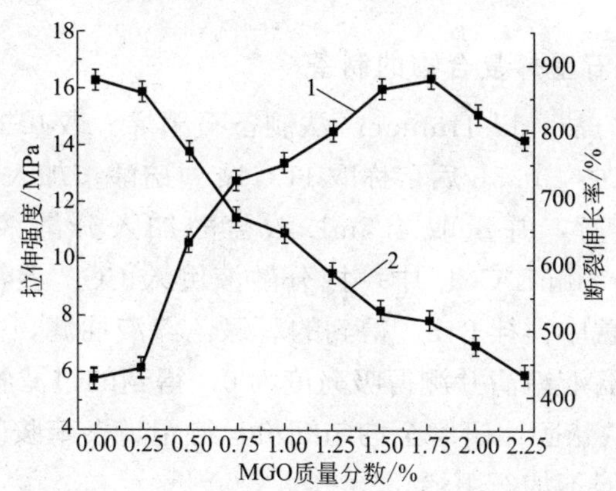

图 4-4　不同配比 MGO/PPC 复合材料的拉伸性能曲线

1—拉伸强度；2—断裂伸长率

图 4-5 为 MGO/PPC 复合材料的水蒸气阻隔性能与 MGO 质量分数的关系曲线。纯 PPC 膜材料的水蒸气透过量为 69.08g/(m^2·24h)，加入 MGO 后复合材料的水蒸气透过量随 MGO 质量分数的增加而明显降低，在 MGO 质量分数为 1.5%时达到最低值 32.69g/(m^2·24h)。

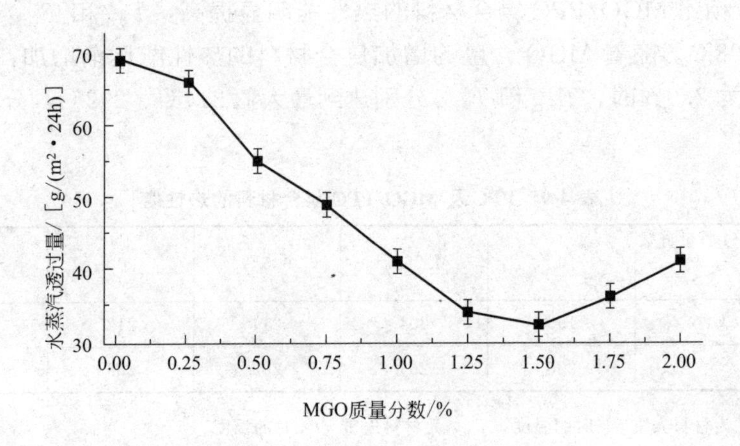

图 4-5　不同配比 MGO/PPC 复合材料的水蒸气阻隔性能曲线

第五节　石墨烯改性结构性导电塑料

一、氧化石墨烯改性聚苯胺复合材料

1. 聚苯胺-氧化石墨烯复合物的制备

石墨烯的制备方法：以 Hunmers 法制备石墨烯。取 0.15 g 氧化石墨烯超声分散于 100mL 水中，0.5h 后，称取 11.41g 过硫酸铵加入分散液中，再超声 0.5h，使其完全溶解，并量取 4.5mL 浓盐酸加入分散液。在通风橱中取 4.557mL 苯胺溶于 10mL CCl_4 中，把分散液倒入 CCl_4 混合液中，加入搅拌子，在磁力搅拌装置中搅拌 24h。得到的黑绿色溶液抽滤，并用无水乙醇和蒸馏水多次洗涤，至滤液澄清并测得吸光度为 0。得到的过滤物置于 60℃真空烘箱中烘 24h，取出块状固体研磨至均匀细粉，待用。聚苯胺的制备与复合材料的制备过程相似，但不加石墨烯。

2. 性能

氧化石墨烯改性聚苯胺复合材料对染料具有较好的吸附性能，在吸附剂用量为1.2g/L、搅拌时间为50min、pH为4的情况下，对铬黑T吸附率高达94.04%。在研究复合物对不同染料的吸附中，发现对各类染料均有吸附效果，一定条件下对甲基橙的吸附率可达98.35%，且在原料及其复合物对亚甲基蓝的吸附性能研究中，发现复合物的吸附效率较之单一材料提升了15%，因此该试验方法对染料的吸附提供了一定理论依据。

二、石墨烯改性聚苯胺纳米卷

1. 制备方法

（1）石墨烯纳米卷（GNS）的制备

首先按85% $N_2H_4 \cdot H_2O$ 溶液：石墨烯＝15∶1的比例，把0.2mg/mL的石墨烯添加入 $N_2H_4 \cdot H_2O$ 中，磁力搅拌5min，并使石墨烯在油浴中在60℃下搅拌30min生成化学还原石墨烯（CRG），并使CRG分散到液体氮中，自行干燥，且在 N_2H_4 气氛中90℃下密封12h，便制得GNS。

（2）聚苯胺（PANI）-GNS的制备

将一定量的苯胺投入10mL乙醇/H_2O 混合溶液中，而后，再添加石墨烯(GNS)/乙醇悬浮液(即：10mg GNS＋3mL乙醇悬浮液)，便生成GNS/苯胺混合液。在室温下将混合液磁化搅拌1h后，便可将溶液送入冰水浴中，然后，将1mol/L过氯酸/过硫酸氨溶液滴入GNS/苯胺溶液中(苯胺与过硫酸氨的质量比为1∶1.5)；并在－10℃下持续聚合反应18h。再通过真空过滤和用1mol/L过氯酸，反复冲洗，便可制取到过量的GNS/苯胺单体。最后，采用1mol/L硫酸置换过氯酸，以便后续的电化学试验。GNS/苯胺的质量比分别为1∶1.8，1∶3.6和1∶7.7，PANI-GNS试样分别取名为PANI-GNS1，PANI-GNS2和PANI-GNS3。

2. 性能

石墨烯纳米卷是一种具有开放式螺旋状纳米卷结构的管状石墨烯。以石墨烯纳米卷为模板，利用原位聚合的方法，将聚苯胺生长在石墨烯纳米卷表面。通过对材料形貌进行表征，发现聚苯胺均匀地分布在石墨烯纳米卷表面。分别对3种不同单体浓度的聚苯胺复合石墨烯纳米卷进行电化学性能考察，研究发现石墨烯纳米卷和聚苯胺产生的协同效应使得复合卷在继承石墨烯纳米卷良好的倍率特性同时显著地提升了比电容，在1A/g时比电容可达320F/g、100A/g时仍可以保持92.1%的初始电容，为制备高比容、快速充放电的石墨烯纳米卷基超级电容器奠定了基础。

三、石墨烯改性聚吡咯复合材料

1. 制备方法

（1）石墨烯的制备

将 1g 200 目石墨粉在搅拌下缓慢加入装有 23mL 浓硫酸的 500mL 的烧杯中，温度维持在 0℃，再缓慢加入 0.5g 硝酸钠与 3g 高锰酸钾的混合物。0℃下搅拌反应 2h，然后在 35℃的恒温水浴中保温 30min，缓慢加入 46mL 水，升温至 98℃，在此温度下反应 15min；用温水稀释至 140mL，然后加入一定量的 H_2O_2，这时溶液颜色变为亮黄色，趁热过滤，用 5℃的 HCl 充分洗涤滤饼，直至滤液中无 SO_4^{2-}（用 $BaCl_2$ 溶液检测），于 50℃无水 $CaCl_2$ 存在下真空干燥 24h，研磨得到氧化石墨粉末。最后在 1g 氧化石墨中加入 10g $NaBH_4$，超声 30min，在 85℃油浴下回流 2h，趁热过滤，用去离子水和乙醇反复洗涤，50℃干燥 24h，研磨得到石墨烯粉末。

（2）石墨烯/聚吡咯复合材料的制备

将 0.5mL 蒸馏过的吡咯单体溶于 3.0mL 无水乙醇中，向其中加入一定量的石墨烯和 1.0mL 聚乙二醇-400，室温下超声分散 30min；接着转入冰水浴下搅拌，待温度稳定后加入 4.5g $FeCl_3 \cdot 6H_2O$ 氧化剂和 0.4g 对甲苯磺酸掺杂剂，继续反应 2h；然后将悬浮液置于超声波清洗机中超声 3h，得到的悬浮液在室温下搅拌 24h。最后过滤，沉淀分别用去离子水和无水乙醇洗涤，所得固体在真空下室温干燥 24h，待测。

2. 性能

纯的聚吡咯和石墨烯/聚吡咯复合材料的热稳定性如图 4-6 所示。由 TG 曲线可以看出复合材料的失重曲线位于聚吡咯的上方，表明加入石墨烯以后复合材料的热稳定性提高。

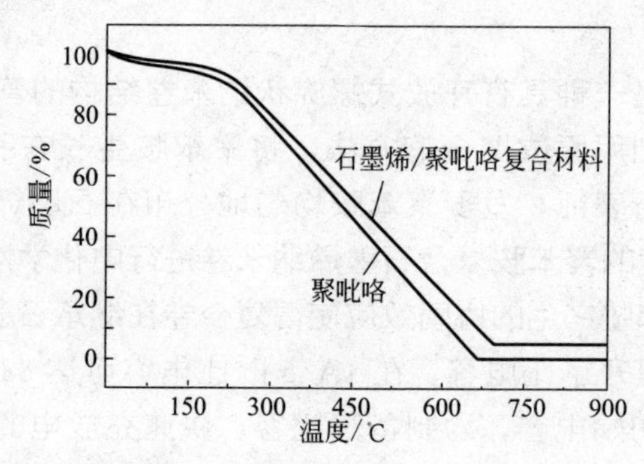

图 4-6　聚吡咯和石墨烯/聚吡咯复合材料的 TG 曲线

图 4-7 为石墨烯/聚吡咯纳米复合材料电导率随石墨烯含量的变化曲线。纯的聚吡咯的电导率为 1.95S/cm，随石墨烯填料加入量的增加，起初复合材料电导率几乎没有较大变化，然而，当石墨烯填料的含量为 4%时，复合材料的电导率大幅度上升，达 4.51S/cm，之后随着石墨烯掺杂量的增大，电导率增加的幅度明显降低。

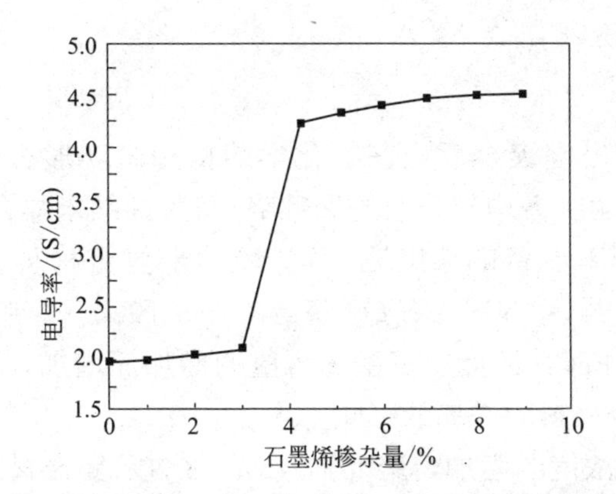

图 4-7　石墨烯/聚吡咯纳米复合材料电导率曲线

四、超声波辅助原位聚合石墨烯改性聚吡咯纳米复合材料

1. 制备方法

(1) RGO 的制备

氧化石墨烯（GO）是通过 Hummers 法制备的。简单步骤为：1000mL 的四口烧瓶中加入天然鳞片石墨（5g）、硝酸钠（3.75g）、浓硫酸（200mL），同时不断搅拌，并保持整个体系在 20℃以下。之后，分四次缓慢加入高锰酸钾（40g），持续反应 4h 以上。再在体系中缓慢滴加 5%的稀硫酸，约耗时 3h，之后缓慢滴加双氧水，得到土黄色黏稠液体。不断搅拌直到体系没有气泡产生。最后，离心得到土黄色的沉淀，再用稀硫酸和双氧水混合液洗至中性。上述得到的土黄色沉淀，加去离子水稀释、超声分散，最后在 10000r/min 离心得到上层黄褐色清液，即是氧化石墨烯水溶液。

氧化石墨烯用水合肼还原得到还原氧化石墨烯（RGO），一般步骤为：单口烧瓶中加入氧化石墨烯悬浮液（1mg/mL）和水合肼，体积比 100∶1，在 100℃油浴下反应 24h。反应产物用水和无水乙醇反复洗涤 5 次以上，即可得到水合肼还原石墨烯粉末。

(2) 超声辅助原位制备石墨烯/聚吡咯（PPy/RGO）复合材料

取一定量的 RGO 分散液（含 1%的 SDS）加入反应瓶中，用宁波海曙科生超声设备有限公司的KS-600型超声波细胞粉碎机（50W）超声分散10min，然后加入适量的吡咯单体，同时通入氮气，待达到所需温度时逐滴加入事先溶解的氧化剂水溶液。整个反应在氮气气氛中进行，并且持续超声。反应45min后，取出反应液并加入适量无水乙醇静置8h以上。产物分层后取沉淀，用无水乙醇和蒸馏水各洗涤离心3次。最后沉淀于80℃的真空干燥箱中烘干，得到黑色的PPy/RGO粉末。

2. 性能

① 超声场对聚吡咯聚合反应产物化学结构和微观形态无明显影响，采用超声原位聚合可成功制备均匀分散的聚吡咯/石墨烯纳米复合材料。

② 不同氧化剂下制备的聚吡咯/石墨烯纳米复合材料的产率不同，当吡咯：氧化剂＝3∶1时，$(NH_4)_2S_2O_8$ 获得的产率最高。聚吡咯/石墨烯纳米复合材料的产率随着 $FeCl_3$ 浓度、石墨烯含量的增加而增加，而反应温度对聚吡咯/石墨烯纳米复合材料的产率的影响不大。

③ 随着 $FeCl_3$ 浓度的增加，聚吡咯/石墨烯纳米复合材料的电导率成下降趋势，随着石墨烯含量增加，电导率逐渐增加，当石墨烯含量为50％时达到1.15S/cm。

④ 石墨烯的加入提高了聚吡咯的热稳定性，随石墨烯含量的增加，聚吡咯/石墨烯纳米复合材料的初始分解温度向高温移动。

五、石墨烯改性聚亚乙基二氧噻吩纳米复合材料

1. 制备方法

(1) 石墨烯的制备

采用Hummers法制备氧化石墨，将氧化石墨分散在水中并超声剥离1h得到黄色氧化石墨烯分散液，将超声后的分散液在5000r/min下离心30min，取上层清液。取一定量氧化石墨烯分散液（$\rho \leqslant 1g/L$）置于三口瓶中，加入水合肼溶液（质量分数80％），充分搅拌后在95℃的油浴中反应24h。石墨烯氧化物与水合肼的质量比约为1∶1，反应结束后得到黑色均匀分散液，抽滤后得石墨烯粉末。

(2) 石墨烯/聚亚乙基二氧噻吩复合材料的制备

采用原位聚合法制备石墨烯质量分数分别为10％、30％、40％、70％、90％的石墨烯/聚亚乙基二氧噻吩纳米复合材料。称取适量的亚乙基二氧噻吩（EDOT）加入30mL浓度为2mol/L的盐酸溶液中，超声分散30min后将其加至EDOT的盐酸溶液中，磁力搅拌下缓慢滴加氯化铁溶液，1h后再缓慢滴加

0.2mol/L 的过硫酸铵（APS）水溶液，加料结束后继续反应 10h。反应结束后用乙醇和水进行充分洗涤，离心抽滤至滤液呈中性，样品在 80℃下真空干燥 4h。

2. 性能

测试电极的循环伏安曲线如图 4-8 所示。从图 4-8 可知：3 种电极的循环伏安曲线形状近似于矩形。其中石墨烯电极的响应电流最小，石墨烯/聚亚乙基二氧噻吩纳米复合材料电极的响应电流最大。通过计算可得到石墨烯/聚亚乙基二氧噻吩纳米复合材料电极的比电容值为 168.75F/g，聚亚乙基二氧噻吩电极和石墨烯电极的比电容值分别为 96.7F/g 和 72F/g。

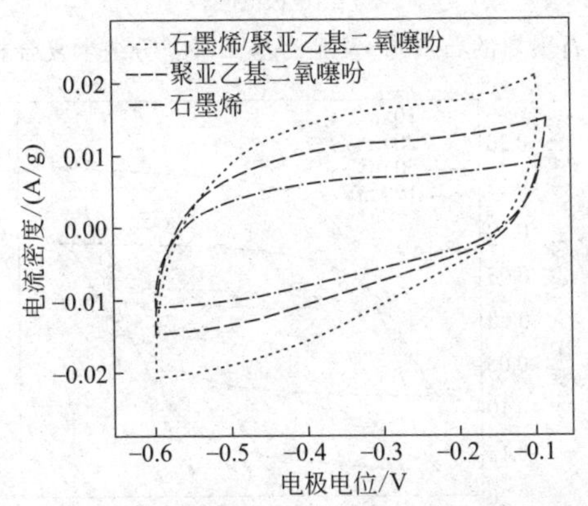

图 4-8　石墨烯/聚亚乙基二氧噻吩纳米复合材料、聚亚乙基二氧噻吩和石墨烯的循环伏安曲线

在扫描频率为 10mV/s 时，不同石墨烯含量的石墨烯/聚亚乙基二氧噻吩纳米复合材料电极的循环伏安曲线如图 4-9 所示。从图 4-9 可以看出：随着石墨烯质量分数的增加复合材料的电容呈递增趋势。当石墨烯质量分数增加到 50%时，石墨烯/聚亚乙基二氧噻吩纳米复合材料的循环伏安特性曲线面积最大，响应电流最大，在石墨烯质量分数增加至 70%时复合材料的电容量下降。这可能是由于石墨烯相对质量增加，导致其重叠团聚，分散性下降，聚亚乙基二氧噻吩在石墨烯片层间沉积不均匀，致使电容量下降。

图 4-10 为石墨烯质量分数为 50%的石墨烯/聚亚乙基二氧噻吩纳米复合材料电极在不同扫速下的循环伏安曲线。从图 4-10 可以看出：随着扫描速率的增加，循环伏安特性曲线的面积和电流强度也随之增大，这说明石墨烯/聚亚乙基二氧噻吩纳米复合材料电极内阻小，电极氧化还原过程具有良好的可逆性，可以在电极上快速地进行氧化还原反应。当扫描速率达到 100mV/s 时，石墨烯/聚亚乙基二氧噻吩电极的循环伏安特曲线没有出现扭曲变形，形状仍然比较规整，说明反应体系的电流充放电过程速度很快，极化较小，充放电性良好。

由图 4-11 可知：在高频区，石墨烯/聚亚乙基二氧噻吩纳米复合材料电极

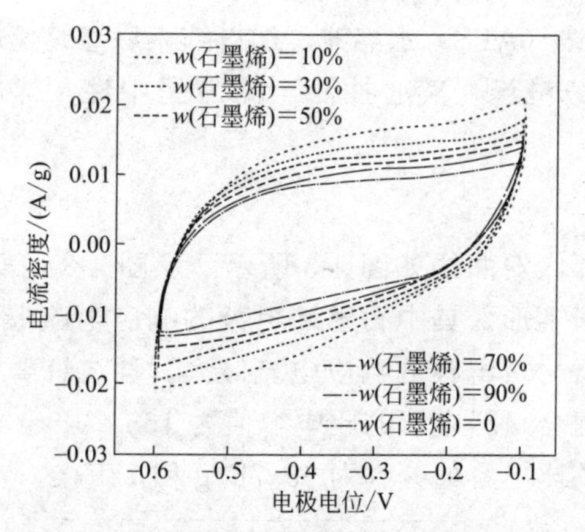

图 4-9 不同添加量石墨烯的石墨烯/聚亚乙基二氧噻吩纳米复合材料的循环伏安曲线

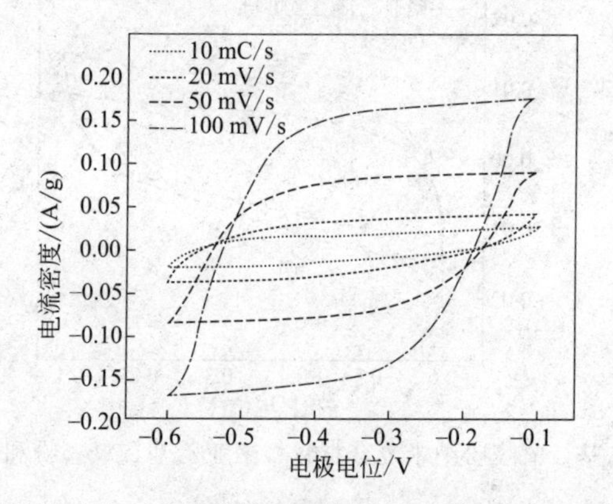

图 4-10 不同扫描速度下质量分数为 50%的石墨烯/聚亚乙基二氧噻吩纳米复合材料的循环伏安特性曲线

相比于聚亚乙基二氧噻吩电极所对应的半圆直径较小，这可能是由于石墨烯和聚亚乙基二氧噻吩两者之间的 π-π 堆垛作用使得复合材料电极的电子转移内阻降低，从而改善了其导电性能；在低频区，石墨烯/聚亚乙基二氧噻吩纳米复合材料电极所对应的直线斜率大于聚亚乙基二氧噻吩电极，这说明通过石墨烯与聚噻吩二者的协同效应，促使离子从电解液迁移至纳米复合材料电极表面时具有更快的传质速率，使复合材料电极显示出更加优越的电容性能。

图 4-12 是 3 种电极在 200mA/g 的充放电电流密度下的恒流充放电曲线。

从图 4-12 可以看出：石墨烯显示出三角形的充放电曲线，意味着它的电容主要是由纯双电层电容贡献的。石墨烯/聚亚乙基二氧噻吩纳米复合材料电极和聚亚乙基二氧噻吩电极的充放电曲线形状类似，充电曲线和放电曲线相互对称，基本呈现线性，这说明电极充放电平稳、充放电库仑效率高。曲线略有弯曲意味着在储存、释放电荷的过程中有部分法拉第电容的作用结果，但双电层电容的贡献还是占主导地位。

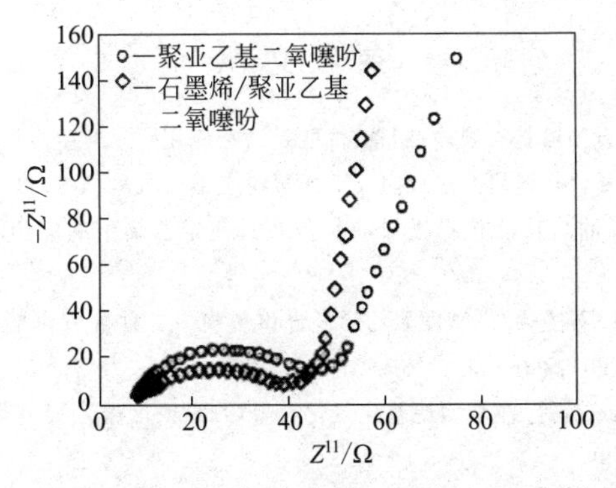

图 4-11　石墨烯/聚亚乙基二氧噻吩纳米复合材料以及聚亚乙基二氧噻吩的交流阻抗谱曲线

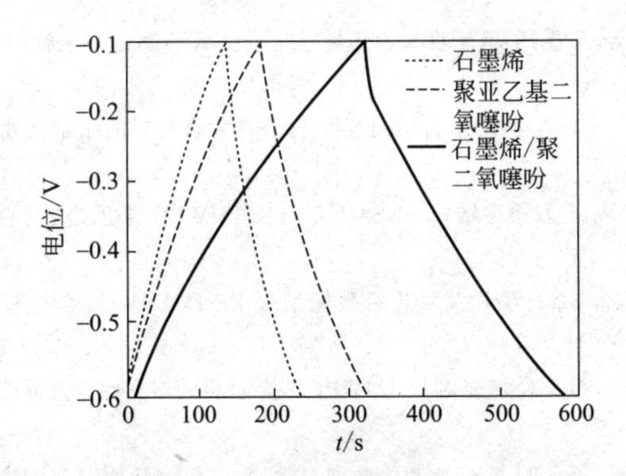

图 4-12　石墨烯、聚亚乙基二氧噻吩和石墨烯/聚亚乙基二氧噻吩纳米复合材料电极恒流充放电曲线

参考文献

[1] 张丽芳,魏伟,吕伟,等.石墨烯基宏观体:制备、性能及潜在应用[J].新型炭材料,2013,28(3):161-167.

[2] 刘伟伟.聚合物/石墨烯复合材料研究进展[J].工程塑料应用,2017,45(1):133-136.

[3] 邢菊香,张勇健,汪根林.油酸功能化石墨烯的制备及其在聚乙烯中的应用[J].工程塑料应用,2013,91(5):78-81.

[4] 张明,林勤保,单利君,等.石墨烯/低密度聚乙烯复合包装膜中2种抗氧化剂向食品模拟物异辛烷的迁移[J].食品科学,2017,38(20):209-213.

[5] 张媛,任鹏刚,Jan Wahlberg,等.注塑型烷基化氧化石墨烯/高密度聚乙烯复合膜性能研究[J].功能材料,2015,46(16):16086-16089.

[6] 肖东升,郑玉婴,欧忠星.功能化石墨烯/聚乙烯复合材料薄膜的制备及表征[J].功能材料,2017,48(2):02221-02224.

[7] 杜彦,季铁正,张教强,等.石墨烯/高密度聚乙烯导电复合材料的制备与表征[J].航空材料科学报,2013,33(1):68-70.

[8] 王刚,陈钦,申亚军,等.石墨烯/碳纳米管协同改性HDPE复合材料的制备及性能[J].塑料工业,2016,44(7):27-30.

[9] 王铁红,庞欢,陈晨,等.隔离-双逾渗结构GNS/HDPE/UHMWPE导电复合材料研究[J].塑料工业,2013,41(6):96-100.

[10] 黄华栋,倪自丰,周歆瑶,等.石墨烯及氧化石墨烯增强PE-UHMW复合材料进展[J].工程塑料应用,2016,44(5):130-133.

[11] 庞文超,倪自丰,陈国美,等.GO填充对UHMWPE复合材料的湿润性及表面能影响[J].塑料工业,2015,43(9):87-90.

[12] 李广飞,倪自丰,陈国美,等.GO填充与老化处理对辐照交联UHMWPE/VE复合材料分子结构的影响[J].塑料工业,2017,45(3):123-126.

[13] 黄华栋,庞文超,黄国栋,等.PE-UHMW/GO复合材料的吸水率及耐磨蚀性研究[J].工程塑料应用,2015,43(9):31-34.

[14] 谷敬凯,季铁正,张教强,等.PE-UHMW/GNPs导电复合材料的制备和表征[J].工程塑料应用,2014,42(8):26-30.

[15] 王海平,孟竺,郑爱爱,等.低缺陷石墨烯/UHMWPE纳米复合材料的制备、结构与导电性能研究[J].科技通报,2016,32(12):1-9.

[16] 黄国栋,倪自丰,陈国美,等.不同润滑条件下UHMWPE/GO的摩擦磨损性能研究[J].塑料工业,2015,43(7):78-81.

[17] 朱杰,倪自丰,陈国美,等.氧化石墨烯/超高摩尔质量聚乙烯复合材料摩擦磨损性能研究[J].塑料工业,2014,42(3):103-106.

[18] 李广飞,倪自丰,陈国美,等.辐照交联UHMWPE/GO复合材料的吸水率与润湿性研究[J].陕西师范大学学报,2017,45(1):52-56.

[19] 杨建锋,季铁正,张教强,等.超高分子量聚乙烯/石墨烯微片复合材料的导电行为研究[J].中国塑料,2013,27(10):23-26.

[20] 王正君,申亚军,周醒,等.聚丙烯/石墨烯纳米复合材料的研究进展[J].弹性体,2016,26(6):74-78.

[21] 袁祖培,陈洁,唐俊雄,等.石墨烯掺杂聚丙烯复合材料的制备、性能及应用研究进展[J].合成树脂及塑料,2017,34(3):88-93.

[22] 孟竹,黄安平,郭效军,等.聚丙烯/石墨烯复合材料性能研究进展[J].工程塑料应用,2017,45

(9):130-134.

[23] 宋柳芳,张旭敏,汤颖颖,等. 石墨烯/聚丙烯纳米复合材料性能的研究[J]. 现代塑料加工应用,2017,29(1):19-22.

[24] 聂会捷,林海滨,杨晓慧,等. 氧化石墨烯改性苎麻/聚丙烯复合材料的制备及性能研究[J]. 纺织报告,2017,(4):48-49.

[25] 杨俊龙,黄亚江,李光宪. 聚丙烯/石墨烯复合材料的制备及性能研究进展[J]. 中国塑料,2013,27(1):7-10.

[26] 吕朋荣,张婧婧,陈宇强,等. 剪切对聚丙烯/石墨烯微片纳米复合材料形态和性能的影响[J]. 中国塑料,2016,30(6):45-51.

[27] 杨峰,卞军,何飞雄,等. PP/PP-*g*-MAH/GS-EDA 纳米复合材料的制备及性能[J]. 工程塑料应用,2014,42(9):10-15.

[28] 王正君,周醒,孙坤程,等. GO/SiO_2/PP 复合材料的制备与性能研究[J]. 弹性体,2015,25(6):7-10.

[29] 黄安平,李振友,邹欣,等. PPR/Si-MGO 复合材料的制备[J]. 合成树脂及塑料,2017,34(4):14-20.

[30] 吴福荣,洪江彬,李健鹏,等. 石墨烯微片聚丙烯/高密度聚乙烯的复合材料的正温效应[J]. 华侨大学学报,2012,33(5):522-527.

[31] 何聪,欧宝立,李政峰. 氧化石墨烯对聚丙烯/尼龙 6 两组分聚合物的增容作用[J]. 材料工程,2017,45(3):13-16.

[32] 夏伦超,夏锐,李国栋. 石墨烯/聚氯乙烯复合材料的研究进度[J]. 聚氯乙烯,2017,45(12):1-4.

[33] 康永,艾江. 石墨烯/聚氯乙烯复合材料的研究进展[J]. 广东橡胶,2017,(4):12-20.

[34] 杨高峰. 石墨烯/聚氯乙烯复合材料性能研究进展[J]. 上海建材,2016,(1):22-24.

[35] 潘文平,康永. 石墨烯/聚氯乙烯复合材料的研究进展[J]. 橡塑技术与设备,2017,43(8):17-24.

[36] 赵永禄,韩和良,王雅玲,等. 石墨烯/PVC 原位聚合树脂的开发[J]. 聚氯乙烯,2015,43(9):24-29.

[37] 韩和良,王大伟,叶鹏,等. 石墨烯/纳米碳酸钙杂化材料对 PVC 的稳定作用[J]. 聚氯乙烯,2016,44(5)7-13.

[38] 李娜,薛培华,栾晓波,等. 石墨烯/PVC 抗静电复合材料性能的研究[J]. 聚氯乙烯,2017,45(5):30-32.

[39] 赵永禄,黄胜兵,丁风丽. 石墨烯/纳米碳酸钙/PVC 复合树脂的制备及性能评价[J]. 聚氯乙烯,2015,43(12):23-27.

[40] 赵笛,滕谋勇,李玉超,等. 聚氯乙烯/石墨烯纳米复合材料的性能研究[J]. 塑料工业,2015,43(5):67-72.

[41] 周强,蔺海兰,何飞雄,等. 聚苯乙烯/石墨烯纳米复合材料研究进展[J]. 中国塑料,2014,28(9):6-10.

[42] 王刚,蔺海兰,李丝丝,等. GS-EDA/CNTs 协同改性 PS 纳米复合材料的制备及力学性能[J]. 弹性体,2015,25(3):7-14.

[43] 胡文梅,周强,孙坤程,等. EDA-GO/CPE/PS 纳米复合材料的制备及性能研究[J]. 弹性体,2015,25(2):21-26.

[44] 龙谷成,唐昶宇,满长阵,等. 高导电化学还原氧化石墨烯/聚苯乙烯复合材料的制备及性能研究[J]. 塑料工业,2013,41(3):51-54.

[45] 莫志超,赵健. 功能化石墨烯及其聚苯乙烯复合材料的制备及其性能[J]. 青岛科技大学学报,2017,38(4):84-89.

[46] 李丝丝,周强,谭禅,等. PS/POE/功能化石墨烯纳米复合材料的制备和性能研究[J]. 弹性体,2014,24(6):7-13.

[47] 李佳镁,王刚,陈立兴,等. 功能化石墨烯片/碳纳米管协同改性聚苯乙烯纳米复合材料的制备和力学性能研究[J]. 塑料工业,2015,43(4):74-78.

[48] 郭军红,张鹏中,慕波,等. 氧化石墨烯增强聚苯乙烯/硬脂酸丁酯微胶囊相变材料的研究[J]. 功能材料,2016,47(12):12178-12183.

[49] 王希玮,刘延磊,赵健. 原位还原法制备石墨烯/聚苯乙烯复合材料及其性能[J]. 青岛科技大学学报,

2017,38(5):56-60.

[50] 赵鹏飞,罗勇悦,何东宁,等.乳液模板-自组装法制备石墨烯/聚苯乙烯导电复合材料[J].功能材料,2013,44(19):2888-2891.

[51] 丰佳平,黄汉雄,童俊,等.水辅混炼挤出聚苯乙烯/氧化石墨烯纳米复合材料的微观结构及流变与热性能[J].中国塑料,2016,36(6):79-84.

[52] 肖月,李在龙,王丹,等.氧化石墨烯填料对 PMMA 机械性能的影响[J].黑龙江医药科学,2015,38(3):106-107.

[53] 吕新虎,王利平,李玉超,等.氧化石墨烯/PMMA 复合材料的制备与表征[J].聊城大学学报,2012,25(1):81-84.

[54] 郭晓雷,张凯,李伟,等.PMMA 在石墨烯转移过程中对表面准周期褶皱的影响[J].纳米科技,2013,10(2):18-22.

[55] 曾小鹏,张丽珍,袁文霞.RGO 的制备及其对 PMMA/RGO 复合材料介电性能的影响[J].工程塑料应用,2014,42(7):11-15.

[56] 张亚楠,史子兴,范金辰,等.表面修饰氧化石墨烯纳米带增强 PMMA 的研究[J].合成纤维工业,2013,36(5):1-5.

[57] 胡振鹏,辛萌,郭小松,等.改性石墨烯/聚甲基丙烯酸甲酯复合材料的制备与正温度系数性能研究[J].青岛科技大学学报,2015,36(6):560-564.

[58] 李爱元,孙向东,张慧波,等.尼龙/石墨烯复合材料研究进展[J].工程塑料应用,2017,05(4):140-14.

[59] 谢翔,魏珊珊,王乐宇,等.高流动性尼龙 6/改性氧化石墨烯复合材料的力学性能[J].胶体与聚合物,2014,32(2):72-74.

[60] 焦清介,臧充光,朱祥东.尼龙 6 基碳纤维/石墨烯多尺度复合材料的力学与导电性能[J].中国科技论文,2016,11(12):1407-1412.

[61] 杨旭宇,王贤保,杨佳,等.氧化石墨烯/尼龙 6 复合材料的等温结晶行为[J].功能材料,2013,44(15),2175-2183.

[62] 张灵英,陈国华.石墨烯微片对尼龙 6 的改性研究[J].材料导报,2011,25(14):85-88.

[63] 刁武,张效迅,金鸣,等.石墨烯增强尼龙复合材料 3D 打印工艺研究[J].塑料工业,2016,94(12):38-41.

[64] 佘进娟,王承刚,张学锋,等.增强增韧抗静电尼龙 612 材料的制备及性能[J].工程塑料应用,2017,45(6):52-55.

[65] 王玉丰,李金焕,王芦芳.MC 尼龙/氧化石墨烯复合材料的制备与性能[J].工程塑料应用,2015,43(12):6-9.

[66] 龙春光,申超,曹太山.石墨烯增强 MC 尼龙复合材料的力学和摩擦学性能[J].长沙理工大学学报,2014,11(2):92-97.

[67] 丁鹏,汪庆,康柏,等.旋涂法制备聚碳酸酯/氧化石墨烯/LDH 复合膜及阻燃性能研究[J].化学世界,2013,(1):18-22.

[68] 李岳姝.基于原位聚合法的尼龙 11/石墨烯氧化物纳米复合材料动态流变性能研究[J].赤峰学院学报,2017,33(3):59-61.

[69] 刘爱学,陆逢,王全兵,等.石墨烯/PA46 复合材料的力学性能和摩擦磨损性能[J].塑料工业,2016,44(9):29-31.

[70] 李雪莲,薛叙明,付永胜.新型抗静电 PET 纤维的制备[J].合成树脂及塑料,2017,34(3):49-52.

[71] 董相茂,刘贤文,李明昆,等.高韧性高刚性玻璃纤维增强聚碳酸酯的研究[J].塑料工业,2015,43(11):138-141.

[72] 赵晓凤,郑兵,杨逢春,等.原位聚合制备石墨烯/PET 及其性能研究[J].浙江理工大学学报,2017,37(4):497-500.

[73] 李乃祥，樊云婷，潘小虎.聚对苯二甲酸乙二醇酯/石墨烯纳米复合材料结晶行为研究[J].合成技术及应用，2017，32(4)：6-9.
[74] 任秀艳，曹春雷，王宇明.溶液共混法制备PBT/石墨烯复合材料及其性能研究[J].中国塑料，2016，30(2)：20-23.
[75] 张志帆，武伟红，齐艳侠，等.次磷酸铝与石墨烯对PBT的协效阻燃作用[J].中国塑料，2016，30(9)：41-46.
[76] 易义武，曾效舒，黄祎.PBT用多层石墨烯/碳纳米管复合导电剂的制备[J].新型炭材料，2013，28(6)：480-483.
[77] 陶国良，魏晓东，夏艳平，等.PBT/石墨烯微片复合材料的导热性能和力学性能[J].中国塑料，2016，30(5)：55-58.
[78] 肖文强，周醒，蔺海兰，等.PBT/石墨烯纳米复合材料的制备及性能研究进展[J].塑料工业，2016，44(11)：12-15.
[79] 易义武，曾效舒.PBT/石墨烯/碳纳米管复合材料的制备及其导电性能研究[J].材料导报，2012，2(10)：81-83.
[80] 闵春英，聂鹏，刘颖，等.耐高温GO/聚酰亚胺复合材料的制备及摩擦性能[J].固体火箭技术，2014，37(4)：569-573.
[81] 王鸣玉，王亚，李衡峰.石墨烯/PI介电复合材料的制备与性能[J].粉末冶金材料科学与工程，2017，22(1)：62-68.
[82] 杨彩虹，满春利，薛琬蕾，等.二氧化钛纳米粒子-氧化石墨烯/聚酰亚胺混合基质膜的原位聚合及气体渗透性能[J].高等学校化学学报，2017，38(4)：686-693.
[83] 蒋漾漾，戴世麒，俞心怡，等.氧化石墨烯-Ag纳米粒子/聚酰亚胺混合基质膜及其渗透汽化性能[J].无机化学学报，2016，32(8)：1345-1352.
[84] 韩俊儒，孟万，孟龙月.PEI改性氧化石墨烯的制备及其CO_2的吸附[J].广西化工，2016，44(19)：114-116.
[85] 苏亚男，张寿春，张兴华，等.石墨烯/炭纤维/聚醚醚酮复合材料制备及性能[J].新型炭材料，2017，32(2)：152-158.
[86] 赵永军，李方，李佳峰，等.氧化石墨烯与纳米二氧化钛共混改性PES超滤膜的对比分析[J].膜科学与技术，2016，36(3)：13-19.
[87] 王永虎，王玲娟，宋利明，等.氧化石墨烯-聚四氟乙烯纳米复合材料及性能[J].化工生产与技术，2014，21(2)：12-14.
[88] 刘虎.石墨烯对聚四氟乙烯导热和摩擦磨损性能的影响[J].工程塑料应用，2017，45(11)：123-126.
[89] 见雪珍，李华，房光强，等.含碳纳米管、石墨烯的PTFE基复合材料摩擦磨损性能[J].功能材料，2014，45(3)：03011-03016.
[90] 余亮，张亚涛，刘金盾.改性氧化石墨烯/聚醚砜杂化荷正电纳滤膜的制备与表征[J].高等学校化学学报，2014，35(5)：1100-1105.
[91] 朱军勇，王琼柯，许欣，等.固定化溶菌酶的氧化石墨烯/聚醚砜杂化超滤膜制备及抗菌性能研究[J].中国工程科学，2014，16(7)：23-28.
[92] 胡泽旭，陈姿晔，相恒学，等.石墨烯改性聚苯硫醚纤维光稳定性及其增强机制[J].纺织学报，2017，38(11)：1-8.
[93] 徐伟华，韦春，吕建，等.热致性液晶聚合物/酚醛树脂/氧化石墨烯混杂复合材料的性能研究[J].中国塑料，2013，27(5)：57-59.
[94] 刘燕珍，李永锋，杨永岗，等.石墨烯/酚醛树脂/炭纤维层次复合材料的制备及其性能[J].新型炭材料，2012，27(5)：377-383.

[95] 方红霞,吴强林,吴沁然,等.氧化石墨烯的制备及其改性酚醛泡沫塑料[J].工程塑料应用,2013,41(11):103-106.
[96] 黄桂荣,刘洪波,杨丽,等.石墨烯/酚醛树脂纳米复合材料的热解行为[J].新型炭材料,2015,30(5):412-417.
[97] 孙燚,涂晨辰,谈娟娟,等.氧化石墨烯改性热固性酚醛树脂的热性能研究[J].玻璃钢/复合材料,2018,(1):89-93.
[98] 王立娜,陈成猛,杨永岗,等.氧化石墨烯-酚醛树脂薄膜的制备及性能研究[J].材料导报,2010,24(18):54-56.
[99] 陶宇,翁亚楠,银强,等.EVAC/PPF/石墨烯复合材料的制备与性能[J].工程塑料应用,2017,45(4):1-6.
[100] 李晓艳,王正洲.纳米镁铝层状氢氧化物/氧化石墨烯杂化物的制备及其在酚醛泡沫泡沫中应用研究[J].橡塑技术与装备(塑料),2018,44(8):8-11.
[101] 姜丽,王继华,韩志东.国内氧化石墨烯/酚醛树脂复合材料的研究进展[J].哈尔滨理工大学学报,2017,22(2):12-17.
[102] 高延杰,李锦文,张清辉,等.尿素功能化石墨烯及其对酚醛树脂性能的影响[J].工程塑料应用,2015,43(12):30-34.
[103] 左银泽,陈亮,朱斌,等.纳米氧化锌负载氧化石墨烯/环氧树脂复合材料性能研究[J].材料工程,2018,46(5):22-28.
[104] 党晨阳,马俊丽,吴银秋,等.氧化石墨烯增强碳纤维/环氧复合材料的制备及其力学性能研究[J].玻璃钢,2017(2):1-4.
[105] 陈婷,季铁正,刘欢等.无机粒子对石墨烯微片/环氧树脂复合材料导电性能的影响[J].航空材料学报,2016,36(1):53-56.
[106] 宋洪松,杨程,刘大博.石墨烯/环氧树脂复合材料的介电性能研究[J].功能材料,2012,43(9):1185-1188.
[107] 王玉,高延敏,韩莲,等.偶联剂改性氧化石墨烯/环氧树脂复合材料的研究[J].现代塑料加工与应用,2015,27(5):44-48.
[108] 郭增荣,赵宇,张新,等.石墨烯/环氧树脂复合材料的研究进展[J].中国建筑防冰,2016(18):9-12.
[109] 王凯,刘魏英.石墨烯/环氧树脂复合材料增韧机理研究[J].功能材料,2018,49(3):03082-03086.
[110] 洪晓东,林海云.改性氧化石墨烯协同聚磷酸铵阻燃环氧树脂的性能[J].工程塑料应用,2015,43(9):35-39.
[111] 夏雨,焦剑,崔永红,等.EP/GN_S/$MWCNT_S$复合材料的导热性能[J].工程塑料应用,2016,44(8):7-12.
[112] 沙金,谢林生,马玉录,等.氨基改性石墨烯及其与环氧树脂的复合[J].中国塑料,2011,25(8):28-33.
[113] 李萍,季铁正,陈婷,等.EP/GNS_S复合材料的电性能研究[J].工程塑料应用,2014,42(12):11-14.
[114] 王国建,戴进峰,马朗.化学法制备石墨烯对环氧树脂导电性能的影响[J].同济大学学报,2014,42(9):1377-1383.
[115] 侯培鑫,何锴慰,李纪录,等.磷硅元素改性氧化石墨烯的制备及其阻燃改性环氧树脂的应用[J].厦门大学学报,2018,57(2):186-193.
[116] 金鑫,桂宙,胡源.基于石墨烯-氧化镍杂化物与二氧化钛纳米管协效阻燃氧环氧树脂的制备及研究[J].火灾科学,2016,25(3):173-178.
[117] 陈和祥,赵春宝,徐随春,等.环氧树脂/氮化硼/石墨烯纳米片导热复合材料的制备与性能研究[J].功能材料,2017,48(12):12064-12068.
[118] 吴俊青,俞科静,钱坤,等.碳纳米管/石墨烯杂化材料改性环氧树脂力学性能研究[J].材料导报,2014,28(10):82-85.
[119] 张波,曾文茹.石墨烯/环氧树脂复合材料的制备和阻燃性能的研究[J].火灾科学,2014,(4):233-237.

[120] 崔兴志,王昕,聂金林. 石墨烯改性EP/CF复合材料的制备及压缩性能研究[J]. 工程塑料应用,2014,42(5):20-24.
[121] 郑余晨,俞科静,钱坤,等. 碳纳米管/酸化石墨烯杂化材料及其环氧树脂复合材料拉伸力学性能的研究[J]. 玻璃钢/复合材料,2013(2):69-73.
[122] 张鹏飞,寇开昌. 碳系填充环氧树脂复合材料导电性能研究进展[J]. 工程塑料应用,2017,45(9):134-139.
[123] 沈典宇,虞锦洪,江南,等. 碳纤维@石墨烯/环氧树脂复合材料的制备和导热性能研究[J]. 塑料工业,2017,45(7):98-102.
[124] 邓继勇,颜东,唐杰. 氧化石墨烯改性环氧树脂的制备及性能研究[J]. 功能材料,2016,47(8):08244-08247.
[125] 吴俊青,俞科静,钱坤. 不同比例碳纳米管/石墨烯杂化材料的制备及性能[J]. 功能材料,2015,46(16):16133-16137.
[126] 吴俊青,俞科静,钱坤. 碳纳米管/石墨烯杂化材料改性环氧树脂研究[J]. 工程塑料应用,2015,43(3):25-29.
[127] 马哈亚·艾斯江,巴哈尔古丽·别克吐尔逊. 氧化石墨烯增强环氧树脂复合材料的制备与性能[J]. 工程塑料应用,2016,44(11):36-39.
[128] 张志毅,张焕,寿金泉,等. 原位制备还原氧化石墨烯增强环氧树脂基复合材料及其形状记忆性能[J]. 新型炭材料,2015,30(5):404-411.
[129] 李佳铌,俞科静,钱坤,等. 石墨烯/SiO_2杂化材料增强增韧环氧树脂复合材料[J]. 材料导报,2014,28(20):51-55.
[130] 景磊,朱楠,迟波,等. 石墨烯及其环氧树脂基复合材料的研究进展[J]. 纤维复合材料,2015,(1):9-12.
[131] 郭晓琴,余小霞,王永凯,等. 石墨烯纳米片/环氧树脂复合材料的制备与介电性能研究[J]. 功能材料,2013,44(18):2672-2675.
[132] 雷圆,吕建,卢凤英,等. 氧化石墨烯/不饱和聚酯原位复合材料的性能研究[J]. 绝缘材料,2012,45(5):5-8.
[133] 石沫,陈丹青,陈国华. 不饱和聚酯/石墨烯复合材料的制备及性能[J]. 华侨大学学报,2014,35(5):542-546.
[134] 李伟,周保全,李中辉,等. 石墨烯改性热固性树脂及其纤维复合材料的研究进展[J]. 玻璃钢/复合材料,2014,(11):96-101.
[135] 罗晓民,葛炳辉,李维虎,等. 石墨烯/聚氨酯复合功能材料研究进展[J]. 功能材料,2015,46(16):16044-16051.
[136] 赵春宝,徐随春,朱宪忠,等. 氰酸酯树脂/氧化锌晶须/石墨烯纳米片导热复合材料研究[J]. 功能材料,2015,46(16):16106-16109.
[137] 韩潇,肇研,孙健明,等. 氧化石墨烯/炭纤维/环氧树脂基复合材料的制备及其层间剪切性能[J]. 新型炭材料,2017,32(1):48-55.
[138] 李勇,赵亚茹,李焕. 稀土改性氧化石墨烯的制备及表征[J]. 功能材料,2017,48(10):10204-10209.
[139] 翁立,闵永刚. 石墨烯基吸波复合材料的研究新进展[J]. 功能材料,2017,48(12):12041-12049.
[140] 王玮,焦体峰,侯彩丽,等. 静电纺丝制备PVA/PAA/GO三元复合纤维材料[J]. 燕山大学学报,2015,39(4):317-321.
[141] 陈艳华,朱丽霞. PVA/氧化石墨烯纳米复合纤维制备及性能研究[J]. 浙江纺织服装职业技术学院学报,2016(4):10-13.
[142] 孙爽,马骁飞,王楠. GN-PVA/PVA复合膜材料的制备及性能测试[J]. 化学与生物工程,2016,33(9):37-41.

[143] 马国富,李佳佳,彭辉,等.层状聚乙烯醇/氧化石墨烯纳米复合膜的制备及性能研究[J].西北师范大学学报,2013,49(6):63-67.

[144] 赵翠,唐建国,刘继宪,等.聚乙烯醇/氧化石墨烯纳米复合材料的制备与表征[J].广州化工,2012,40(11):81-83.

[145] 朱首骥,邓顺柳,谢素原.蒙脱土/还原石墨烯/聚乙烯醇复合薄膜的制备及其导热性能[J].厦门大学学报,2017,56(4):474-480.

[146] 刘红宇,王红光,刘继纯,等.氧化石墨烯/聚乙烯醇复合材料的制备及其阻隔性能[J].河南科技大学学报,2017,38(2):95-98.

[147] 胡凡,万丽,张修华,等.可溶性聚苯胺/聚乙烯醇掺杂氧化石墨烯复合材料的制备[J].材料导报,2012.26(5)77.

[148] 刘美华,黄斌,苟黎婷等.纳米微晶纤维素改性的石墨烯增强聚乙烯醇膜的研究[J].南华大学学报,2017,31(2):67～73.

[149] 戴飞,黄献聪,曹小倩,等.用于防护材料的聚乙烯醇/氧化石墨烯层层组装膜[J].上海塑料,2015,(2):59～61.

[150] 吕夏燕,慈继豪.聚乙烯醇/氧化石墨烯复合薄膜的制备及阻隔性能研究[J].现代商贸工业,2016,(31):197-198.

[151] 周天楠,祁晓东,杨昌跃.氧化石墨烯增强聚乙烯醇机械性能的机理研究[J].中国科技论文,2017,12(10):1157-1161.

[152] 桑明珠,王凤,王士华,等.石墨烯/腰果酚改性酚醛树脂基碳纤维纸基复合材料制备及性能研究[J].塑料工业,2018.46(4):67-70.

[153] 陈建剑,俞科静,钱坤,等.石墨烯改性对环氧树脂/碳纤维复丝拉伸性能的影响[J].合成纤维工业,2012,35(6):12-16.

[154] 马朗,王国建,戴进峰.原位聚合法与溶液混合法制备石墨烯/聚硫亚胺复合材料及其性能[J].新型炭材料,2016,31(2):129-134.

[155] 李金焕,王瑞海,王堂洋,等.石墨烯/氰酸酯-环氧树脂复合材料的制备和性能[J].复合材料学报,2014,31(5):1154-1159.

[156] 莫尊理,高倩.石墨烯/聚吡咯复合材料的制备及其导电性能研究[J].西北师范大学学报,2012,40(2):47-50.

[157] 黄方麟,章健,柯星宇,等.超声辅原位聚合聚吡咯/石墨烯纳米复合材料的制备及其性能研究[J].塑料工业,2015,43(2):63-68.

[158] 张辉,杨鹏,张大全,等.石墨烯/聚乙撑二氧噻吩纳米复合材料的制备及电化学性能研究[J].沈阳化工大学学报,2015,29(4):323-328.

[159] 刘海龙,王家俊,吴玲玲,等.改性氧化石墨烯/聚碳酸亚丙酯复合材料的制备及性能研究[J].浙江理工大学学报,2013,30(4):477-481.

[160] 王刚,杨峰,蔺海兰,等.聚乳酸/石墨烯纳米复合材料的制备与性能研究进展[J].工程塑料应用,2014,42(5):119-124.

[161] 张颖,李录.聚苯胺-氧化石墨烯复合材料的制备及其对染料的吸附性能[J].安徽农业科学,2017,45(24):72-73.

[162] 杨关键,吴红军.石墨烯在聚合物阻燃材料中的应用与研究进展[J].化学工程师,2017,(12):62-65.

[163] 陈南,钟贵林,张国峰.石墨烯在聚合物阻燃材料中的应用及作用机理[J].应用化学,2018,35(3):307-314.